BIBLIOTHÈQUE SCIENTIFIQUE

L'exploration des planètes

De Galilée à nos jours... et au-delà

Thérèse Encrenaz
James Lequeux

Belin: POUR LA SCIENCE
8, rue Férou - 75278 Paris cedex 06
www.editions-belin.com – www.pourlascience.com

Sommaire

ISSN 0224-5159
ISBN 978-2-7011-6195-2

L'astronomie aux éditions Belin-Pour la Science

- Briot D., Robichon N. (2013), *Ce que disent les étoiles.*
- Causeret P., Fouquet J.-L., Sarrazin-Vilas L. (2010), *La Lune à portée de main.*
- Nazé Y. (2009), *L'astronomie des Anciens.*
- Dollfus A. (2009), *Les autres mondes. Visions d'astronomes.*
- Gargaud M. *et al.* (2009), *Le Soleil, la Terre… la vie. La quête des origines.*
- Jamet D. et Mottez F. (2009), *2012, Scénarios pour une fin du monde.*
- Sauzereau O. (2009), *Voyage vers le Soleil noir.*
- Cordier P. et Leroux H. (2008), *Ce que disent les minéraux.*
- Doressoundiram A. et Lellouch E. (2008), *Aux confins du Système solaire.*
- Laveder L. et Jamet D. (2008), *Le ciel, un jardin vu de la Terre.*
- Nazé Y. (2007, 2e édition), *Les couleurs de l'Univers.*
- Encrenaz T. (2006), *Les Planètes géantes.*
- Forget F., Costard F., Lognonné Ph. (2006, 2e édition), *La planète Mars, histoire d'un autre monde.*
- Savoie D. (2006), *Cosmographie, Comprendre les mouvements du Soleil, de la Lune et des planètes.*
- Casoli F. et Encrenaz Th. (2005), *Planètes extrasolaires.*
- Peter P. et Uzan J.-Ph. (2005), *Cosmologie primordiale.*
- Cazenave A., Massonnet D. (2004), *La Terre vue de l'espace.*
- Encrenaz Th. (2004), *À la recherche de l'eau dans l'Univers.*
- Bellone E. (2003), *Galilée, le découvreur du monde.*
- Cotardière Ph. de (2003), *Guide de l'astronomie en France.*
- Heilbron J. (2003), *Astronomie et église.*
- Lombardi A. (2003), *Kepler, le musicien du ciel.*
- Savoie D. (2003), *Les cadrans solaires.*
- Encrenaz T. (2000), *Atmosphères planétaires.*
- Gillet A. (1998), *Une histoire des marées.*
- Lefort J. (1998), *La saga des calendriers ou le frisson millénariste.*

Avant-propos

En 1609, Galilée révolutionnait nos connaissances sur l'Univers : avec la lunette qu'il braquait vers le ciel, il découvrait les montagnes de la Lune et les satellites de Jupiter. Il observait aussi que, comme la Lune, Vénus présente des phases, apparaissant tantôt comme un disque, tantôt comme un croissant. On ne saurait surestimer l'importance de ces découvertes : pour la première fois, l'Homme voyait le ciel autrement qu'à l'œil nu. Bien des spéculations théoriques s'effondraient à la lumière des nouvelles observations, en particulier le géocentrisme, déjà bien attaqué par Copernic et Kepler. Il était désormais possible et nécessaire d'expliquer l'Univers à partir de lois physiques : c'est ce que Galilée a commencé à faire, bientôt suivi par Huygens, Newton et bien d'autres. Depuis cette époque, l'astronomie progresse par des allers-retours continuels entre la théorie et l'observation. C'est ce que nous voulons montrer dans ce livre avec l'exploration du Système solaire.

À travers les différents chapitres de cet ouvrage, vous embarquez pour un voyage dans le temps sur près de quatre siècles. Après Galilée, les observations des planètes et de leurs satellites se sont multipliées et perfectionnées grâce aux progrès des lunettes et des télescopes. Ces dernières décennies, les observatoires ont vu apparaître des télescopes géants avec des miroirs avoisinant les dix mètres de diamètre. Non seulement nous disposons d'instruments grossissants pour observer des détails invisibles à l'œil nu, mais nous remplaçons aussi l'œil par des détecteurs plus grands et plus sensibles. Ces derniers nous ouvrent en outre l'accès à de nouvelles longueurs d'onde du spectre électromagnétique. Pour cela, il nous faut souvent placer les instruments à bord d'avions, de ballons stratosphériques et surtout de satellites artificiels, car l'atmosphère terrestre est opaque pour de larges domaines de longueurs d'onde. En envoyant des sondes dans l'espace, il devient possible d'observer de près les planètes, les satellites et ces autres corps que sont les comètes et les astéroïdes, et même de s'y poser et d'y recueillir des échantillons. Enfin, les astronomes ont détecté plus de mille planètes autour d'étoiles proches, dont quelques-unes ont des masses qui se rapprochent de celle de la Terre. Il reste à savoir si certaines hébergent la vie...

C'est la conquête pacifique du Système solaire que nous décrivons dans ce livre ; elle nous entraînera cependant bien au-delà de ses frontières, jusqu'aux systèmes planétaires récemment découverts qui nous ont révélé que notre système n'est pas unique, mais pour l'instant unique en son genre... Nous nous attachons aussi à montrer comment les mathématiques, la physique, et même la chimie et la biologie, contribuent à une meilleure compréhension des objets que nous observons. Cette compréhension n'est que partielle, car l'observation nous réserve bien souvent d'étonnantes surprises, et nous sommes loin de pouvoir toujours les interpréter. Certes, nous n'avons pas tout compris ; mais ceci ne nous empêche nullement d'essayer de mettre à la portée d'un large public les démarches et les résultats des générations d'astronomes qui se sont succédé de Galilée à aujourd'hui. L'ensemble des résultats acquis au cours des dernières décennies est extrêmement vaste, et il a fallu faire des choix dans la manière de les présenter. Les auteurs assument ceux qu'ils ont dû faire, tout en reconnaissant la nécessaire part d'arbitraire liée à leur propre intérêt scientifique et à leur domaine d'expertise.

Remerciements

Les auteurs remercient Fabienne Casoli et Athena Coustenis pour leur relecture du manuscrit et pour leurs conseils, et les éditeurs des Éditions Belin pour leurs critiques constructives et pour le soin extrême qu'ils ont porté au texte et à l'illustration.

Que sait-on du Système solaire avant Galilée ?

Quels sont les secrets de l'Univers qui nous entoure ? Depuis qu'elle existe, l'humanité cherche la réponse à cette question. D'abord pour des raisons pratiques : le mouvement apparent du Soleil dans le ciel détermine le jour et la nuit, et aussi les saisons. Les phases de la Lune, qui montrent sa surface illuminée tour à tour croître puis décroître, fournissent un calendrier naturel. Plus intimement, cette quête touche à la philosophie et à la religion. Les planètes, ces « astres errants » comme l'indique leur étymologie grecque, ont bien souvent été considérées comme porteuses de présages bénéfiques ou maléfiques selon leur position dans le ciel. Et l'apparition d'une comète semblait annoncer une catastrophe… Il était donc important d'observer le ciel et ses changements, et c'est ce qu'ont fait dès l'Antiquité, et certainement déjà aux époques préhistoriques, des générations d'astronomes-astrologues.

Des apparences à la réalité

La Terre a paru plate aux premiers hommes, jusqu'à ce que les voyageurs aient constaté qu'en se déplaçant vers le nord ou vers le sud, la hauteur de l'étoile polaire au-dessus de l'horizon variait. Le philosophe grec Anaximandre de Milet (610 av. J.-C. – vers 546 av. J.-C.) en a déduit que la Terre était courbe : probablement était-elle cylindrique… Puis les navigateurs se dirigeant vers l'ouest ou vers l'est ont rapporté qu'elle était également courbe dans ces directions. Sa forme devait plutôt être celle d'une sphère… Ératosthène (vers 276 av. J.-C. – vers 194 av. J.-C.) a même réussi, de façon remarquablement ingénieuse, à obtenir une valeur assez exacte de son rayon. Cependant, pour lui comme pour la plupart des philosophes de l'Antiquité, la Terre consistait en un immense océan sur lequel flottaient des terres centrées sur la Méditerranée (Figure 1).

◄ Cette célèbre gravure a été publiée dans l'ouvrage de Camille Flammarion *L'atmosphère, météorologie populaire* (Hachette, 1888), dont un extrait est donné page suivante. Elle est intitulée : « Un missionnaire du Moyen Âge raconte qu'il avait trouvé le point où le ciel et la Terre se touchent. »

La voûte céleste des anciens

« Les anciens avaient pris [la] voûte [céleste] bleue au sérieux. Mais, comme le dit Voltaire, c'était aussi intelligent que si un ver à soie prenait sa coque pour les limites de l'univers. Les astronomes grecs la représentaient comme formée d'une substance cristalline solide, et jusqu'à Copernic un grand nombre d'astronomes l'ont considérée comme aussi matérielle que du verre fondu et durci. Les poètes latins placèrent sur cette voûte, au-dessus des planètes et des étoiles fixes, les divinités de l'Olympe et l'élégante cour mythologique. Avant de savoir que la Terre est dans le ciel et que le ciel est partout, les théologiens avaient installé dans l'empyrée la Trinité, le corps glorifié de Jésus, celui de la vierge Marie, les hiérarchies angéliques, les saints et toute la milice céleste. [...] Or cette belle voûte n'existe pas. »

Camille Flammarion, *L'atmosphère, météorologie populaire*, Hachette, 1888.

L'image que l'Homme antique s'est faite du reste de l'Univers a évolué plus lentement que pour la Terre, car les choses sont plus compliquées. En observant le ciel, il est assez facilement parvenu à un certain nombre de conclusions. Certaines correspondent bien à la réalité : en particulier, les saisons ont tôt été expliquées par le fait que l'équateur terrestre est incliné par rapport à l'écliptique, la courbe sur laquelle semble se mouvoir au cours de l'année le Soleil relativement aux étoiles. Mais d'autres, bien qu'issues du « bon sens », se sont révélées erronées. En voici quelques-unes :

– le Soleil tourne autour de la Terre, ce qui produit l'alternance du jour et de la nuit ;
– les étoiles se trouvent sur une sphère qui tourne aussi autour de la Terre ; cette sphère limite l'Univers ; on ne sait pas ce qu'il y a au-delà, c'est peut-être le domaine des dieux ;
– les comètes, astres éphémères, paraissent appartenir à l'atmosphère de la Terre.

Ces conclusions immédiates, tirées de l'observation, sont encore aujourd'hui adoptées plus ou moins consciemment par une grande partie de l'humanité. Les apparences peuvent en effet être trompeuses : si la Lune tourne bien autour de la Terre, ce n'est le cas ni du Soleil, ni des étoiles, ni des planètes ; les étoiles ne se trouvent pas sur une sphère, mais sont situées à différentes distances par rapport à nous. Il a fallu longtemps pour s'en rendre compte. Pour rendre leurs idées publiques contre l'opinion générale, les astronomes ont dû faire preuve d'une

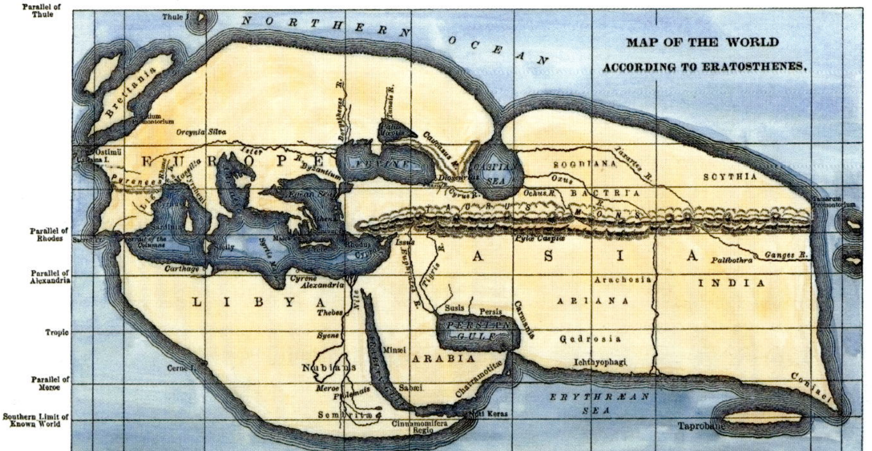

1 **Reconstruction de la carte du monde d'Ératosthène (vers 194 av. J.-C.)**, gravure colorisée du XIXe siècle. Cette carte, centrée sur la Méditerranée, tient compte des découvertes d'Alexandre le Grand et de ses successeurs. Elle conserve néanmoins le caractère primitif, avec un continent unique flottant sur un océan qui couvre le reste de la Terre.

faculté d'abstraction considérable, d'une grande audace intellectuelle, et aussi de beaucoup de courage. Il n'y a que quatre siècles qu'ils y sont à peu près complètement parvenus. Précédemment, on s'était généralement borné à organiser les connaissances tant bien que mal, sans remettre en cause les conclusions immédiates ; on construisait des modèles arithmétiques ou géométriques dans le seul but de reproduire et de prédire la position des astres au cours du temps.

L'astronomie antique

Suivons l'Histoire en nous bornant aux planètes. Dans l'Antiquité, la planète Vénus fait l'objet d'une attention spéciale de la part des Babyloniens, qui la nomment « Maîtresse des Cieux ». Ils comprennent que cette planète, qui est facilement visible avant l'aurore ou à la tombée de la nuit, est tantôt « l'Étoile du matin », tantôt « l'Étoile du soir » (Figure 2). Certains textes laissent même penser que des prêtres astronomes ou astrologues, dotés d'une vision particulièrement perçante, ont pu se rendre compte que Vénus a alors, comme la Lune, la forme d'un croissant.

2 Représentation de Vénus (en haut, à droite) sous la forme d'une étoile à huit branches, symbole de la déesse Ishtar, sur le kudurru du roi Nazimaruttash, une stèle mésopotamienne datant de la fin XIVe - début du XIIIe siècle avant J.-C. Sont aussi figurés le Soleil, la Lune, et un scorpion qui pourrait symboliser la constellation du même nom.

Les Assyriens connaissent bien les planètes : ils les considèrent comme des déités ayant chacune un caractère propre. Par exemple, Mars est de mauvais augure en raison de sa couleur rouge, tandis que Jupiter porte chance. Ils décrivent leurs mouvements dans le ciel par des méthodes purement arithmétiques, c'est-à-dire par des suites de nombres correspondant à leur position, qu'ils compilent sur des tablettes d'argile. Cette représentation a un but pratique : elle leur permet de prévoir assez bien la course des planètes dans le ciel. Comme la position des astres détermine le calendrier et leur paraît fournir des présages, ces tablettes assurent le pouvoir des astrologues. Les astronomes-astrologues chinois s'astreignent aussi à des observations méticuleuses dans le but de faire des prédictions, mais n'élaborent pas non plus de théorie cosmologique. Quant aux Égyptiens de l'Antiquité, ils ne montrent guère d'intérêt pour les planètes.

C'est en Grèce que les philosophes construisent les premiers systèmes de description globale du cosmos en dehors de tout but utilitaire. Ils font appel à la géométrie, et non à l'arithmétique comme dans le cas des Assyriens. Pour Eudoxe de Cnide (408-355 av. J.-C.) puis pour Aristote (384-322 av. J.-C.), les cieux sont dans un état de perfection. Comment imaginent-ils ce cosmos, inva-

3 L'Atlas Farnèse, copie romaine du IIe siècle d'une statue hellénistique. Le géant Atlas soutient la sphère céleste, dont c'est la plus ancienne représentation connue. On y trouve les symboles de 40 constellations sur les 44 listées par Ptolémée.

riable et éternel ? Comme le cercle et la sphère sont les figures géométriques les plus parfaites, le mouvement des astres ne peut être que circulaire et uniforme. La Terre est immobile au centre de l'Univers ; les étoiles se trouvent sur une sphère qui tourne autour de la Terre (Figure 3). La Lune, le Soleil et les planètes sont attachés à d'autres sphères transparentes plus petites, qui sont également centrées sur la Terre. Dans l'ordre d'éloignement se trouvent successivement la Lune, Mercure, Vénus, le Soleil, Mars, Jupiter et Saturne. Pour expliquer le mouvement diurne et l'irrégularité des mouvements planétaires (Figure 4), plusieurs sphères concentriques sont nécessaires pour chaque planète. Chaque sphère entraîne dans sa rotation celles se trouvant à l'intérieur (sauf évidemment la Terre), mais les sphères intérieures tournent elles-mêmes de façon différente les unes des autres et autour d'axes différents, de façon à reproduire par une combinaison de leurs rotations le mouvement de la planète, laquelle est fixée à la sphère intérieure de son propre système (Figure 5). Tout cela est extrêmement complexe : 27 sphères avec Eudoxe de Cnide, et même 56 sphères avec Aristote, sont nécessaires pour reproduire convenablement le mouvement dans le ciel du Soleil, de la Lune et des cinq planètes alors connues. Il est cependant assez troublant de constater que ces sphères, y compris la plus lointaine qui porte les étoiles, tournent extrêmement vite, puisqu'elles font un tour par jour. Pour Aristote, ce ne sont pas des figures géométriques abstraites, mais elles ont une existence physique, qui est d'ailleurs mal définie : il les qualifie de « corporelles », mais il est abusif de parler de « sphères de cristal » comme on le fait souvent.

À l'époque, on ne sait rien sur la forme des planètes, que l'on ne peut guère observer que comme des points faute d'instruments grossissants. On les suppose sphériques comme le sont la Lune, le Soleil et la Terre elle-même ; même les étoiles,

4 Ce montage montre la trajectoire de la planète Mars par rapport aux étoiles, pour un observateur terrestre (ici, d'août 2007, à gauche, à avril 2008). Ce phénomène dit de rétrogradation est dû au mouvement orbital de la Terre, qui induit par effet de parallaxe une irrégularité très importante dans le déplacement de la planète par rapport aux étoiles.

sur lesquelles les connaissances ne sont pas plus avancées, doivent être sphériques pour respecter la perfection des cieux.

Le système géocentrique d'Aristote persistera jusqu'au XVIIe siècle, mais sous une version différente et plus simple : le système épicyclique, construit par Hipparque (vers 162 av. J.-C. – vers 126 av. J.-C.) et perfectionné par Ptolémée (vers 100 – vers 170) (Figure 6). Cette fois, on admet, pour rendre compte du mouvement diurne des astres, que la Terre tourne sur elle-même, et que les étoiles sont fixes. On a aussi remarqué que l'éclat des planètes varie au cours du temps, en particulier celui de Mars, et que ces variations sont dues à des variations de distance : il est donc impossible de rendre compte du mouvement des planètes par le système d'Aristote, dans lequel leur distance à la Terre est sensiblement constante. Au lieu de sphères concentriques, on considère donc des combinaisons de mouvements circulaires uniformes : chaque planète décrit un cercle, l'épicycle, dont le centre tourne sur un grand cercle autour de la Terre, le déférent. On rend compte approximativement de la différence de longueur des saisons par le mouvement de la Terre sur son orbite (on ne sait pas à l'époque qu'elle est elliptique) en décentrant par rapport à la Terre le cercle sur lequel le Soleil est censé se mouvoir ; on fait de même pour les planètes. Ainsi parvient-on à une représentation assez correcte du mouvement du Soleil et des planètes, tout en assurant le géocentrisme. Ce concept sera celui de tout le monde savant jusqu'à la Renaissance.

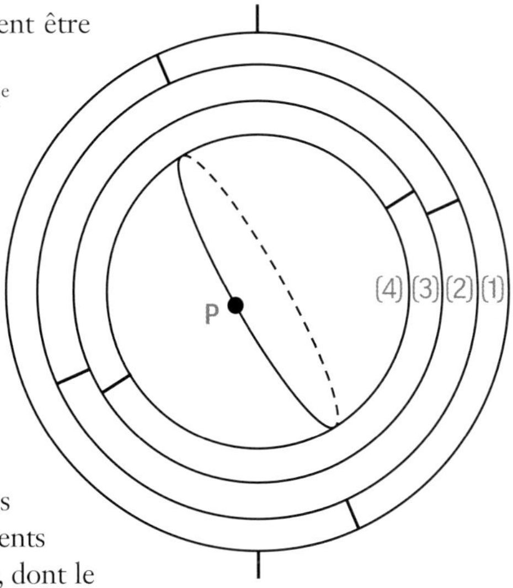

5 Les quatre sphères concentriques utilisées par Eudoxe de Cnide pour représenter le mouvement d'une planète P, qui est fixée sur la sphère intérieure 4. La sphère extérieure 1 rend compte de la rotation diurne du ciel. La sphère 2 reproduit le mouvement apparent de la planète le long du zodiaque. Elle tourne d'ouest en est, mais la vitesse avec laquelle elle le fait diffère d'une planète à l'autre. Les sphères 3 et 4 servent à expliquer les stations et les rétrogradations des planètes par rapport aux étoiles. Ces deux dernières sphères tournent à la même vitesse, mais en sens contraire. Les axes de rotation des sphères sont schématisés. D'après http://ufe.obspm.fr/Astrophysique-Sur-Mesure, Jérôme Lamy et Gilles Bessou.

Copernic et Tycho Brahe

Nicolas Copernic (1473-1543) pense dès 1503 que c'est le Soleil, et non la Terre, qui se trouve au centre du monde. Il mettra longtemps à publier sa théorie, car il est pratiquement le seul savant à imaginer que la Terre n'est pas le centre de l'Univers, et surtout parce qu'il considère que son travail est inachevé. Son système héliocentrique est géométriquement équivalent à celui de Ptolémée, mais beaucoup plus satisfaisant pour l'esprit, car Copernic remarque qu'il y a maintenant un lien entre la distance des planètes au Soleil et la durée de leur révolution. Plus cette distance est grande, plus la durée de la révolution est longue : elle va de 88 jours pour Mercure à 30 ans pour Saturne, pour finir par l'immobilité de la sphère des étoiles fixes. Le système de Copernic semble aussi plus simple à première vue que celui de Ptolémée, puisqu'un seul cercle centré sur le Soleil devrait suffire à représenter le mouvement de chaque planète[1]. Reste cependant le problème de l'excentricité des orbites. Copernic, à la façon des anciens Grecs, en rend compte de façon ingénieuse mais encore approximative, en déplaçant le centre de l'orbite par rapport au Soleil et en composant plusieurs mouvements circulaires uniformes pour expliquer les variations de vitesse de la planète (Figure 7). Il faudra attendre Kepler (1571-1630), fervent partisan du système de Copernic, pour que

1. Il a de surcroît l'énorme avantage de représenter facilement les mouvements des planètes perpendiculairement à l'écliptique : en effet leurs orbites n'ont pas toutes la même inclinaison sur l'écliptique, et c'est le Soleil, et non la Terre, qui se trouve dans le plan de ces orbites. Cela conduit à des calculs bien plus compliqués dans un système géocentrique que dans un système héliocentrique.

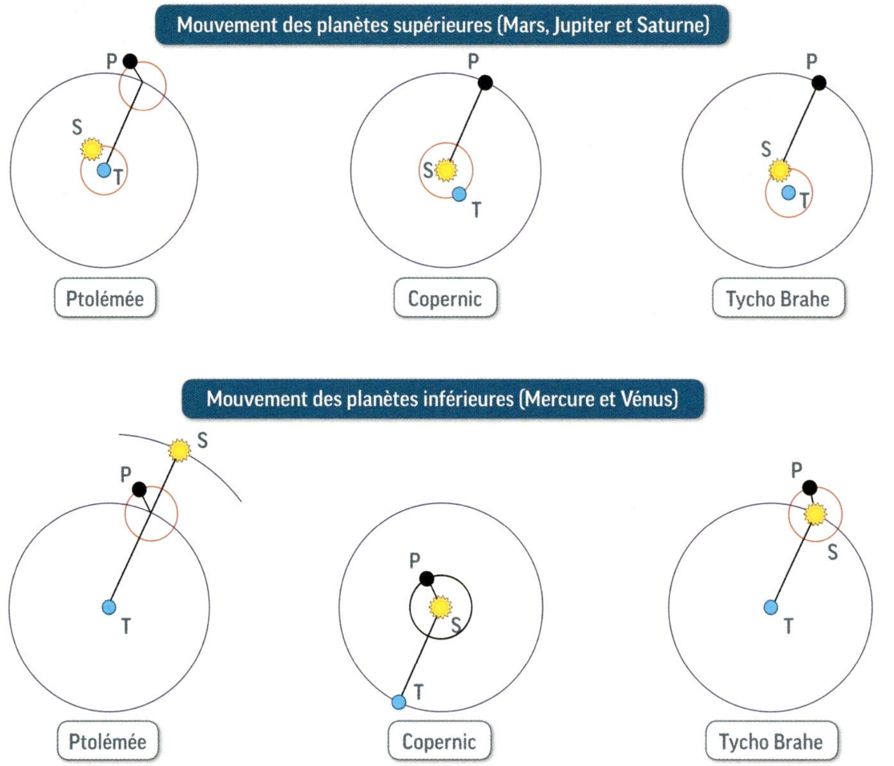

6 Le mouvement des planètes d'après Ptolémée, Copernic et Tycho Brahe. Pour Ptolémée, la planète P tourne en un an sur un épicycle (en rouge) dont le centre tourne lui-même autour de la Terre T sur un déférent (en bleu) ; on a aussi représenté le Soleil S qui tourne autour de la Terre de la même façon que la planète. Pour Copernic, la Terre et la planète tournent toutes deux autour du Soleil. Pour Tycho Brahe, la planète tourne autour du Soleil, mais le Soleil tourne lui-même autour de la Terre. On voit aisément que les trois constructions sont géométriquement équivalentes en ce qui concerne le mouvement de la planète. On n'a pas représenté ici le décentrement des cercles, qui simule approximativement l'ellipticité des orbites.

soit définitivement résolu le problème : il montrera que les orbites planétaires sont des ellipses et donnera les lois du mouvement des planètes.

Copernic est très estimé de ses collègues pour avoir amélioré et remplacé les calculs de Ptolémée, qui deviennent plus simples : de nouvelles tables, les *Tables Pruténiques* (Prussiennes), sont calculées par Erasmus Reinhold (1511-1553) à partir des données de Copernic. Pour prédire la position des planètes, elles remplacent avantageusement les anciennes *Tables Alphonsines* qui avaient été construites en 1252 à partir du modèle de Ptolémée. Cependant, le système héliocentrique de Copernic n'est considéré, au mieux, que comme une théorie ingénieuse qui ne représente pas forcément la réalité. Il est même jugé absurde par la plupart de ses contemporains, qu'ils soient catholiques ou protestants. On ne peut pas les en blâmer, car, étant données les connaissances de l'époque, il existe de forts arguments scientifiques en faveur du géocentrisme. Ils sont notamment développés par Tycho Brahe (1546-1601). Celui-ci a cherché en vain à déterminer la distance qui nous sépare des étoiles, en observant le déplacement annuel

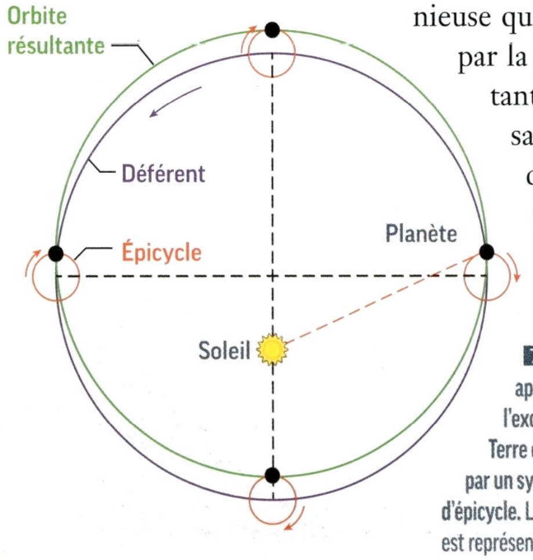

7 Copernic rend compte approximativement de l'excentricité de l'orbite de la Terre et de certaines planètes par un système de déférent et d'épicycle. La position de la planète est représentée au moment où elle est la plus éloignée du Soleil (en haut), où elle est la plus proche du Soleil (en bas) et dans les deux moments médians entre ces deux extrêmes. L'orbite résultante, en vert, reste circulaire mais n'est plus parcourue d'un mouvement uniforme. On reproduit assez bien les variations temporelles de l'orientation de la ligne Soleil-planète, indiquée dans un cas en traits interrompus, en prenant le rayon de l'épicycle égal au tiers de la distance du Soleil au centre du déférent.

qu'elles devraient avoir sur le ciel si la Terre tournait autour du Soleil (la *parallaxe géométrique*). Ayant échoué, il en a conclu qu'elles devaient être très lointaines si l'hypothèse héliocentrique était vraie. Or il a mesuré, par ailleurs, le diamètre apparent d'étoiles, qu'il a trouvé égal à quelques secondes de degré, et en déduit la taille qu'elles auraient à ces grandes distances : le calcul les déclare énormément plus grosses que le Soleil, ce qui paraît impossible à Tycho. Le premier point est vrai : les étoiles sont effectivement très éloignées, si éloignées que la première parallaxe géométrique ne sera mesurée qu'en 1838. Le second est faux, mais Tycho ne peut pas savoir que le diamètre apparent réel des étoiles est bien plus petit que ce qu'il estime, leur aspect diffus étant un artefact dû à la turbulence de l'atmosphère terrestre. Cependant ses arguments sont imparables à l'époque. Les coperniciens en sont conscients et doivent faire appel à Dieu pour maintenir leur théorie, assurant que « *la Science et la Majesté divines sont bien plus grandes que tout ce que l'on peut concevoir [...] et sont telles que des choses qui paraissent absurdes à première vue au vulgaire peuvent ne pas l'être réellement* ».

Peu convaincu par cet argumentation, et on le comprend, Tycho Brahe, reprenant une proposition d'Aristarque de Samos (vers 310 av. J.-C. - vers 230 av. J.-C.), parvient en 1583 à un compromis : il suppose que la Terre est au centre du monde, mais les planètes de son système tournent autour du Soleil qui tourne lui-même autour de la Terre, comme le fait de son côté la Lune. Ce système a les mêmes avantages que celui de Copernic vis-à-vis de celui de Ptolémée, et est mieux accepté par les contemporains, surtout dans le Sud de l'Europe où domine l'Église catholique : on le verra concurrencer le système de Copernic dans les traités d'astronomie jusqu'au milieu du XVIIe siècle (Figure 8). Ce n'est que très progressivement que le système héliocentrique va s'imposer : le mouvement orbital de la Terre ne sera prouvé définitivement qu'en 1728, par des observations de l'Anglais James Bradley (1693-1762) (voir encadré p. 36).

Jusqu'au début du XVIIe siècle, personne ne se préoccupe de la nature physique des planètes, et l'on ignore l'existence de satellites autres que la Lune. 1610 est la date décisive où, braquant pour la première fois une lunette sur le ciel, Galilée (1564-1642), fait une admirable série de découvertes qui marquent le début de l'exploration du Système solaire, tout en ruinant définitivement la doctrine d'Aristote et le système de Ptolémée. C'est à ce moment que commence notre livre...

8 Les deux systèmes du monde dans un traité d'astronomie datant d'environ 1620. À gauche, le système héliocentrique de Copernic. À droite, le système géocentrique de Tycho Brahe, où les planètes tournent autour du Soleil, lequel tourne lui-même autour de la Terre.

CHAPITRE 1

Les grandes découvertes du XVIIe siècle

Galilée et la lunette astronomique

En 1609, Galilée braque une lunette astronomique vers le ciel. C'est la révélation : pour la première fois, les planètes apparaissent autrement que comme de simples points lumineux à leur observateur. Contrairement à une opinion trop répandue, ce n'est pas Galilée qui est l'inventeur de la lunette. L'invention, qui consiste à apparier une lentille convergente, l'objectif, avec une lentille divergente, l'oculaire (Figure 1), est revendiquée par l'Italie, les Pays-Bas et même l'Espagne. Un brevet concernant cet instrument est demandé en 1608 par le hollandais Hans Lipperhey (1570-1619), sans succès car on estime qu'il peut être copié aisément. Toujours est-il que Galilée apprend, en novembre 1608, l'existence de la lunette et comment la construire. Plusieurs lunettes arrivent d'ailleurs des Pays-Bas entre mai et août 1609. Avec l'aide d'opticiens, Galilée construit d'abord en juillet de cette année-là une lunette grossissant trois fois, puis peu après une autre grossissant environ neuf fois dont il fait la démonstration devant le *Senato della Signoria* de Venise. En décembre 1609, il en achève une autre qui grossit vingt, puis trente fois (l'objectif de cette dernière existe encore, bien que brisé). Alors que la lunette est une curiosité que l'on utilise surtout pour voir à distance des objets terrestres et des personnages (les images qu'elle donne ne sont pas renversées), Galilée a l'idée de la pointer vers le ciel. L'instrument lui révèle alors d'étonnants détails invisibles à l'œil nu : il distingue des montagnes sur la Lune, résout la Voie lactée en étoiles individuelles et découvre les quatre gros satellites de Jupiter, que l'on appellera plus tard les *satellites galiléens*. Il publie ces découvertes en mars 1610 dans un petit ouvrage, le *Sidereus Nuncius* (le « Messager Céleste »), qu'il envoie au Grand Duc de Toscane avec sa dernière lunette, et qui obtient un grand succès. Il donne aux satellites de Jupiter le nom d'*Astres Médicéens* en l'honneur du Duc, qui l'en remercie en l'invitant à Florence, et en le nommant son Philosophe (physicien) et Mathématicien.

◄ Galilée présente sa lunette et montre ses découvertes à trois personnages féminins (gravure anonyme de 1656). Le Soleil est au centre, entouré des cinq planètes autres que la Terre ; on remarque au-dessus les quatre satellites galiléens de Jupiter sur leur orbite respective (les distances ne sont pas à l'échelle). Différentes expériences de physique de Galilée, par exemple sur la portée des tirs balistiques, sont symbolisées derrière lui.

Voici comment Galilée décrit sa découverte des satellites de Jupiter (Figure 2) :

« Le 7 janvier 1610, à une heure du matin, alors que j'explorais le ciel avec ma lunette, Jupiter se présenta à moi ; et parce que j'avais construit un

instrument puissant, je pus apercevoir trois petites étoiles à côté de lui. Bien que je les aie considérées comme des étoiles, je fus très étonné parce qu'elles semblaient exactement alignées sur une ligne parallèle à l'écliptique, et parce qu'elles étaient beaucoup plus belles que les étoiles de même magnitude [sans doute parce que les gros satellites de Jupiter scintillent peu][…] *Il y en avait deux à l'est et une à l'ouest.* […]

Quand, le 8 janvier, je ne sais pourquoi, je refis la même observation, je vis une configuration complètement différente : les trois étoiles étaient maintenant toutes du côté ouest de Jupiter. […] »

Puis, continuant ses observations jusqu'au 2 mars 1610, il conclut qu'il y a « *quatre étoiles errantes, ni connues ni observées par personne avant moi, qui ont leur propre révolution* […] *à la façon de Vénus et de Mercure autour du Soleil, qui tantôt le précèdent et tantôt le suivent, sans jamais s'en éloigner au-delà de certaines limites.* »

Cette découverte a un immense retentissement. L'existence des satellites de Jupiter constitue un argument de poids pour les partisans de Copernic. Certes, ils admettent la révolution des planètes autour du Soleil, mais ils sont troublés par le fait que la Lune tourne autour de la Terre, ce qui paraît être une exception à l'héliocentrisme. C'est pourquoi l'idée que des lunes tournent autour d'une autre planète les rassure. Ces partisans, et en premier Kepler, sont donc enthousiastes. En revanche, les adversaires du système héliocentrique prétendent que les nouveautés annoncées par Galilée ne sont que des artefacts produits par ses lentilles. Puisqu'une lentille unique peut produire des images sans existence tangible, une combinaison de deux lentilles ne pourrait-elle pas occasionner des effets semblables à un kaléidoscope, faire pousser des montagnes sur la Lune, multiplier les étoiles et créer des lunes autour des planètes ?

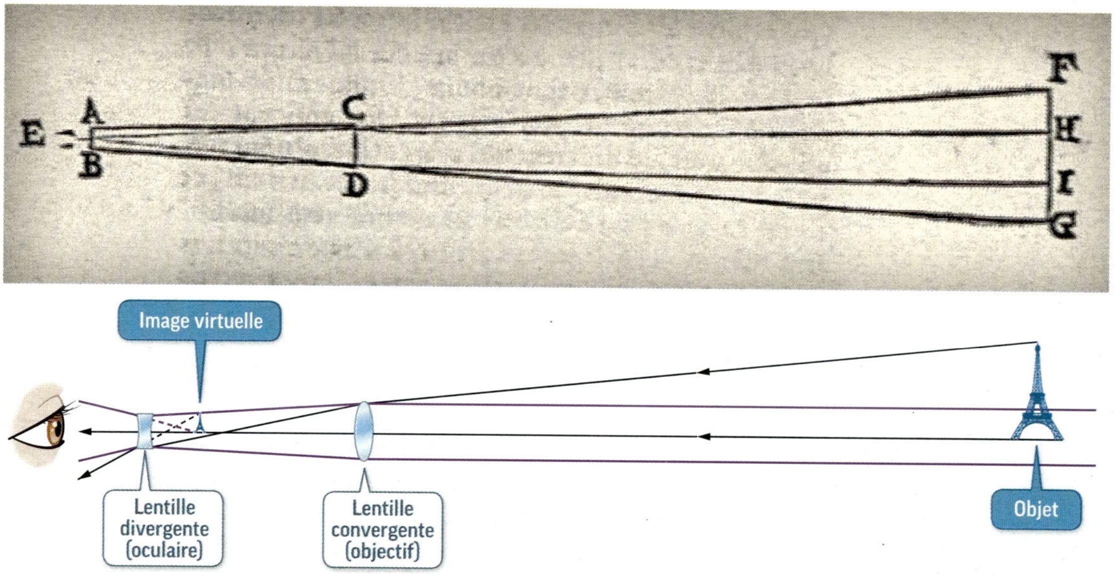

1 Principe de la lunette de Galilée. En haut, la figure originale de Galilée dans son *Sidereus Nuncius*, imprimé à Venise en 1610. AB est une lentille divergente, CD une lentille convergente. L'observateur place son œil en E pour observer l'objet FGHI. En bas, schéma montrant le trajet des rayons lumineux issus des deux extrémités d'un objet lointain (traits noirs), et le trajet de rayons initialement parallèles à l'axe optique (traits violets). La lunette donne de l'objet une image virtuelle non inversée ; les lignes en traits interrompus sont la prolongation vers l'image virtuelle des rayons qui sortent de la lentille divergente.

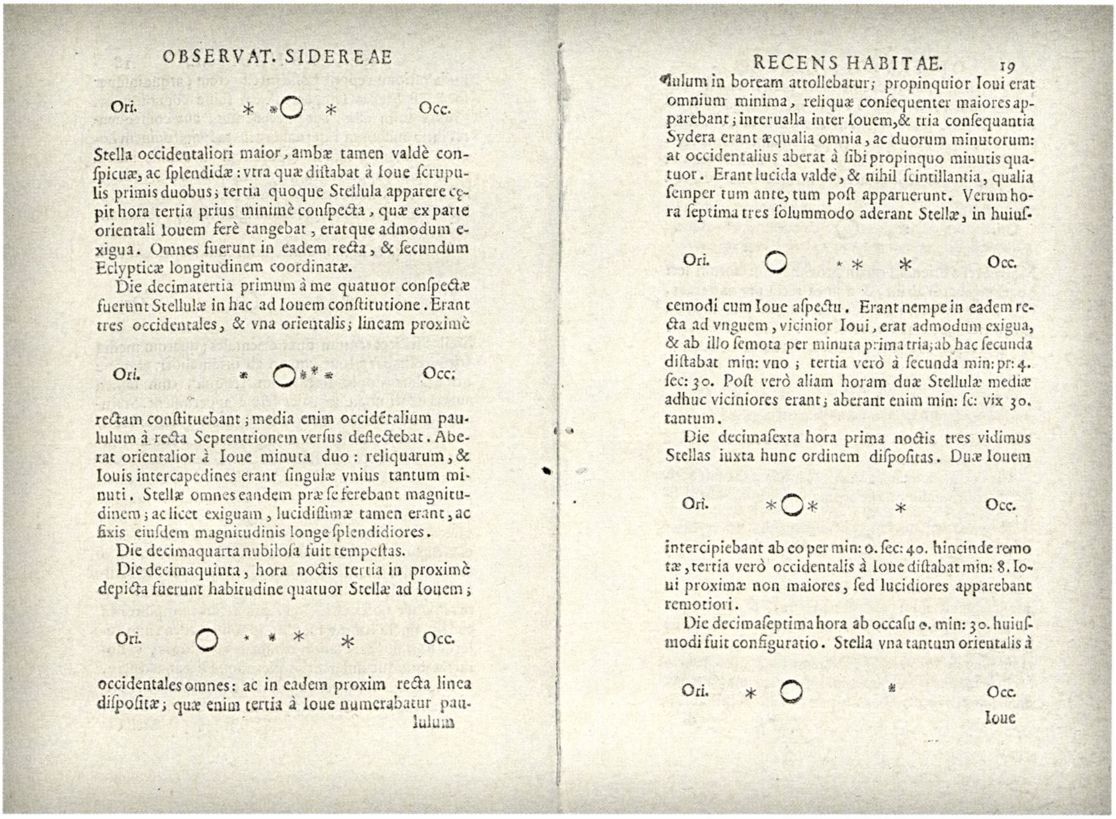
OBSERVAT. SIDEREAE

Ori. * *○ * Occ.

Stella occidentaliori maior, ambæ tamen valdè conſpicuæ, ac ſplendidæ: vtra quæ diſtabat à Ioue ſcrupulis primis duobus; tertia quoque Stellula apparere cœpit hora tertia prius minimè conſpecta, quæ ex parte orientali Iouem ferè tangebat, eratque admodum exigua. Omnes fuerunt in eadem recta, & ſecundum Eclypticæ longitudinem coordinatæ.

Die decimatertia primum à me quatuor conſpectæ fuerunt Stellulæ in hac ad Iouem conſtitutione. Erant tres occidentales, & vna orientalis; lineam proximè

Ori. * ○*** Occ:

rectam conſtituebant; media enim occidētalium paululum à recta Septentrionem verſus deflectebat. Aberat orientalior à Ioue minuta duo: reliquarum, & Iouis intercapedines erant ſingulæ vnius tantum minuti. Stellæ omnes eandem præ ſe ferebant magnitudinem; ac licet exiguam, lucidiſſimæ tamen erant, ac fixis eiuſdem magnitudinis longe ſplendidiores.

Die decimaquarta nubiloſa fuit tempeſtas.

Die decimaquinta, hora noctis tertia in proximè depicta fuerunt habitudine quatuor Stellæ ad Iouem;

Ori. ○ · * * * Occ.

occidentales omnes: ac in eadem proxim recta linea diſpoſitæ; quæ enim tertia à Ioue numerabatur paululum

RECENS HABITAE. 19

ulum in boream attollebatur; propinquior Ioui erat omnium minima, reliquæ conſequenter maiores apparebant; interualla inter Iouem, & tria conſequantia Sydera erant æqualia omnia, ac duorum minutorum: at occidentalius aberat à ſibi propinquo minutis quatuor. Erant lucida valde, & nihil ſcintillantia, qualia ſemper tum ante, tum poſt apparuerunt. Verum hora ſeptima tres ſolummodo aderant Stellæ, in huiuſ-

Ori. ○ · * * Occ.

cemodi cum Ioue aſpectu. Erant nempe in eadem recta ad vnguem, vicinior Ioui, erat admodum exigua, & ab illo ſemota per minuta prima tria; ab hac ſecunda diſtabat min: vno; tertia verò à ſecunda min: pr: 4. ſec: 30. Poſt verò aliam horam duæ Stellulæ mediæ adhuc viciniores erant; aberant enim min: ſc: vix 30. tantum.

Die decimaſexta hora prima noctis tres vidimus Stellas iuxta hunc ordinem diſpoſitas. Duæ Iouem

Ori. *○* * Occ.

intercipiebant ab eo per min: 0. ſec: 40. hincinde remotæ, tertia verò occidentalis à Ioue diſtabat min: 8. Ioui proximæ non maiores, ſed lucidiores apparebant remotiori.

Die decimaſeptima hora ab occaſu 0. min: 30. huiuſmodi fuit configuratio. Stella vna tantum orientalis à

Ori. * ○ * Occ.
Ioue

2 Pages du *Sidereus Nuncius* où Galilée décrit diverses configurations des satellites de Jupiter.

Des découvertes bien protégées

Soumis à ces opinions contradictoires, Galilée poursuit ses observations à la lunette. Le 30 juillet 1610, il annonce que Saturne est triple, sous forme d'une anagramme : les lettres du message, *Smaismrmilmepoetalevmibunenugttaviras*, sont placées dans le désordre. Galilée suscite ainsi la curiosité de ses confrères, qui tenteront de déchiffrer le message ; et il assure en même temps la priorité de sa découverte. L'anagramme est mal déchiffrée par Kepler, qui pense que Galilée a découvert deux satellites de Mars. Trois mois plus tard, Galilée révèle la solution : *Altissimum planetam tergeminum observavi*, c'est-à-dire : « *J'ai observé triple la planète la plus distante.* » À première vue, les deux « astres » latéraux de Saturne pourraient être des satellites, mais ils restent immobiles. En 1612, ils disparaissent pour réapparaître vers 1616, et ils ressemblent alors à deux anses de panier positionnées de chaque côté de la planète (Figure 3).

Une autre découverte est annoncée le 11 décembre 1610, encore par une anagramme : *haec immatura a me iam frustra leguntur oy* (« *Les choses qui ne sont pas encore mûres sont lues en vain par moi* »). Galilée en donne la solution le 1er janvier suivant : *Cynthiae figuras aemulatur mater amorum*, c'est-à-dire : « *La mère de l'amour (Vénus) imite les figures de Cynthia (la Lune).* » Galilée annonce ainsi que

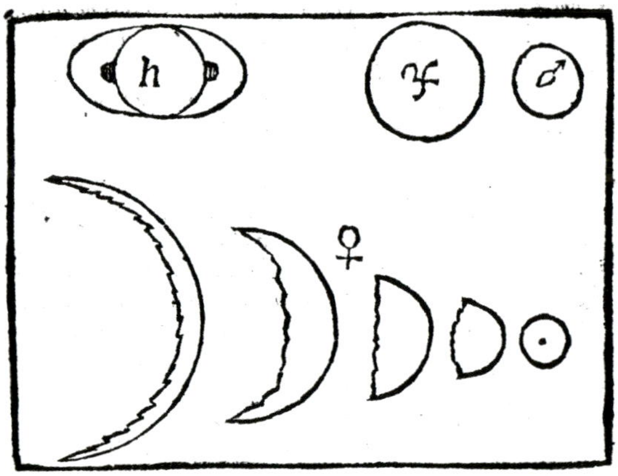

3 Dessin par Galilée de Saturne avec ses « anses », de Jupiter et de Mars (en haut) et de différentes phases de Vénus, le tout à la même échelle angulaire. Les dimensions variables de Vénus sont dues aux variations de son éloignement avec la Terre. Les symboles des planètes, toujours utilisés aujourd'hui, remontent pour certains à l'Antiquité.

Vénus, tout comme la Lune, présente des phases : la planète change d'apparence pour un observateur terrestre selon la façon dont elle est éclairée par le Soleil, tantôt visible sous forme d'un disque, tantôt sous forme d'un disque incomplet, tantôt sous forme d'un croissant (Figure 3). Ces phases sont incompatibles avec le modèle géocentrique de Ptolémée, dans lequel le Soleil se situe toujours à l'arrière du centre de l'épicycle décrit par Vénus : vue de la Terre, celle-ci ne peut que prendre l'aspect d'un fin croissant. En revanche, si Vénus tourne autour du Soleil, alors elle présente comme la Lune une série complète de phases : en particulier, lorsqu'elle se trouve presque à l'arrière du Soleil vue de la Terre, elle doit être un disque complet (Figure 4, voir aussi la Figure 6 p. 12).

Assez curieusement, ni la découverte des satellites de Jupiter, ni celle des phases de Vénus ne posent problème à l'Église catholique. D'ailleurs, Galilée se rend à Rome au printemps de 1611 pour présenter sa lunette aux Jésuites du Collège romain, dont l'astronome Christophorus Clavius (1538-1612). Clavius reconnaît la validité de ces découvertes et affirme qu'il va falloir modifier en conséquence notre conception de l'architecture de l'Univers. Pas question pour autant, pour lui, d'abandonner le modèle géocentrique ; d'ailleurs, les phases de Vénus s'interprètent tout aussi bien dans le modèle de Tycho Brahe que dans le modèle héliocentrique de Copernic. Les montagnes de la Lune sont plus embarrassantes, car leur existence porte un coup à la perfection des cieux proclamée par Aristote (les astres étaient supposés parfaitement sphériques et sans défaut). Il en est de même des taches du Soleil qui viennent d'être découvertes indépendamment par plusieurs astronomes munis de lunettes, notamment par Galilée lui-même et le jésuite Christoph Scheiner (1575-1650) (Figure 6). Pour préserver

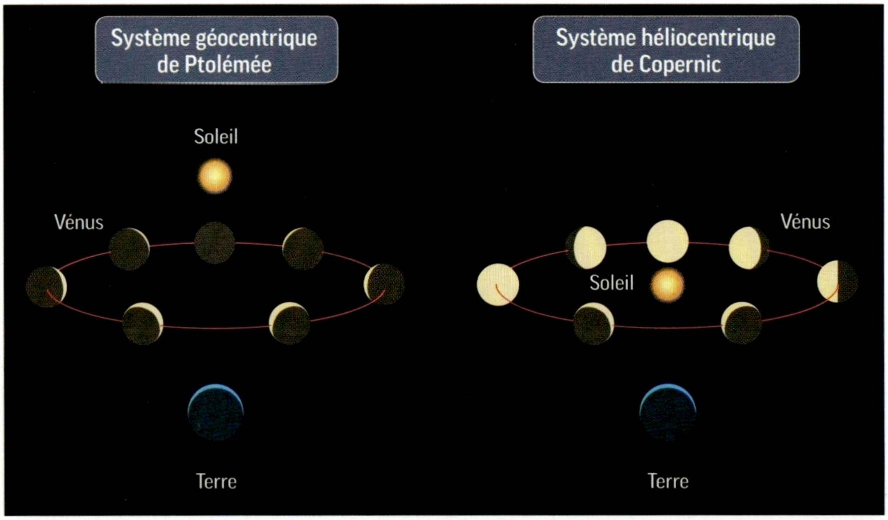

4 Dans le système de Ptolémée, Vénus vue de la Terre a toujours l'aspect d'un mince croissant, tandis que dans le système de Copernic, ainsi d'ailleurs que dans celui de Tycho Brahe, elle parcourt des phases analogues à celles de la Lune.

Galilée et l'Église

Les découvertes de Galilée ont d'abord été accueillies avec enthousiasme par ses amis, y compris de hauts dignitaires de l'Église. Mais après 1613, les esprits réactionnaires commencèrent à s'indigner, trouvant l'héliocentrisme contraire à l'enseignement des Écritures. Des dénonciations secrètes contre Galilée parvinrent au Saint Office. De son côté, Galilée, qui était bon catholique, tenta sans grand succès de trouver dans la Bible des arguments en faveur de la nouvelle théorie, et demanda aux théologiens de se familiariser avec le travail de Copernic avant de le critiquer. Il y réussit provisoirement, mais il était plus difficile de convaincre les cardinaux...
Dans ce but, Galilée affirmait qu'il ne pouvait y avoir de conflit entre la vérité révélée des Écritures et la vérité naturelle : puisqu'on ne pouvait modifier celle-ci, il fallait adapter l'interprétation des textes sacrés. Mais les théologiens campaient ferme sur leurs positions. Le 5 mars 1616, la Congrégation de l'Index décida que les livres de Copernic et tous les ouvrages qui enseignaient ses idées seraient interdits tant qu'ils ne seraient pas amendés. Elle déclarait que les deux thèses, selon lesquelles « *le Soleil est le centre du monde et est immobile* » et « *la Terre n'est pas le centre du monde, n'est pas immobile et tourne sur elle-même en un jour* », étaient absurdes et hérétiques. Galilée fut alors convoqué devant le cardinal inquisiteur Robert Bellarmin (1542-1621), qui avait déjà fait condamner Giordano Bruno (Bellarmin sera pourtant canonisé en 1930 !). Le cardinal lui demanda d'abandonner l'idée que des mouvements de la Terre étaient possibles, et Galilée se soumit.
Après l'élection d'un nouveau pape, Urbain VIII, qui s'était beaucoup intéressé à son travail lorsqu'il n'était que cardinal, Galilée essaya sans succès de faire annuler l'interdiction. À l'instigation du pape lui-même, il publia en 1632 un nouvel ouvrage où la doctrine de l'Église était approuvée, mais où il exposait en détail les nouvelles idées. Ce fut le *Dialogo sopra i due massimi systemi del mondo* (« Dialogue sur les deux grands systèmes du monde »). Très bien écrit, ce livre, qui a reçu l'imprimatur, enthousiasma les amis de Galilée. Cependant, l'Église ne fut pas dupe, d'autant plus que le défenseur de la théorie aristotélicienne dans le *Dialogo* était nommé Simplicio. Galilée fut donc convoqué devant le Saint Office.
Bien qu'il ait été dans son droit en ne discutant publiquement la doctrine de Copernic qu'en tant qu'hypothèse, Galilée fut condamné le 22 juin 1633, sous la menace de la torture, à abjurer cette doctrine et à rester en prison jusqu'à la fin de ses jours, sentence heureusement commuée par Urbain VIII en assignation à résidence. Il demeura donc dans sa maison d'Arcetri près de Florence jusqu'à sa mort, le 8 janvier 1642. Le fameux aparté de Galilée après sa condamnation « *e pur si muove* » (et pourtant elle tourne) est probablement apocryphe, car cette rétractation l'aurait conduit au bûcher.
Le résultat de cette condamnation fut surtout de retarder la diffusion de l'héliocentrisme. Ce n'est qu'en 1744 que le *Dialogue* de Galilée put être republié, bien qu'avec quelques corrections prescrites par l'Église ; en 1755, les ouvrages de Copernic, Kepler et Galilée étaient enfin retirés de l'Index. Mais il a fallu attendre 1822 pour que le décret interdisant l'héliocentrisme soit enfin annulé, et 1992 pour que Galilée soit définitivement réhabilité : le pape Jean-Paul II a reconnu clairement les erreurs des théologiens du XVIIe siècle dans cette affaire en déclarant : « *Ainsi la science nouvelle, avec ses méthodes et la liberté de recherche qu'elle suppose, obligeait les théologiens à s'interroger sur leurs propres critères d'interprétation de l'Écriture. La plupart n'ont pas su le faire.* »

▸ **Galilée devant l'Inquisition, chromolithographie du XXe siècle.**

la perfection du Soleil, Scheiner déclare que ces taches sont des objets sombres qui orbitent autour de l'astre. Mais Galilée n'hésite pas à affirmer que ce sont des parties du Soleil lui-même, qui est donc « *impur* » ; il en profite pour attaquer en 1613 la doctrine d'Aristote sur ce point, puis sur d'autres. Cela, s'ajoutant à sa défense des thèses de Copernic, lui attirera sa condamnation par l'Église et sa rétractation forcée (voir encadré p. 19).

Galilée résume l'essentiel de ses découvertes dans un livre publié en 1623, *Il Saggiatore* (« L'Essayeur » : celui qui pèse les métaux précieux, donc métaphoriquement l'Univers, sur une balance précise). Dans cet essai, Galilée publie une gravure (Figure 3 p. 18) où il montre Saturne et les phases de Vénus, ainsi que les dimensions angulaires de Jupiter et de Mars, à la même échelle, qu'il a mesurées approximativement avec sa lunette. Il avait aussi dressé les éphémérides des positions des satellites de Jupiter de 1611 à 1619, et même fait construire un instrument en laiton, le *Giovilabio*, qui permet de prévoir leur position sans calcul. Il pense que ces satellites, visibles de tous, devraient permettre de donner le temps en mer et de déterminer les longitudes ; cela ne pourra jamais être réalisé en pratique par les navigateurs, en raison des mouvements des navires qui empêchent d'observer les satellites. L'idée fera cependant son chemin, et aboutira, un demi-siècle plus tard, en ce qui concerne la détermination des longitudes terrestres (voir encadré p. 24).

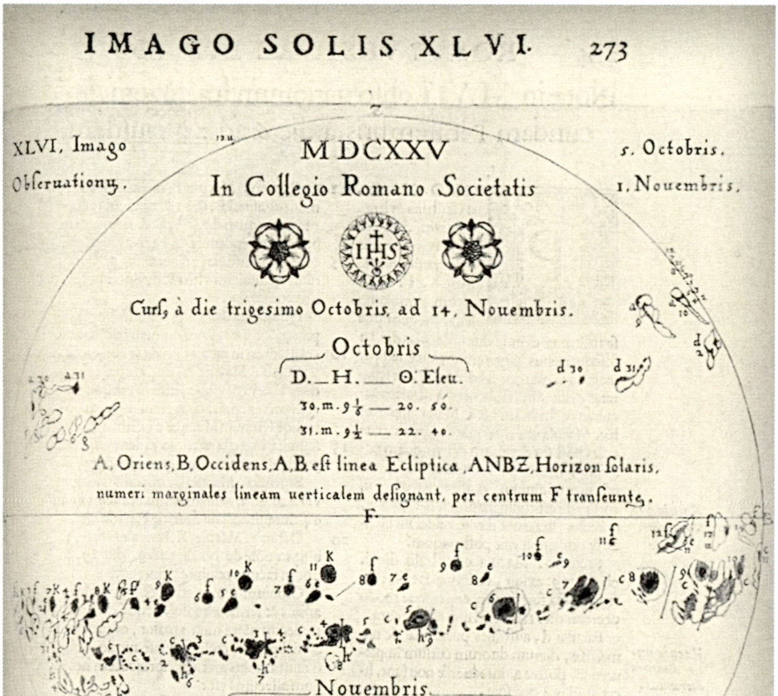

6 Les taches solaires dessinées par C. Scheiner, gravure de son ouvrage *Rosa Ursina sive Sol* (1626-1630). Le déplacement des taches d'un jour à l'autre, dû à la rotation du Soleil, est indiqué. Pour observer sans être ébloui, Scheiner projetait l'image du Soleil sur un écran.

Galilée n'est évidemment pas le seul à avoir observé les satellites de Jupiter : tous ceux qui disposent de lunettes suffisamment puissantes peuvent en faire autant. Un astronome allemand, Simon Mayr dit Marius (1573-1624 ; Figure 7), vieil adversaire de Galilée qui l'a traité en 1607 de « *reptile venimeux, ennemi de l'humanité toute entière* » (on ne mâchait pas ses mots à l'époque), prétend les avoir vus avant lui, ce qui est douteux. Il est cependant le premier à avoir publié, en 1614, des tables du mouvement de ces satellites meilleures que celles de Galilée, à avoir remarqué les variations d'éclat de ces satellites, et même à leur avoir donné, sur la suggestion de Kepler, le nom qu'ils ont encore : Io, Europe, Ganymède et Callisto, par ordre d'éloignement de la planète.

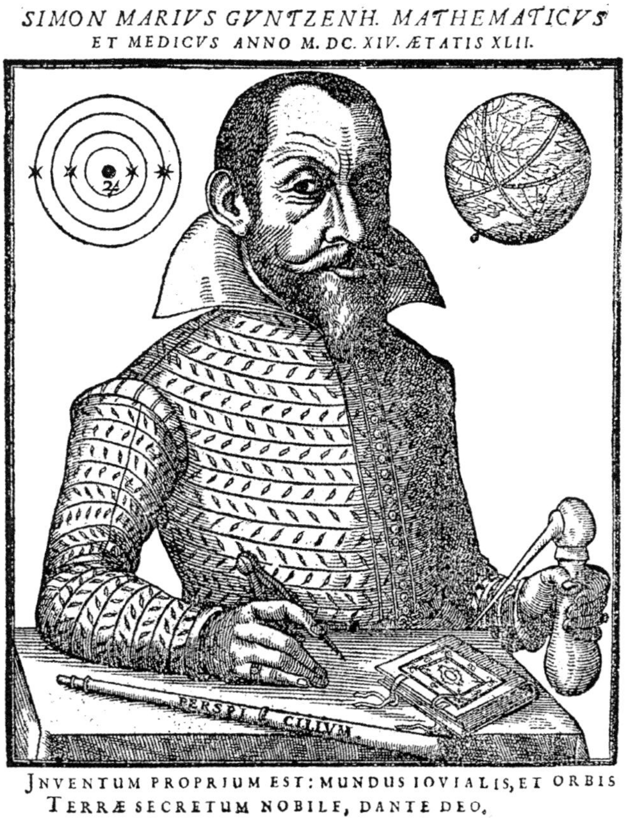

7 Simon Marius, le vieil ennemi de Galilée, gravure du frontispice de son *Mundus Jovialis* (1624). On remarque la figuration symbolique de Jupiter avec ses quatre satellites en haut à gauche, celle de la Lune en haut à droite, et la lunette astronomique posée sur la table au premier plan.

Christiaan Huygens, le physicien astronome

Galilée et ses contemporains ont vite épuisé les possibilités de leurs lunettes astronomiques : ce sont alors des instruments peu lumineux, dont le champ de vue est très petit et qui ne permettent pas de faire de vraies mesures. De surcroît, le débat sur le système de l'Univers est pratiquement clos : Copernic a gagné dans le Nord de l'Europe et Tycho Brahe dans le Sud, leurs systèmes pouvant l'un et l'autre rendre compte convenablement des observations. Le seul événement marquant de la première moitié du XVIIe siècle, après la floraison de découvertes de 1610, est l'observation par Pierre Gassend, dit Gassendi (1592-1655), d'un passage de Mercure devant le Soleil le 7 novembre 1631, passage que Kepler avait prévu sans pouvoir l'observer – il est mort l'année précédente. La situation va changer à partir de 1652 grâce à l'invention d'un nouvel oculaire, convergent cette fois, par le jeune physicien hollandais Christiaan Huygens (1629-1695) (Figure 8). Certes une lunette munie de cet oculaire renverse les images, mais elle est plus lumineuse et a un champ d'observation plus grand que celle de Galilée. En outre, comme il se forme maintenant une image intermédiaire à l'intérieur de la lunette, on peut y superposer un petit objet de taille connue ou un micromètre, ce qui permet de mesurer facilement la dimension angulaire de l'astre observé.

En 1655, Huygens dispose donc d'une telle lunette, qu'il braque sur Saturne. Il en découvre immédiatement un satellite, Titan. Personne ne s'attend à cette découverte. Certains avaient bien prétendu observer des satellites de Saturne, mais Gassendi et Hevelius, qui ont une grande autorité scientifique, avaient démontré à chaque fois que c'était faux ; ils en avaient même déduit, un peu trop rapidement, que l'on ne trouverait aucun autre satellite que la Lune et les quatre satellites de Jupiter. Heureusement, Huygens n'est pas au courant de cette opinion, qui le découragerait ! Il publie sa découverte en 1656 dans son *De Saturni luna observatio nova*. Cet ouvrage se termine par l'anagramme suivante (nous avons déjà vu Galilée s'assurer ainsi de la priorité de ses découvertes) :

Aaaaaaa ccccc d eeeee g h iiiiii mm nnnnnnnnn ooooo pp q rr s tt uuuuu

8 Christiaan Huygens découvrant les anneaux de Saturne, peinture anonyme, vers 1820. Il est couronné par Uranie, la muse des astronomes et des astrologues ; les lunes sont sans doute censées figurer quelques satellites de Saturne, dont Huygens a découvert le plus gros, Titan.

Ce sont les lettres de la phrase : « *Annulo cingitur tenui plano nusquam cohaerente ad eclipticum inclinato* », c'est-à-dire : « *[Saturne] est entouré d'un anneau plat et mince qui nulle part ne le touche et qui est incliné sur l'écliptique.* » Huygens ne met que quelques collègues au courant de sa découverte et ne l'annoncera officiellement que deux ans après, donnant alors la solution de son anagramme.

Huygens a donc compris la nature des anses observées de chaque côté de Saturne par Galilée et par beaucoup d'autres observateurs après lui (Figure 9). Il trouve aussi les raisons de leurs variations d'aspect, qu'il va expliquer avec beaucoup d'ingéniosité par le schéma de la Figure 10, publié dans son *Systema Saturnium* de 1659. Pour Huygens, l'anneau de Saturne est un corps solide dont la stabilité est assurée par l'attraction gravitationnelle de la planète, qui le tire également dans toutes les directions. Cette idée fausse persistera jusqu'au XIXe siècle.

Le *Systema Saturnium* contient aussi une estimation approximative des dimensions du Système solaire, qui sont alors extrêmement mal connues. Voici comment Huygens les a obtenues. Grâce au micromètre rudimentaire mais astucieux qu'il insère dans sa lunette, il mesure le diamètre angulaire (l'angle sous lequel on voit le disque) de toutes les planètes, sauf celui de Mercure qui est trop petit, d'une façon cependant encore peu précise. Les distances *a* des planètes au Soleil sont bien connues en valeur relative : elles vérifient en effet la troisième loi de Kepler a^3/T^2 = constante, où T est la période de révolution (voir encadré p. 34). Mais on ne les connaît pas en valeur absolue. À partir de ses mesures, Huygens peut donc estimer le rayon des planètes, toujours en valeur relative, et le comparer à celui du

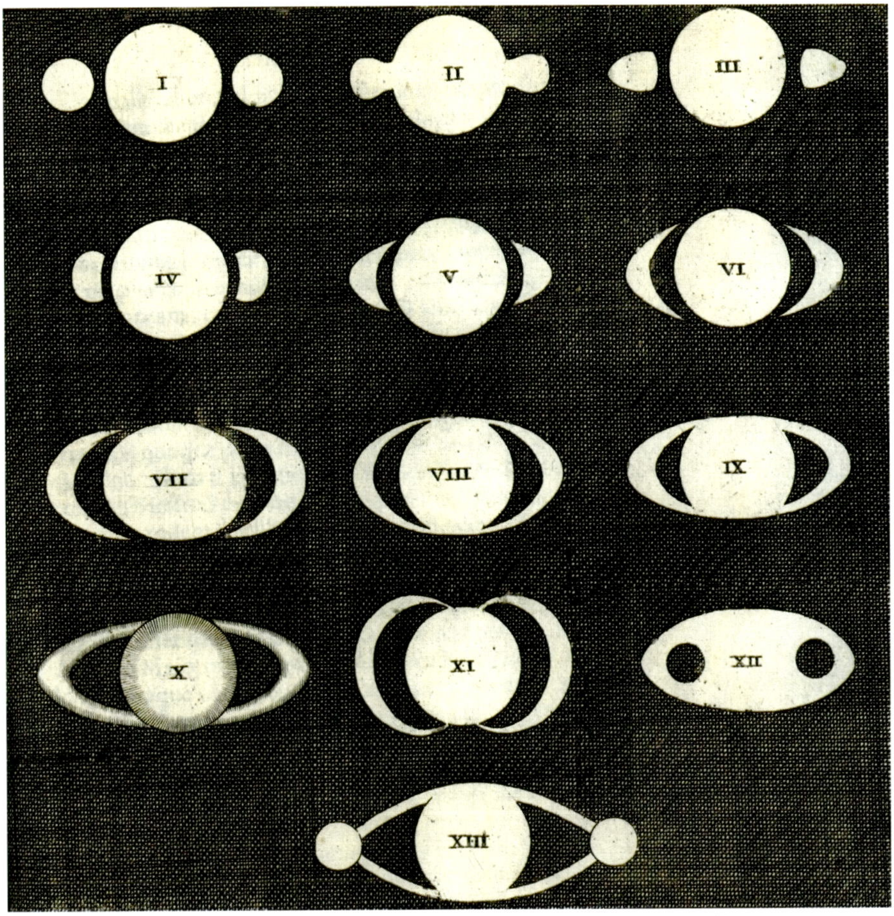

9 **Saturne observé par divers astronomes avant Huygens.**

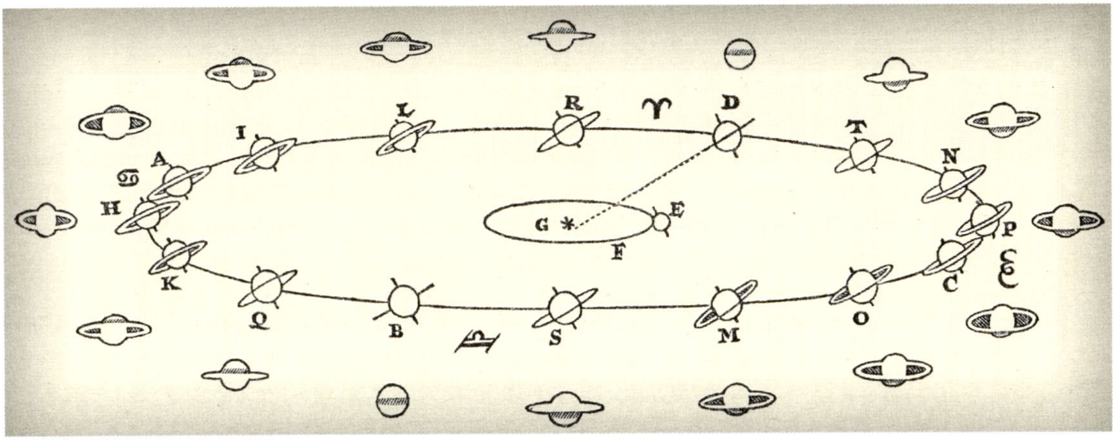

10 **Explication des variations d'aspect des anneaux de Saturne par Huygens.** L'aspect de Saturne et de son anneau en différents points de son orbite est indiqué en perspective, ainsi que, tout autour, cet aspect vu du Soleil G ou de la Terre E.
En B et en D, l'anneau vu par la tranche est pratiquement invisible, tandis que son ouverture est maximum en A et en C.

Soleil. Ce faisant, il remarque que Saturne, qui est plus loin du Soleil que Jupiter, est aussi plus petite que cette planète. De même, il estime que Mars, qui est plus éloignée du Soleil que Vénus, est plus petite qu'elle. Qu'en est-il de la Terre ? « *Afin que l'harmonie du système soit préservée le mieux possible* », Huygens pense que la Terre doit avoir un rayon intermédiaire entre celui de Vénus et celui de Mars : il estime ainsi « à la louche » le rayon de la Terre comme étant 1/111 de celui du Soleil. Or le rayon de la Terre est connu, cette fois en valeur absolue ; il peut donc calculer le rayon du Soleil, puis, en le comparant à son rayon angulaire – 16 minutes de degré – calculer sa distance à la Terre : il obtient 25 086 rayons terrestres, soit en unités actuelles 160 millions de kilomètres. Ce résultat, obtenu par un raisonnement des plus discutables, n'est pas très éloigné de la valeur moderne de 150 millions de kilomètres. Huygens a de la chance ! Ses valeurs pour le diamètre angulaire des planètes sont assez fortement sous-estimées : en réalité Vénus est un peu plus petite que la Terre, et Mars près de deux fois plus petite. Et il est heureux qu'il ne connaisse pas le diamètre angulaire de Mercure : il le pense égal à 3 minutes de degré, ce qui la rendrait plus grosse que Vénus, en accord avec ses idées. Or Gassendi l'avait estimé à moins de 20 secondes de degré (en réalité environ 10 secondes) lors du passage de Mercure devant le Soleil. Mercure, plus proche du Soleil que Vénus, est donc en fait plus petite. Si Huygens l'avait su, il n'aurait pu tenir un tel raisonnement !

11 Jean-Dominique Cassini, portrait de Léopold Dumangel (1879) d'après une gravure ancienne. On voit au fond l'Observatoire de Paris, avec une longue lunette sur la terrasse.

Jean-Dominique Cassini

À la suite de ses découvertes, Huygens est invité en 1666 par Colbert à Paris et devient un des premiers membres de l'Académie des sciences qui vient juste d'être créée. En 1669, il est rejoint par un confrère italien, qui est également invité par Colbert, cette fois pour prendre la responsabilité de l'Observatoire de Paris qui est en construction. Ce savant, Giovanni-Domenico Cassini (1625-1712), francisé en Jean-Dominique Cassini (Figure 11), avait fait de superbes observations à Bologne en utilisant les meilleurs objectifs alors disponibles, fabriqués à Rome par les opticiens Eustachio Divini (1610-1685) et Giuseppe Campani (1635-1715). Dès 1664, il avait été témoin des éclipses des satellites de Jupiter dans l'ombre de la planète. Il avait également observé l'ombre que ces satellites portent sur la surface de la planète lorsqu'ils passent dans la ligne de visée, remarqué l'aplatissement aux pôles de Jupiter et étudié les bandes de sa surface et la tache rouge qu'il a découverte en 1665 (Figure 12). En suivant les déplacement de cette tache et sa réapparition périodique, il avait déterminé la période de rotation de Jupiter sur elle-même, soit 9 h 56 m. Il va poursuivre ces observations tant que sa vue exceptionnelle le lui permettra. Cassini avait également observé des taches sur Mars et déterminé, en 1666, sa période de rotation : 24 h 40 m (Figure 13 ; Huygens avait déjà suggéré en

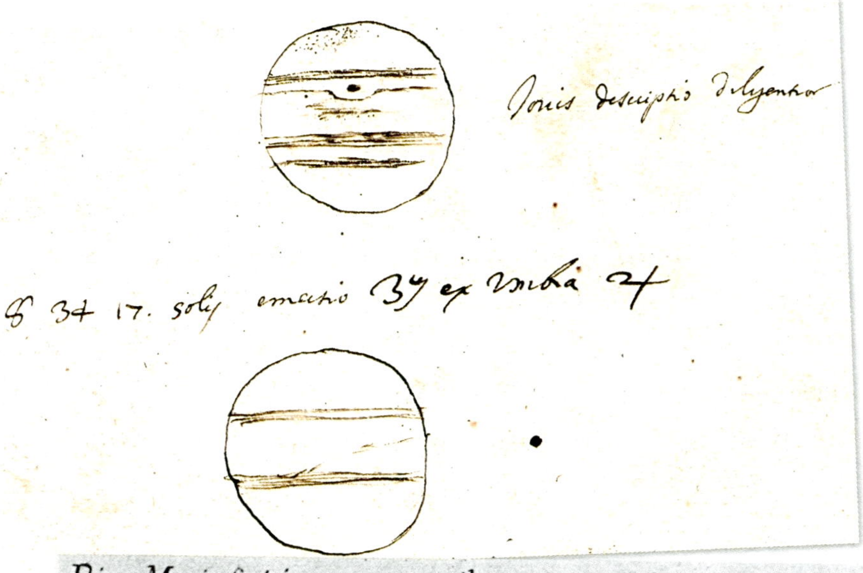

12 Dessins de Jupiter par Cassini, le 4 mai 1673. En haut, on voit les bandes caractéristiques de l'atmosphère de Jupiter, qui sont des zones nuageuses animées de vents violents, et la tache rouge qui est un énorme anticyclone permanent. En bas, l'émersion d'un satellite de l'ombre de la planète.

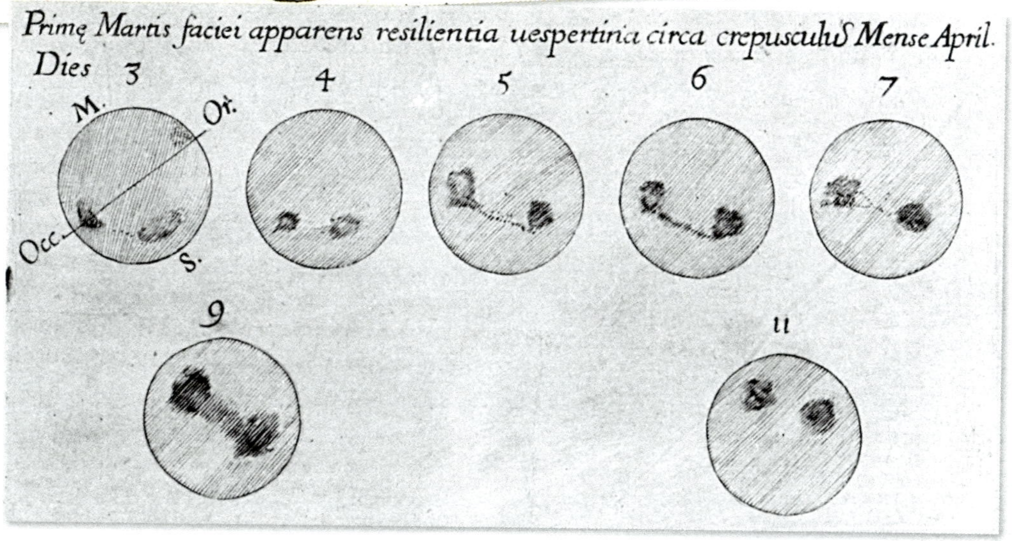

13 Observation par Cassini des taches de Mars et de leur déplacement, en avril 1666. Les jours d'observation sont indiqués par des chiffres, et la légende indique que l'observation a lieu chaque jour au moment du crépuscule, donc sensiblement à la même heure. On voit que les deux taches se déplacent d'une observation à l'autre. En déduire la période de rotation de la planète n'est pas facile, car elle est presque égale à un jour terrestre, mais Cassini y est parvenu.

1659 une période de 24 heures, mais sans certitude). Ces valeurs sont en excellent accord avec les valeurs actuelles, ce qui témoigne de l'habileté de l'astronome. Cassini voit également une tache sur Vénus et l'utilise pour déterminer une période de rotation de 23 jours; ce résultat est inexact, mais les observateurs ultérieurs ne feront pas beaucoup mieux, tant le contraste des structures que l'on voit sur la planète est faible: le problème de la rotation de Vénus ne sera résolu qu'en 1957 (voir encadré p. 26).

Le plus grand titre de gloire de Cassini aux yeux de ses contemporains, titre qui lui vaut d'être appelé à Paris, est sa publication en 1668 de tables des satellites de Jupiter qui sont meilleures que celles de Galilée et de Marius. À Paris, Cassini continue logiquement à s'intéresser à Jupiter et à ses satellites, qui font sous sa direction l'objet d'observations suivies avec les excellentes lentilles de Campani qu'il a fait acheter (Figure 14). Les observations demandent beaucoup d'habileté: les lentilles sont placées sur le bord de la terrasse de l'Observatoire

La rotation de Vénus

Ce que l'on observe de Vénus, en lumière visible, est la couche nuageuse opaque située à environ 60 km au-dessus de sa surface. Son aspect est variable et très peu contrasté, si bien qu'il est très difficile d'évaluer la période de rotation de la planète à partir d'observations. Cassini n'y est pas parvenu, ses successeurs non plus. À partir des années 1950, l'observation dans l'ultraviolet a fourni un meilleur contraste, et on s'accorde aujourd'hui sur une période de rotation de 4 jours dans le sens rétrograde (sens des aiguilles d'une montre vu du pôle Nord céleste).

Mais la rotation de la planète solide elle-même est très différente. La surface ne peut être observée qu'au moyen de radars, placés sur Terre ou à bord de sondes spatiales. C'est ainsi que l'on a trouvé que Vénus ne fait qu'un tour en 243 jours par rapport aux étoiles, également dans le sens rétrograde ; c'est la seule planète du Système solaire, avec Uranus, qui ne tourne pas dans le sens direct. L'atmosphère de Vénus est donc en super-rotation, avec une vitesse qui croît avec l'altitude jusqu'à 65 km et décroît ensuite. Les mécanismes qui conduisent à ce phénomène sont complexes et commencent seulement à être bien compris.

ou sur des édifices de bois, et l'observateur se déplace au sol avec un oculaire tenu à la main de façon à ce que l'objet visé soit vu dans la lentille, ce qui n'est pas une mince affaire. Quelquefois, on utilise aussi de longues lunettes « *à faire peur aux gens* », comme disait Molière (Figure 15). En 1690, Cassini aperçoit « *du changement dans la figure de cette Planète* [Jupiter] *et dans ses bandes* » et découvre « *sur son disque quantité de nouvelles taches* », que l'on peut suivre pendant plus de deux mois (Figure 16). Il est très probable qu'il a observé la chute des fragments d'une comète sur Jupiter, similaire à celles que l'on verra en 1994 et en 2009 (voir encadré p. 141). Enfin, il remarque que la période de rotation de Jupiter varie avec la distance à son équateur, mettant ainsi en évidence une rotation différentielle qui sera confirmée par les observations modernes. Bien entendu, les essais d'interprétation qu'il donne de tous ces phénomènes ne résisteront pas au temps, mais la qualité des observations elles-mêmes est remarquable, surtout si l'on considère les conditions dans lesquelles elles sont faites. De même, Cassini a réalisé une magnifique carte de la Lune qui surpasse de loin ce qui avait été fait précédemment (Figure 17).

Cassini observe aussi Saturne (Figure 18). Il constate que son

14 Une lentille de Campani, avec sa signature.

15 L'Observatoire de Paris en 1705 (gravure de Coquart). On observait les astres comme Jupiter et ses satellites (à droite) ou Saturne et ses satellites (au centre) à travers des objectifs de très longue focale posés sur le parapet de la terrasse. Ils pouvaient aussi être installés sur des échafaudages, en l'occurrence une tour en bois provenant de Marly, construite initialement pour l'adduction des eaux de Versailles. L'observateur tenait à la main un oculaire et devait localiser et suivre l'objet observé à travers l'objectif. L'usage de grandes lunettes comme celle visible à l'arrière-plan, assez rare en France, n'était guère plus pratique.

anneau n'est pas uniforme, mais qu'il est séparé en deux par une division à laquelle on a donné son nom. En 1671 et 1672, il découvre deux nouveaux satellites de la planète, Japet et Rhéa. Huygens accueille bizarrement cette nouvelle dans une lettre qu'il écrit à son frère Lodewijk :

« *M. Cassini a découvert le premier les deux nouveaux compagnons de Saturne, après que nous ayons reçu les lentilles [de Campani] de Rome. Il vit à l'Observatoire depuis un an, et n'a manqué aucune nuit claire pour observer le ciel, une chose à laquelle je ne voudrais en aucun cas me soumettre moi-même, me contentant de mes découvertes anciennes, qui valent mieux que toutes celles qui ont été faites depuis.* »

Huygens ne réalise donc pas ce que peut être la profondeur de la motivation d'un astronome pour observer le ciel ! Il va quitter Paris pour La Haye en 1684, et ne réussira jamais à voir les nouveaux satellites, de même que les deux autres

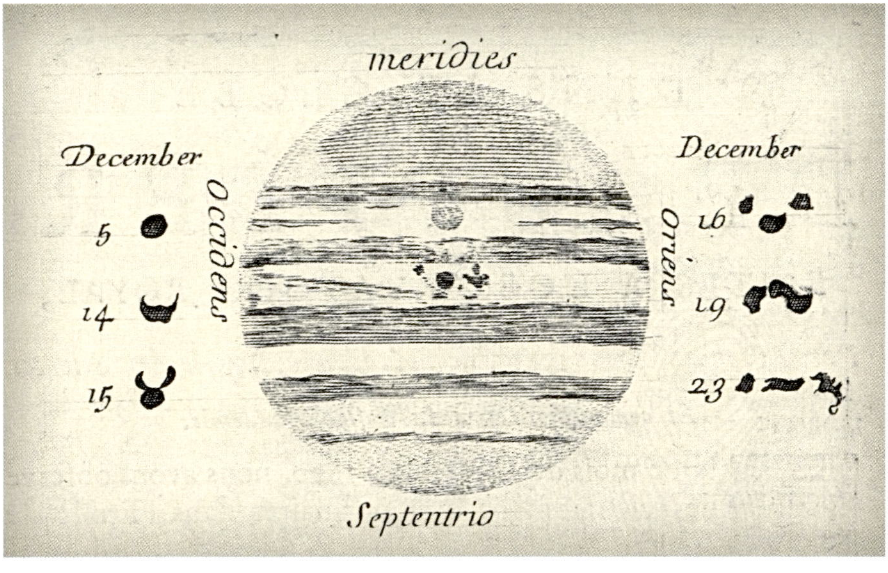

16 Observation de Jupiter par Cassini en décembre 1690. Les taches noires sont très vraisemblablement les traces de l'impact d'une comète qui s'est fragmentée à l'approche de Jupiter.

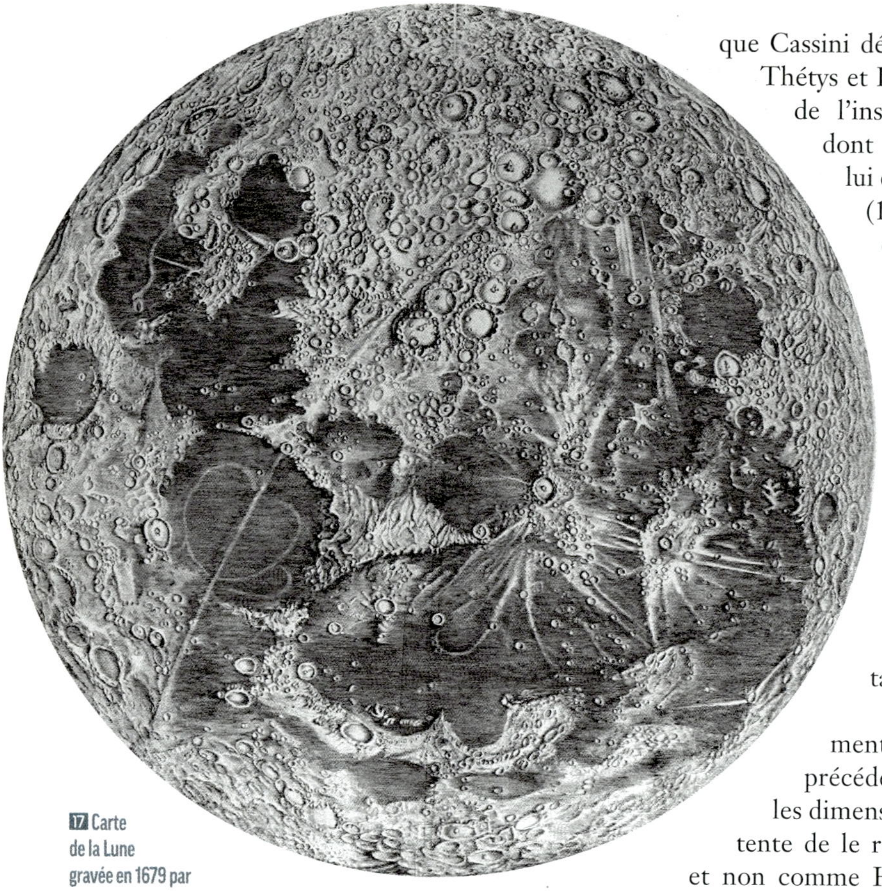

17 Carte de la Lune gravée en 1679 par Jean Patigny d'après les observations de Cassini. On observe dans une des mers, à gauche, un grand cœur qui n'existe pas, et en bas un peu à droite, se détachant sur un fond sombre, une petite tête de femme vue de profil et regardant à gauche. Il s'agit sans doute d'hommages de Cassini à son épouse Geneviève de Laistre.

que Cassini découvre cette même année, Thétys et Dioné. Ce n'est pas à cause de l'insuffisance de ses lunettes, dont les objectifs fabriqués par lui et par son frère Constantijn (1628-1697) sont de bonne qualité, mais par manque de motivation et de persévérance : en effet, c'est avec un objectif fabriqué par Constantijn Huygens que James Pound (1669-1724), l'oncle du célèbre astronome James Bradley (1693-1762), observera en 1718 les cinq satellites de Saturne alors connus et établira les premières tables de leur mouvement.

Cassini s'attaque également à un problème qu'avait précédemment abordé Huygens : les dimensions du Système solaire. Il tente de le résoudre par l'observation, et non comme Huygens par des considérations d'ordre philosophique. Pour cela, il veut d'abord obtenir la distance de Mars. Il envoie son collaborateur Jean Richer (1630-1696) à Cayenne, en Guyane, où il séjourne en 1672 et 1673. Richer y mesure la position de Mars par rapport aux étoiles, tandis que Cassini et Jean Picard (1620-1682) en font de même à Paris. De la différence entre ces positions due à la parallaxe, et connaissant la distance de Paris à Cayenne, ils déduisent la distance de Mars à la Terre (Figure 19). Comme les distances sont connues en valeur relative dans le Système solaire grâce à la troisième loi de Kepler (voir p. 34), ils peuvent alors calculer la distance du Soleil à la Terre. Ils trouvent 138 millions de kilomètres (en unités modernes), la valeur réelle étant 149,6 millions de kilomètres. L'erreur est très grande, mais c'est la première fois que l'on mesure directement cette quantité, que l'on pensait

18 **Deux dessins de Saturne par Cassini, obtenus à des époques différentes avec différentes inclinaisons de l'anneau.** Cassini a observé le premier que cet anneau était fait de deux parties concentriques, séparées par ce que l'on appellera plus tard la *division de Cassini*.

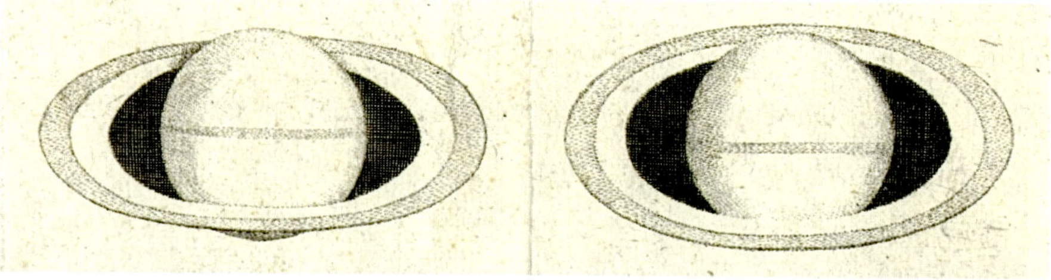

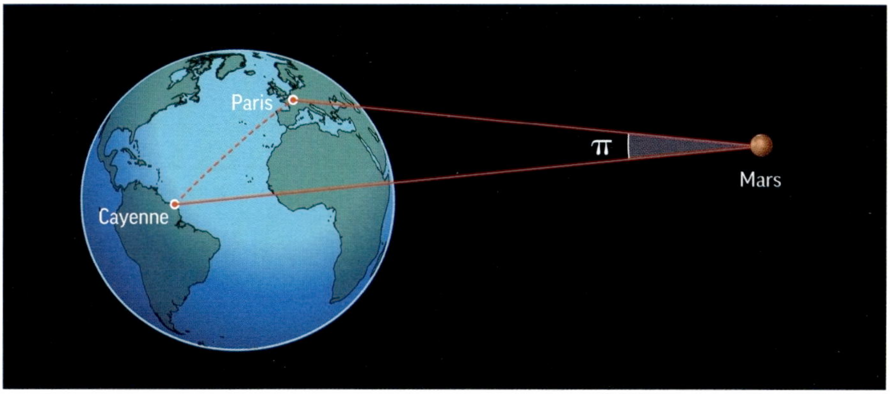

19 Détermination de la distance de Mars par Cassini et Richer. Les deux astronomes observent en même temps la position de la planète par rapport aux étoiles qui l'entourent. Ils constatent une petite différence de position, de l'angle π. Ils calculent la distance en ligne droite de Paris à Cayenne à partir de leur longitude et de leur latitude. En principe, le calcul doit tenir compte de l'aplatissement de la Terre, qui est représenté très exagéré ici, mais ils ne le connaissent pas. Heureusement, l'erreur ainsi introduite est négligeable par rapport aux autres erreurs. Tous les éléments du triangle étant connus, ils peuvent alors calculer la distance de la Terre à Mars.

être vingt fois plus petite. Cette mesure très difficile donne une idée des talents d'observateur des savants de l'époque.

Mais ce que Louis XIV et Colbert attendent surtout de Cassini, c'est l'amélioration des éphémérides des satellites de Jupiter. Galilée avait déjà remarqué que les éclipses de ces satellites, c'est-à-dire leur entrée dans l'ombre de Jupiter ou leur sortie de cette ombre, sont visibles d'une grande partie de la Terre, et qu'elles peuvent servir à déterminer les longitudes. Comment calculer une longitude à partir de ces éclipses ? On règle deux horloges : la première à Paris, qui à l'époque est la référence des longitudes pour les Français, et la seconde dans le lieu dont on veut déterminer la longitude, de façon qu'elles marquent midi au moment du passage du Soleil au méridien local. On obtient ainsi le temps solaire en chaque lieu. Puis, en observant des deux endroits la même éclipse d'un satellite de Jupiter, on obtient la différence entre les temps locaux qui sont indiqués à ce moment par les deux horloges, différence qui n'est autre que la longitude du lieu. Les éphémérides servent à prédire à quel moment il faut faire les observations simultanées de ces éclipses, et mieux encore, si elles sont assez précises, à donner la longitude du lieu d'observation sans qu'il y ait besoin de faire une observation simultanée à Paris, puisqu'elles sont établies pour l'heure locale parisienne.

Cassini et ses collaborateurs vont améliorer la construction de ces éphémérides en effectuant des années d'observation assidue. Grâce à ces progrès, Picard et Philippe de la Hire (1640-1718) mesurent la longitude de nombreuses villes de France et d'Europe où ils se rendent à cet effet, et rectifient les cartes géographiques où ils trouvent des erreurs considérables.

C'est au cours de ces observations assidues que Cassini remarque que les éclipses de Io, le satellite de Jupiter le plus proche de la planète, se produisent avec un retard de plusieurs minutes par rapport aux prédictions des éphémérides lorsque la Terre s'éloigne de Jupiter, et avec une avance du même ordre lorsqu'elle s'en rapproche. Le 22 août 1676, il annonce ce fait à l'Académie des sciences, en suggérant pour l'interpréter que la lumière se propage avec une vitesse finie. Cependant, les autres satellites de Jupiter ne paraissent pas se comporter de la même façon que Io, alors que leurs éclipses devraient présenter les mêmes retards ou avances si cette explication est la bonne, si bien

La détermination de la latitude et de la longitude

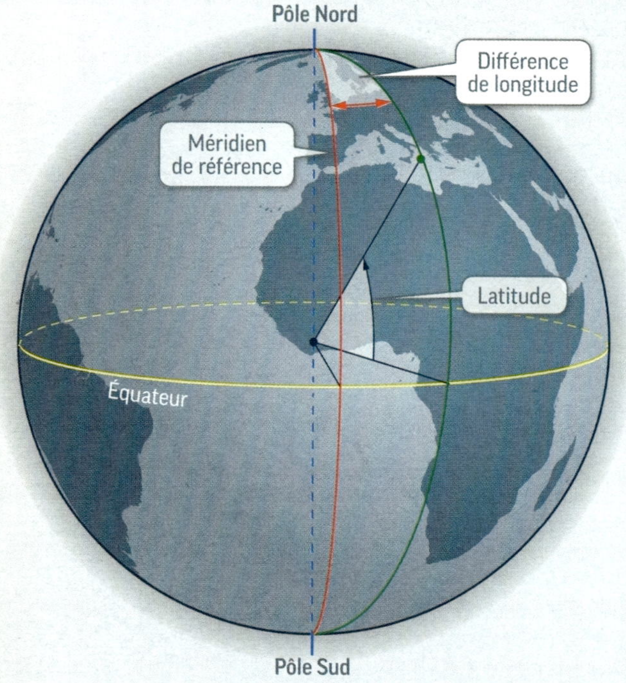

Sur terre comme en mer, connaître sa position est crucial. Celle-ci est définie par la latitude et la longitude sur le globe terrestre. « Faire le point », en termes de marine, c'est mesurer ces deux grandeurs. La latitude est la distance angulaire entre l'équateur et le point considéré ; c'est aussi la hauteur angulaire du pôle au-dessus de l'horizon, qui est déterminée assez facilement dans l'hémisphère nord en mesurant la hauteur de l'étoile polaire et en appliquant une petite correction, car l'étoile polaire n'est pas exactement au pôle Nord. C'est un peu plus complexe dans l'hémisphère sud, où il n'y a pas d'étoile polaire, mais un observateur exercé y arrive aisément en observant des étoiles de position connue.

En revanche, la détermination de la longitude a longtemps posé des problèmes insurmontables. La longitude repère la position du plan méridien qui passe par le point considéré. On ne peut mesurer que des différences de longitude entre deux points, c'est-à-dire l'angle entre leurs plans méridiens respectifs. Les longitudes sont donc généralement repérées par rapport à un méridien de référence, qui a longtemps été pour les Français le méridien de Paris, défini par la méridienne de l'Observatoire ; aujourd'hui la référence est le méridien de Greenwich, qui est 2° 20' à l'ouest de Paris.

La différence de longitude entre deux lieux, que l'on exprime en 1/24 du tour de la Terre, donc en heures, est égale à la différence entre les heures locales. Pour la déterminer, on doit disposer d'une horloge en chaque lieu, et la régler à midi sur le passage du Soleil au méridien. Il faut ensuite comparer les heures aux deux endroits. On peut pour cela soit transporter une horloge fiable d'un point à l'autre, soit observer un même signal (par exemple un phénomène astronomique) de chacun des deux points. Les premières bonnes horloges, qui datent du milieu du XVIIe siècle, gardaient le temps de façon assez précise mais n'étaient pas transportables en fonctionnement. Heureusement, on avait remarqué que les éclipses de Lune (passage dans l'ombre de la Terre) étaient vues au même instant en tout lieu, ce qui permettait de comparer les heures indiquées par les horloges. Cette propriété a été utilisée lors de l'éclipse de Lune du 28 août 1635, qui fut observée en différents ports méditerranéens par des missions organisées par Nicolas-Claude Fabri, seigneur de Peiresc (1580-1637). La mesure des différences de longitude entre ces points entraîna une réduction d'un tiers des dimensions est-ouest estimées de la Méditerranée.

Galilée et d'autres comprirent, dès la découverte des quatre gros satellites de Jupiter, que les fréquentes éclipses de ces satellites dans le cône d'ombre de la planète étaient également vues en même temps de tous les points du globe. Des observations de ces éclipses furent alors intensivement effectuées de plusieurs côtés, notamment par Jean-Dominique Cassini et ses collègues à l'Observatoire de Paris, en vue d'une solution au « problème des longitudes ». Cette technique a d'abord été employée en 1671-72 pour déterminer la différence de longitude entre l'Observatoire de Paris et celui de Tycho Brahe à Uraniborg, au Danemark, puis pour réaliser une carte de France en 1682. La méthode était d'une bonne efficacité à terre, mais elle se révéla inutilisable en mer en raison des mouvements du bateau qui rendent difficile l'observation des satellites de Jupiter et perturbent les horloges à pendule. On a dû se contenter d'observer la distance angulaire de la Lune aux étoiles voisines, une méthode peu précise élaborée par La Caille vers 1750. Les montres marines construites par le britannique John Harrison, en plusieurs étapes entre 1737 et 1773, puis par d'autres, ont permis une détermination bien meilleure, au moins pour les navigateurs qui avaient les moyens de se procurer ces instruments très onéreux. À partir de 1910, les signaux radio de synchronisation puis le GPS ont résolu le problème de façon définitive.

que Cassini abandonne rapidement cette hypothèse. Ce qu'il ne peut pas savoir, c'est que l'attraction gravitationnelle mutuelle des satellites de Jupiter perturbe gravement le mouvement du second et du troisième, ce qui camoufle en partie les retards ou les avances dus à la vitesse finie de la lumière. Cependant, un jeune et brillant astronome danois qui participe aux observations, Ole Rømer (1644-1710) (Figure 20), n'a pas les scrupules de son supérieur et se décide à publier seul l'explication avancée par Cassini dans le *Journal des Sçavans*, qui sert d'organe de liaison entre les scientifiques (Figure 21). La situation sera clarifiée en 1694 par l'astronome anglais Edmond Halley (1656-1742) : utilisant toutes les mesures de Cassini et les siennes propres, Halley finira malgré tout par retrouver les retards ou avances des quatre satellites galiléens de Jupiter au milieu des irrégularités de leur mouvement, confirmant l'explication de Rømer. Cassini et ses collègues français n'adopteront cependant pas pour autant l'hypothèse de la vitesse finie de la lumière, qui ne sera définitivement admise par tous qu'en 1728, bien après la mort de Cassini en 1712.

Le siècle qui va suivre sera moins fécond en découvertes majeures que le XVIIe siècle. Mais l'esprit va changer complètement avec l'introduction de la mécanique de Newton...

20 Ole Rømer, gravure posthume de Wolffgang (1735). Malgré l'apport de Cassini, la postérité ne retiendra que le rôle de Rømer dans l'explication des retards des éclipses de Io. Rømer apparaît ici dans tout sa gloire : retourné au Danemark vers 1681, il devient chef de la police de Copenhague et préside le Conseil d'État du royaume, tout en continuant ses travaux astronomiques.

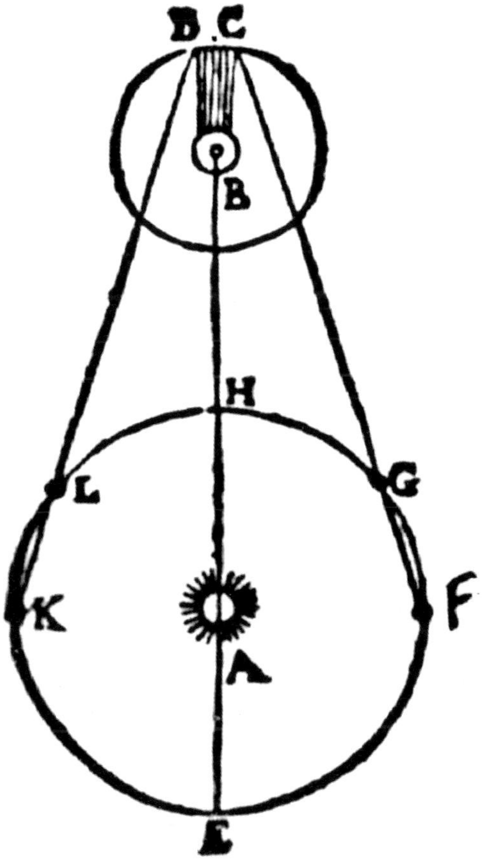

21 Dessin de Rømer dans son article du *Journal des Sçavans*. Le Soleil est en A, Jupiter en B avec son cône d'ombre CD et l'orbite de son satellite Io ; on voit aussi l'orbite de la Terre, qui occupe les positions indiquées par des lettres lors de certaines éclipses de Io. Par exemple, lorsque la Terre se déplace de L à K entre deux observations de la sortie du satellite de l'ombre de Jupiter, la seconde observation paraît se produire avec retard en raison du temps supplémentaire mis par la lumière pour se propager de Jupiter à la Terre.

CHAPITRE 2

La mécanique céleste triomphante

La théorie de la gravitation universelle

Au début du XVIIe siècle, Kepler découvre, à partir des observations, les trois lois géométriques et cinématiques qui régissent le mouvement des planètes (voir encadré p. 34). Il reste à en rendre compte par la physique, et cela va se faire progressivement. Pour Kepler, déjà, l'existence des marées prouve que la Lune et la Terre exercent une attraction sur l'eau. D'ailleurs, « *si la Terre cessait d'attirer l'eau, toute l'eau de la mer serait tirée vers le haut et s'échapperait vers la Lune* ». Mais Kepler ne considère pas que le Soleil attire les planètes : il pense que le Soleil les entraîne sur leur orbite par sa propre rotation. Peu après, Galilée établit les lois de la chute des corps soumis à l'attraction terrestre. Il entrevoit le principe d'inertie, précisé progressivement par ses élèves Bonaventura Cavalieri (1598-1647) et Evangelista Torricelli (1608-1647), et par Descartes et Gassendi : un corps au repos reste au repos, et un corps en mouvement garde sa vitesse rectiligne uniforme, tant qu'aucune force ne vient les perturber. En 1665, l'italien Giovanni Alfonso Borelli (1608-1679) affirme que la force centrifuge subie par les satellites de Jupiter dans leur mouvement orbital équilibre l'attraction exercée par la planète. Huygens montre quelques années plus tard que cette force centrifuge est inversement proportionnelle au rayon de l'orbite, et proportionnelle au carré de la vitesse du satellite. Mais le pas le plus important reste à franchir : on soupçonne bien qu'une force dirigée vers le centre de leur orbite s'exerce sur les planètes et sur les satellites, et qu'elle décroît lorsque la distance à l'astre central augmente, mais selon quelle loi, et le phénomène est-il universel ? C'est Isaac Newton (1642-1727) (Figure 1) qui répond à ces questions. Il expose ses résultats en 1687 dans ses *Philosophiae naturalis principia mathematica* (« Principes mathématiques de la philosophie naturelle ») (Figure 2). En partant de sa loi d'attraction universelle, il parvient à démontrer mathématiquement les lois de Kepler. Il prouve qu'elles s'appliquent au système des satellites de Jupiter aussi bien qu'aux planètes elles-mêmes. Il démontre également que des orbites en forme de parabole ou d'hyperbole sont possibles pour les comètes, ce qu'avait suspecté Borelli sur la base des observations. Il prédit aussi que les planètes qui tournent rapidement sur elles-mêmes doivent être aplaties aux pôles, ce qui est d'ailleurs le cas de Jupiter. Ce doit être également le cas de la Terre, dont il calcule la valeur de l'aplatissement en supposant qu'elle a été fluide dans le passé.

◄ « Un jeune homme de 23 ans, Newton, rêvait un soir... » Il vient de voir tomber la fameuse pomme qui lui aurait inspiré la loi d'attraction universelle. Gravure de l'*Astronomie populaire* de Flammarion (1890).

❋ Les trois lois de Kepler

1. Les orbites des planètes sont des ellipses dont le Soleil occupe un des foyers (F_1 ou F_2).

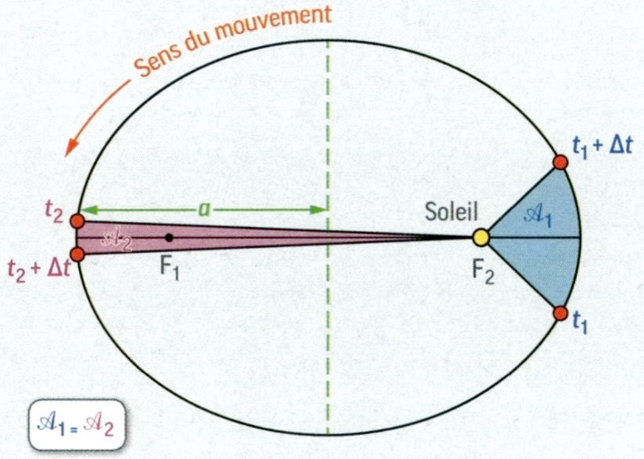

2. La surface balayée par le segment qui joint la planète au Soleil est proportionnelle au temps.

3. Le carré de la période de révolution des planètes du Système solaire est proportionnel au cube du demi grand axe *a* de leur orbite.

Ces lois s'appliquent de façon générale, par exemple pour le mouvement des satellites de Jupiter autour de la planète: seule change la constante de proportionnalité de la troisième loi, qui dépend de la masse de l'astre central.
Si *a* est le demi grand axe, *T* la période de révolution, *M* la masse de l'astre central et G la constante de la gravitation, cette loi s'écrit:

$$\frac{a^3}{T^2} = \frac{GM}{4\pi^2},$$

en négligeant la masse de l'objet tournant par rapport à celle de l'objet central.

1 Isaac Newton, portrait par Cartier (1881). Il énonça la loi d'attraction universelle: l'attraction entre deux corps est proportionnelle à leur masse et inversement proportionnelle au carré de leur distance.

Les conclusions de Newton sont tellement révolutionnaires qu'elles ne sont pas facilement acceptées, surtout en France. Les esprits français sont imprégnés des idées de René Descartes (1596-1650) pour lequel l'Univers est plein de tourbillons d'une matière subtile, qui transmettent les forces par pression. L'existence d'une force d'attraction agissant à distance leur semble donc difficile à admettre. Newton aura beau montrer que les idées de Descartes sont incompatibles avec la physique, Cassini et son entourage scientifique ne seront jamais newtoniens. Il en sera de même de son fils Jacques, dit Cassini II (1677-1756), qui lui succède en 1712 à l'Observatoire, et dont les mesures géodésiques semblent montrer que la Terre est allongée vers les pôles et non aplatie; c'est contraire aux prédictions de Newton, dont il rejette en bloc les idées. Pour trancher entre Newton et ses détracteurs, l'Académie des sciences envoie deux expéditions mesurer un arc de méridien au Pérou (1735-1744) et en Laponie (1736-1737). Il en résulte que la Terre est bien aplatie. Cependant, les partisans de l'allongement de la Terre ne sont totalement convaincus qu'à la suite des nouvelles mesures géodésiques réalisées par le propre fils de Jacques Cassini et l'abbé Nicolas Louis de La Caille (1713-1762), menées de Dunkerque à Perpignan et de Sète à la Montagne Ste-Victoire de 1739 à 1748: elles confirment l'aplatissement de la Terre. La Caille, ainsi que Pierre Louis Moreau de Maupertuis (1698-1759) adhèrent entièrement à la théorie de Newton, mais celle-ci ne sera adoptée par tous qu'après que la Marquise Gabrielle Émilie du Châtelet (1709-1749) ait traduit en français les *Principia* (sa traduction est parue en 1759), et que son ami Voltaire (1694-1778) s'en soit fait le propagandiste.

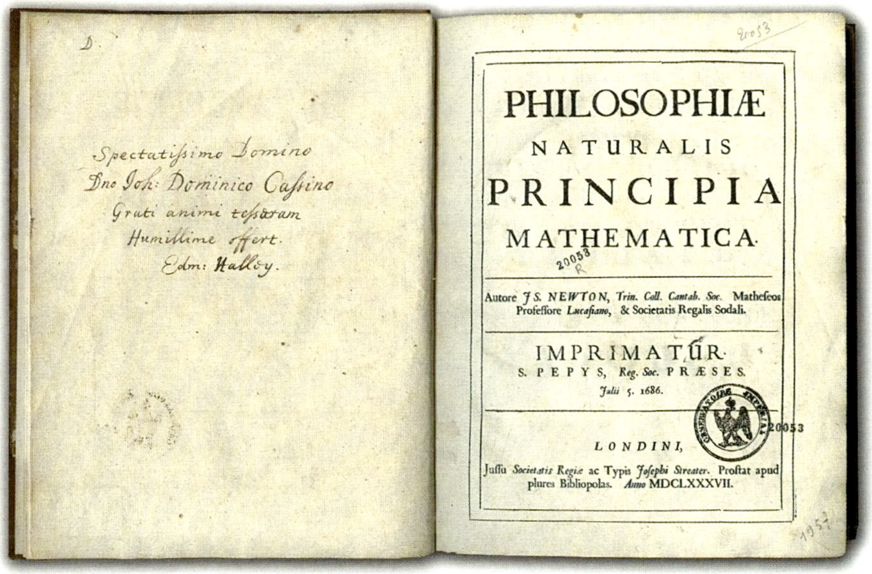

2 **Page de titre de la première édition des *Principes mathématiques de la philosophie naturelle*** de Newton, avec la dédicace de Halley à Jean-Dominique Cassini. On ne sait pas si Cassini, qui connaissait bien le latin, a lu ce livre, rédigé de façon assez obscure. En tout cas, il n'a jamais adhéré aux idées de Newton.

En Angleterre, l'acceptation des idées de Newton est plus facile. Il est vrai que les conclusions auxquelles il parvient ne peuvent se concevoir que dans le système héliocentrique de Copernic, pour lequel l'anglais James Bradley fournit en 1727 un argument décisif. Bradley montre en effet de façon irréfutable, par sa découverte de l'aberration de la lumière des étoiles (voir encadré p. 36), que la Terre tourne réellement autour du Soleil avec une vitesse de 30 kilomètres par seconde. Désormais, la voie est libre pour utiliser pleinement les idées de Newton. Les meilleurs mathématiciens vont s'y atteler, développant du même coup des méthodes nouvelles. Les plus importants sont le Suisse Leonhard Euler (1707-1783), qui a surtout travaillé à Saint-Pétersbourg et à Berlin, et le Français Alexis Claude Clairaut (1713-1765). Il s'agit maintenant d'appliquer la mécanique newtonienne à toutes sortes de problèmes astronomiques.

La dynastie des Cassini

Quatre Cassini se sont succédés de père en fils à l'Observatoire de Paris, dont ils ont eu la responsabilité.

Jean-Dominique Cassini (Cassini I, 1625-1712) est arrivé d'Italie en 1669. Son œuvre astronomique et géodésique, dont nous avons parlé au chapitre précédent, est considérable.

Jacques Cassini (Cassini II, 1677-1756) a succédé à son père en 1712. Cartésien convaincu, comme son père, il prend position contre l'idée que la Terre est aplatie aux pôles, à la suite de mesures partiellement erronées du méridien de Paris, de Dunkerque à Perpignan. Son œuvre astronomique est mince, mais il a cependant montré le premier que certaines étoiles ne sont pas fixes, mais se déplacent lentement dans le ciel.

César-François Cassini, dit Cassini de Thury (Cassini III, 1714-1784) a repris l'Observatoire en 1756 et a obtenu en 1771 le titre de directeur de l'Observatoire. Ses travaux astronomiques ne sont pas très remarquables, mais c'était un grand géodésien et un cartographe de talent, comme en témoigne la première carte exacte de la France à laquelle on a donné son nom.

Jean-Dominique Cassini (Cassini IV, 1748-1845) prend progressivement les rênes de l'Observatoire en raison de la maladie de son père. Il achève la carte de France commencée par celui-ci. Il tente de réorganiser l'Observatoire et de restaurer le bâtiment, mais cela n'aboutit que partiellement. Il est destitué à la Révolution et passe le reste de sa longue vie à défendre le prestige scientifique de sa famille et à justifier son attitude, tout en administrant avec succès la commune de Thury. Ses *Mémoires pour servir à l'histoire des sciences et à celle de l'Observatoire royal de Paris*, publiés en 1810, sont une source d'informations très précieuse.

Le phénomène d'aberration de la lumière des étoiles

Regardons la pluie tomber un jour sans vent: si nous sommes immobiles, nous voyons tomber les gouttes verticalement avec une vitesse *V*. Mais si nous nous déplaçons latéralement avec une vitesse *v*, la pluie nous paraît tomber obliquement vers l'arrière de notre mouvement. Elle semble alors venir d'un endroit situé dans la direction de notre déplacement, et non de celui d'où elle arrive réellement!

Il est facile de montrer que l'angle θ de cette trajectoire apparente avec la verticale est tel que:

$$\text{tg}\,\theta = v/V,$$

ou, si *v* est beaucoup plus petit que *V*, tel que $\theta = v/V$.

La vitesse v_T de la Terre sur son orbite, qui est d'environ 30 km/s, produit un effet identique lorsque nous observons les étoiles: le rayon lumineux que nous en recevons est décalé angulairement par rapport à celui que nous recevrions si nous étions immobiles. Ainsi, nous voyons une étoile dans une position qui n'est pas sa position réelle, car elle est décalée dans la direction du mouvement de la Terre.

Le décalage vaut $\theta = v_T/c$, c étant la vitesse de la lumière (environ 300 000 km/s). Comme la direction de la vitesse orbitale de la Terre change au cours de l'année, une étoile située perpendiculairement au plan de l'orbite terrestre (l'écliptique) nous paraît tourner en une année autour de sa position réelle sur un cercle de rayon angulaire θ = 30/300 000 = 1/10 000 radian, soit environ 20 secondes de degré: c'est le phénomène d'**aberration**. Une étoile située au voisinage de l'écliptique exécute un mouvement annuel de va-et-vient d'amplitude θ autour de la position réelle, et une étoile de latitude écliptique λ un mouvement elliptique annuel autour de la position réelle: dans ce cas, lellipse a un demi-grand axe égal à θ et un demi-petit axe égal à θ sin λ.

Découvert par l'Anglais James Bradley en 1727, ce phénomène d'aberration a fourni la première preuve observationnelle du mouvement orbital de la Terre, donc établi définitivement l'héliocentrisme.

3 Edmond Halley (1656-1742), buste au Royal Greenwich Observatory Museum. Ami et admirateur de Newton, Halley a joué un rôle très important pour l'astronomie pendant toute sa longue vie.

Le triomphe de la théorie de Newton

La mécanique newtonienne fera la preuve de son efficacité avec la vérification d'une prédiction faite par Edmond Halley (Figure 3) en 1716 : ce dernier avait prévu le retour, en 1758, d'une grande comète. Il a en effet remarqué, à la suite de Cassini, que plusieurs comètes, dites périodiques, réapparaissaient régulièrement. Celle qui porte désormais son nom est apparue en 1531 puis en 1607, après un intervalle de 76 ans (par la suite, on a retrouvé les traces de passages antérieurs, remontant jusqu'à l'Antiquité). Elle est revenue en 1682, après un intervalle, plus court, de 75 ans. Pourquoi cette différence, et quand la comète reviendra-t-elle? Clairaut et la mathématicienne Nicole-Reine Lepaute (1728-1788), épouse d'un célèbre horloger, se mettent au travail pour répondre à ces questions. Le problème est ardu, car ils doivent considérer les perturbations dues à l'attraction de Saturne et de Jupiter sur la comète, ce qui n'avait jamais été traité ; ils ne terminent leurs calculs qu'à l'automne de 1758, prévoyant que la comète mettrait 618 jours de plus pour accomplir sa révolution que la fois précédente, et ne passerait au plus près du Soleil qu'en avril 1759, à un mois près. En fait, elle y est passée le 12 mars (Figure 4). La prévision du retour de la comète de Halley est à juste titre considérée par le monde entier comme le triomphe de la science de Newton. Comme l'écrit un des observateurs du retour de la comète, Charles Messier (1730-1817) :

« *Quel honneur et quelle satisfaction auroit à présent ce grand astronome [Halley], s'il eût survécu au succès de sa prédiction, dont nous avons l'avantage d'être témoins.* »

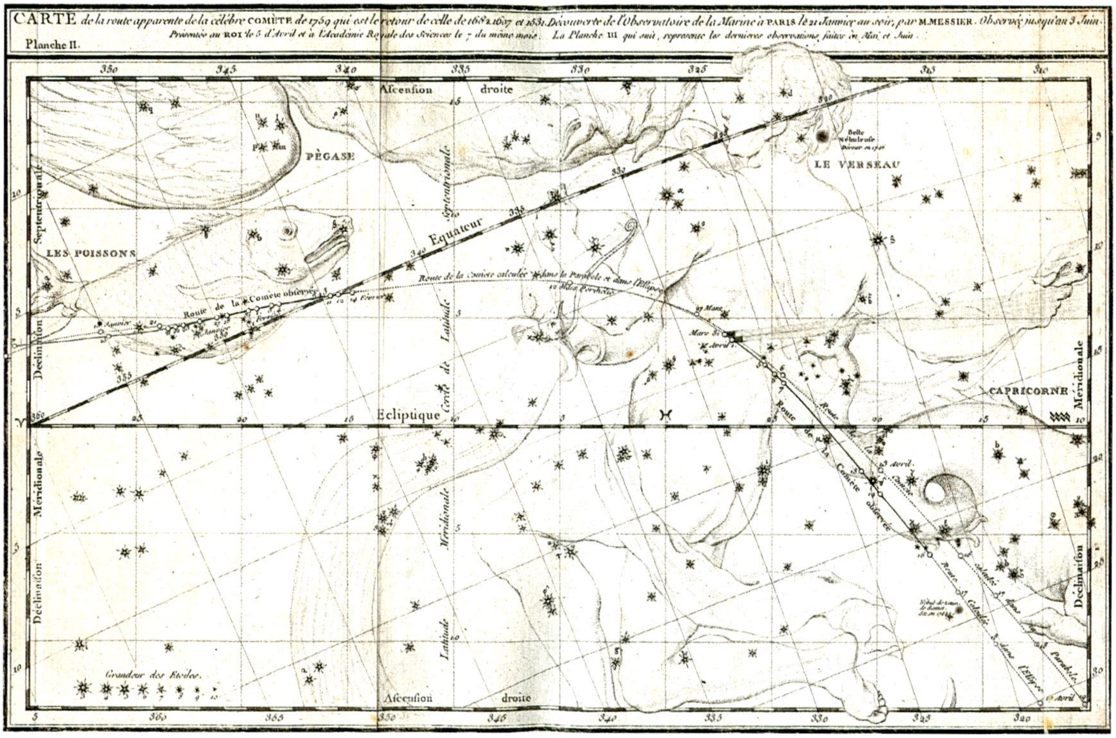

4 Le mouvement de la comète de Halley lors de sa réapparition de 1759, observé par Charles Messier. À partir des observations de janvier et février suivant la réapparition (petits cercles à gauche), Messier a calculé la date du passage au périhélie (le 12 mars) et l'orbite apparente. On voit qu'une orbite elliptique, normale pour une comète périodique, s'accorde mieux avec les observations de mars et d'avril qu'une orbite parabolique (petits cercles à droite). L'aspect de la comète est figuré pour le 31 mars et le 1er avril. Messier n'a pas résisté au plaisir de représenter la position de deux nébuleuses qu'il a lui-même découvertes.

Le mouvement de la Lune est un problème encore plus complexe, qui fera beaucoup souffrir Euler, Clairaut et Jean le Rond d'Alembert (1717-1783). Leurs tables sont certes meilleures que les précédentes, dont beaucoup de bases étaient empiriques, mais elles restent insuffisantes pour les besoins de la navigation : la position de la Lune par rapport aux étoiles sert en effet à déterminer la longitude (on ne peut utiliser à cet effet les éclipses des satellites de Jupiter, qui sont inobservables à cause des mouvements du navire). À Göttingen en Allemagne, Tobias Mayer (1723-1762) y ajoute des termes déduits des observations. La Caille profite de ses longs voyages en bateau pour élaborer des méthodes pratiques d'utilisation des distances lunaires, ce qui améliore considérablement la détermination des longitudes en mer ; mais les tables sont loin d'être parfaites.

Les perturbations mutuelles de Jupiter et de Saturne posent aussi des problèmes. Ils ne seront résolus que lorsqu'on réalisera que cinq révolutions de Jupiter prennent presque le même temps que deux révolutions de Saturne : les deux planètes se retrouvent donc périodiquement dans la même configuration, ce qui fait que les effets de leur attraction mutuelle s'accumulent sur de longues périodes. Louis de Lagrange (1736-1813), bien qu'il ait introduit de nouvelles méthodes mathématiques très puissantes en mécanique céleste, ne l'a pas vu, et il faudra attendre Pierre Simon Laplace (1749-1827 ; Figure 5) pour que la question soit réglée.

Tout au long de sa vie, Laplace étudie le mouvement des planètes, de la Lune, et des satellites de Jupiter et de Saturne ; les résultats sont publiés dans son monumental *Traité de mécanique céleste*, dont les cinq volumes paraissent de

5 Pierre Simon Laplace, portrait par Eugène Carrière d'après Naigeon, 1879. Laplace, dont la notoriété était mondiale et qui a le premier décrit la formation du Système solaire par contraction d'un nuage interstellaire, apparaît ici dans son habit d'académicien.

1799 à 1825. Il estime que l'on peut rendre compte du fonctionnement du Système solaire dans son ensemble par des développements mathématiques fondés sur la mécanique de Newton : l'Univers est pour lui un immense mécanisme réglé par la gravitation, dont on peut prédire le futur pour l'éternité. Il écrit dans son ouvrage de vulgarisation, l'*Exposition du système du monde* :

« *Au milieu de l'infinie variété des phénomènes qui se succèdent continuellement dans les cieux et sur la terre, on est parvenu à démêler le petit nombre de loix générales que la matière suit dans ses mouvemens. Tout leur obéit dans la nature ; tout en dérive aussi nécessairement que le retour des saisons ; et la courbe décrite par l'atôme léger que les vents semblent emporter au hasard, est réglée d'une manière aussi certaine, que les orbes planétaires.*[…] *Les géomètres* […] *ont enfin réduit la mécanique entière à des formules générales qui ne laissent plus à désirer que la perfection de l'analyse.* »

Laplace est donc le porte parole d'une conception mécaniste et déterministe de l'Univers qui imprègnera non seulement l'astronomie, mais toute la science du XIXe siècle. Ce n'est qu'à la toute fin de ce même siècle que l'on commencera à comprendre que le hasard peut aussi intervenir.

6 Rømer observant à la lunette méridienne qu'il vient d'inventer, à son domicile de Copenhague. Le contrepoids (Y) que l'on voit devant la fenêtre soulage l'axe horizontal de la lunette afin d'éviter sa flexion. On remarque à gauche deux horloges qui permettent de mesurer l'instant du passage de l'astre observé au méridien, et qui se contrôlent l'une l'autre.

Nouveaux instruments, nouveaux astres

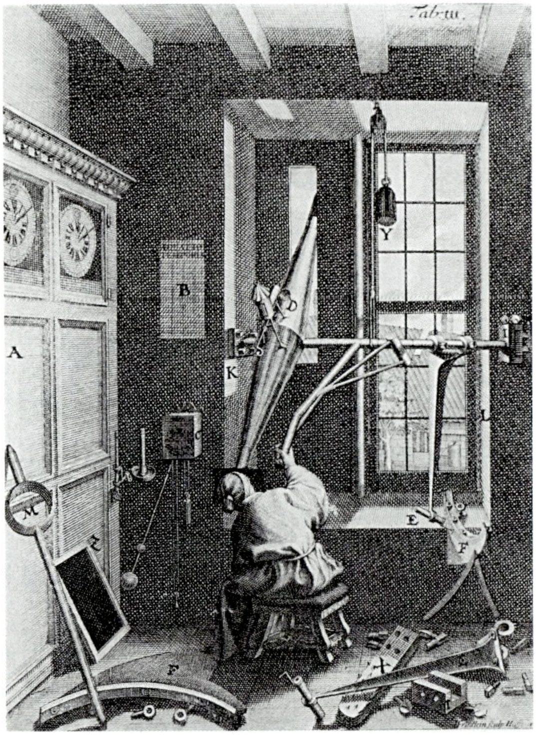

À côté des mécaniciens célestes, les astronomes classiques continuent bien entendu à observer. Les instruments servant à mesurer la position des astres, dont les planètes, se perfectionnent : Rømer, retourné au Danemark, y invente en 1690 l'instrument des passages ou lunette méridienne. Munie d'un réticule, la lunette méridienne tourne autour d'un axe horizontal est-ouest, balayant ainsi le plan du méridien (Figure 6). On peut ainsi noter avec précision l'instant du passage d'un astre au méridien, en relevant l'heure sur une pendule astronomique à balancier (Figure 7), qui ne varie que de quelques secondes par jour. Cette invention de Huygens, qui date de 1657, est d'une importance capitale pour l'astronomie, car les horloges précédentes étaient peu fiables.

En adjoignant à la lunette un cercle gradué, on peut également mesurer la hauteur de l'astre au dessus de l'horizon ; Rømer l'a ajouté à un de ses instruments, mais cette pratique va rester peu courante jusqu'à la fin du XVIIIe siècle. Le plus souvent, la hauteur est mesurée simultanément avec le temps de passage au méridien par des instruments spécialisés comme les grands quarts-de-cercle anglais fabriqués par John Bird (1709-1776 ; Figure 8). Quoi qu'il en soit, la précision des mesures est considérablement améliorée, et c'est ce qui permet aux mécaniciens célestes d'affiner leurs théories.

Les lunettes utilisées par Galilée, Huygens, Cassini et leurs contemporains ont un défaut important : la lentille simple qui leur sert d'objectif présente de l'aberration chromatique, c'est-à-dire que la dispersion de la lumière dans le verre produit des irisations colorées dans les images. Pour minimiser ce défaut, il faut employer des lunettes extrêmement longues et encombrantes.

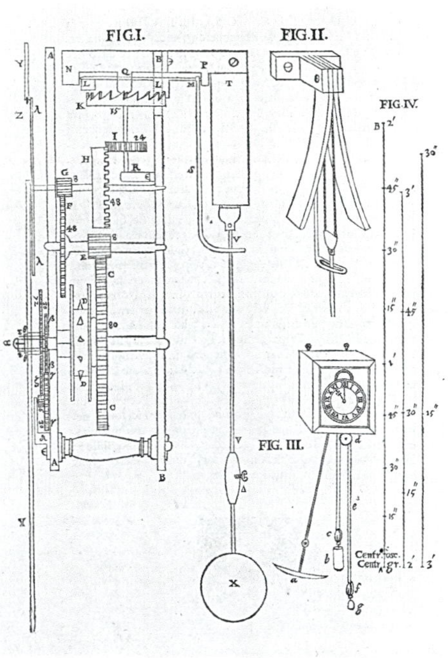

7 L'horloge de Huygens, gravure de son ouvrage de 1673 *Horologium oscillatorium*... (Paris, F. Muguet). L'ingéniosité de Huygens est remarquable : il a non seulement inventé l'échappement, mais prévu (en haut à droite) un dispositif corrigeant la petite variation des oscillations du pendule quand leur amplitude change. Outre son rôle en astronomie, l'horloge permettra une avancée décisive dans la détermination des longitudes (voir encadré p. 30).

8 Un grand quart-de-cercle mural de Bird. Cet instrument, placé le long d'un mur nord-sud, servait à mesurer la distance angulaire au zénith d'étoiles ou de planètes à leur passage au méridien, ainsi que leur ascension droite, à l'aide d'une horloge.

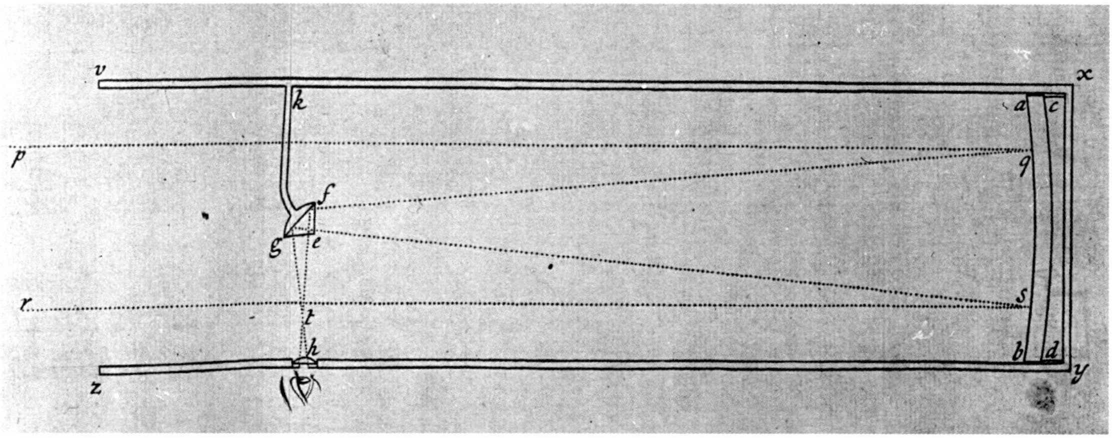

9 Le télescope de Newton. La lumière émise par l'objet observé est reçue sur le miroir concave *ab* qui la concentre en *t* après réflexion sur un petit miroir plan à 45° *fg*. L'observateur regarde l'image à travers la lentille convergente *h* qui sert d'oculaire.

Newton a l'idée d'utiliser à la place un télescope avec un miroir concave réflecteur de bronze (Figure 9), et en construit lui-même un prototype en 1671. Mais cette invention n'est mise en pratique que vers 1720, époque où le constructeur James Hadley (1682-1744) réalise le premier bon télescope, lequel est d'ailleurs dépassé une vingtaine d'années après par ceux de James Short (1710-1768), qui les fabrique en série. De leur côté, John Dollond (1706-1761) et ses successeurs construisent à Londres, à partir de 1757, des objectifs de lunettes faits de deux verres de nature différente qui atténuent considérablement l'aberration chromatique. À partir de ce moment, les seules lunettes que l'on utilisera sont ces lunettes achromatiques, bien plus courtes que les anciennes et bien plus maniables. Quelques télescopes ou lunettes sont placés sur des montures équatoriales, qui permettent de suivre le déplacement apparent des astres dans le ciel dû à la rotation de la Terre avec un seul mouvement. Avec ces instruments, il devient bien plus facile de faire des observations que du temps de Cassini, et les observatoires se multiplient.

Nombre de ces nouveaux télescopes et lunettes sont utilisés par des observateurs aux quatre coins du monde, pour ce qui est le premier grand projet international de l'astronomie : l'observation du passage de la planète Vénus devant le Soleil le 6 juin 1761 et le 3 juin 1769. Ces passages sont très rares : après 1769, ils ne se sont produits qu'en 1874, 1882, 2004 et 2012, et le prochain n'aura lieu qu'en 2117. Ils sont d'une grande importance car ils permettent de mesurer la distance qui nous sépare de la planète, et du même coup celle qui nous sépare du Soleil et toutes les distances dans le Système solaire.

La malchance de Guillaume Le Gentil

Quelques-uns des astronomes partis pour observer le passage de Vénus ne parviennent pas à temps à leur destination, notamment le malheureux Guillaume Le Gentil (1725-1792), dont le navire, retardé en raison de la guerre avec l'Angleterre, arrive trop tard à Pondichéry pour qu'il puisse observer le passage de 1761. Après quelques voyages, il décide cependant d'y retourner jusqu'au passage de 1769, qu'il ne peut non plus observer, cette fois à cause des nuages. Déprimé, il rentre en France en 1771 pour trouver qu'il avait été déclaré mort : son épouse s'est remariée, ses biens sont distribués à ses héritiers, et il est remplacé à l'Académie des sciences. Heureusement, il obtiendra réparation, se remariera et vivra heureux pendant encore vingt-et-un ans.

Pour ce faire, il faut observer simultanément l'entrée ou la sortie de Vénus devant le disque solaire depuis des points de la Terre très éloignés les uns des autres : ces phénomènes se produisent à des moments différents en raison de la parallaxe qu'ils permettent donc de déterminer, parallaxe à partir de laquelle l'on déduit la distance de Vénus (Figure 10). Cette méthode, assez complexe, a été exposée en détail en 1726 par Halley, en prévision des prochains passages. Des astronomes, surtout Français et Anglais, se rendent en Sibérie, en Inde, en Norvège, en Californie, en Afrique du Sud, à l'île Sainte-Hélène, etc. pour faire les observations (voir encadré ci-contre). Le projet est un succès. À partir de l'ensemble des observations qu'il a dû réunir et critiquer, ce qui lui a pris beaucoup de temps, Johann-Franz Encke (1791-1865) déterminera en 1824 une distance moyenne de la Terre au Soleil de 153 millions de kilomètres (en unités modernes). Cette valeur est plus proche de la valeur actuelle, qui est de 149,6 millions de kilomètres, que celle de Cassini. Elle est surtout beaucoup plus précise, si bien qu'on a pu en dire :

« *Ce fameux passage de Vénus, qui a occasionné tant de voyages et tant de volumes,* [...] *nous a enfin appris beaucoup mieux qu'on ne le savait, l'étendue de notre univers, ou du moins de notre Système solaire ; on peut regarder ce passage comme une des époques mémorables de l'astronomie du dix-huitième siècle.* »

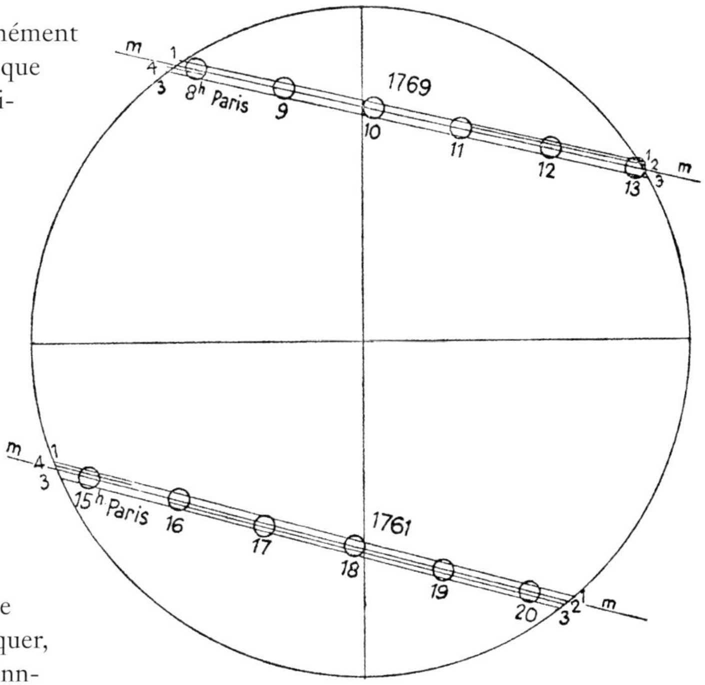

1761 :	1. Rodrigues	2. Paris	3. Tobolsk	4. Tahiti
1769 :	1. Tahiti	2. Batavia	3. Vardö	4. Paris

10 La trajectoire de Vénus devant le Soleil lors des passages de 1761 et 1769, observée chaque fois de 4 endroits différents. Les trajectoires relevées sont assez proches, de même que les instants d'entrée et de sortie de la planète devant le disque solaire, ce qui limite la précision de la méthode. Un phénomène optique déforme le disque de la planète lorsqu'elle est tangente au limbe du Soleil, ce qui ajoute encore une difficulté. L'observation de 1761 à Tahiti est due au Capitaine Cook : c'était le but principal de son premier voyage.

En dehors de ce cas particulier, les télescopes et les lunettes achromatiques servent surtout à observer les étoiles et les nébuleuses, à découvrir de nouvelles comètes et à retrouver les comètes périodiques. Aucune nouvelle planète ou nouveau satellite n'est découvert jusqu'en 1781, année où survient une découverte sensationnelle : celle de la septième planète du Système solaire. Rien de tel n'était arrivé depuis plusieurs millénaires : on avait longtemps dû se contenter de six planètes. Le découvreur est William Herschel (1738-1822 ; Figure 11), un musicien d'origine allemande, qui a la passion de l'astronomie. Assisté de son frère et surtout de sa jeune sœur Caroline (1750-1848), il construit de nombreux télescopes ; il se réserve les meilleurs, et vend les autres aux amateurs. C'est aussi lui qui, le premier, mettra en évidence, en 1800, l'existence du rayonnement infrarouge, dont l'observation aura un grand avenir en astronomie (voir chapitre 3 p. 61 et chapitre 7 p. 133). Avec un télescope de 7 pieds (2,13 m) de long et de 16 cm d'ouverture (Figure 11), il examine toutes les étoiles brillantes du ciel pour voir si elles ont des compagnons. Dans la nuit du 13 mars 1781, il voit près de l'étoile α Geminorum un objet assez brillant qui lui paraît étendu. En augmentant le grossissement, il observe effectivement un

11 William Herschel, par Coutel (1881) ; au fond, son télescope géant, représenté aussi Fig. 13. Herschel est souvent considéré comme le meilleur astronome qui ait jamais existé.

12 Un télescope de 7 pieds de Herschel. Herschel a construit près de 70 télescopes de ce type. Celui-ci est représenté sur un des médaillons qui ornaient l'amphithéâtre construit par Arago à l'Observatoire de Paris.

disque mesurant 3 à 5 secondes de degré. L'objet se déplace les nuits suivantes par rapport aux étoiles, parallèlement à l'écliptique, et ne présente pas de queue comme les comètes : c'est une planète ! Son orbite, calculée après plusieurs mois d'observation, est 19 fois plus grande que celle de la Terre. La planète se trouve donc bien au-delà de Saturne, ce qui double les dimensions du Système solaire. Impressionné par cette découverte, le roi George III octroie à Herschel un salaire confortable qui lui permet de se consacrer entièrement à l'astronomie. Par gratitude, ce dernier nomme la nouvelle planète *Georgium Sidus* (l'étoile de George) ; mais ce nom sera progressivement remplacé par celui d'Uranus, conformément à la tradition qui veut que l'on donne aux planètes le nom de divinités latines.

On peut considérer que Herschel a eu de la chance dans cette découverte. Certes, mais la chance se mérite ! On réalisera plus tard qu'Uranus avait été observé une vingtaine de fois avant 1781 : on l'avait alors pris pour une étoile. C'est parce qu'Herschel a construit un télescope d'excellente qualité optique et qu'il est un observateur très perspicace qu'il a découvert Uranus. D'ailleurs, il va encore découvrir, avec un télescope de 48 cm de diamètre, deux satellites d'Uranus, Titania et Obéron, deux autres satellites de Saturne, Mimas et Encelade, et les calottes polaires blanches de Mars. Le plus grand télescope construit par Herschel en 1795, qui a 147 cm de diamètre (Figure 13), se révèle si difficile à manier qu'il n'obtiendra pas avec lui de résultats aussi importants.

Les petites planètes

Dès que le système héliocentrique de Copernic a commencé à s'imposer, on a cherché des lois possibles dans la structure du système des planètes. Le premier à le faire a été Kepler, qui dès 1596 explique dans son *Mysterium cosmographicum* pourquoi les orbites des six planètes connues à l'époque ont les dimensions relatives qui sont observées. Pour ce faire, il emboîte l'un dans l'autre les cinq polyèdres réguliers connus, de telle façon que la sphère qui circonscrit un polyèdre intérieur soit inscrite dans le polyèdre suivant (Figure 14). Cela donne le résultat suivant :

	Système proposé par Kepler		Données actuelles	
Planète	Polyèdre	Rapport des rayons de la sphère inscrite et de la sphère circonscrite	Demi grand axe réel de l'orbite, rapporté à celui de la Terre	Rapport des demi grands axes réels des orbites successives
Mercure			0,387	
	Octaèdre	1,73		1,87
Vénus			0,723	
	Icosièdre	1,24		1,33
Terre			1	
	Dodecaèdre	1,24		1,52
Mars			1,524	
	Tétraèdre	3		3,41
Jupiter			5,204	
	Cube	1,73		1,84
Saturne			9,580	

Bien sûr, ça ne marche pas très bien, mais l'accord est suffisant pour que Kepler soit persuadé qu'il a trouvé le secret de la structure de l'Univers, et c'est pour lui l'argument majeur en faveur du système de Copernic.

Ce genre de considérations, plus métaphysiques que scientifiques, va connaître un certain succès dans les deux siècles qui suivent. Au chapitre précédent, nous avons vu Huygens utiliser un raisonnement du même type pour déterminer les dimensions du Système solaire. Mais, au XVIIIe siècle, on trouve gênante l'existence d'un intervalle qui paraît excessivement grand entre l'orbite de Mars et celle de Jupiter, là où Kepler a inséré son tétraèdre. Cet intervalle se retrouve comme résultat d'un exercice numérologique dû à Johann Daniel Tietz, dit Titius (1729-1796), que Johann Elert Bode (1747-1826) a exhumé d'une obscure note et publié en 1772. Il essaye de rendre compte des dimensions des orbites des planètes, de Mercure à Uranus cette fois, par la suite des nombres $0{,}4 + 0{,}3 \times 2^{n-1}$, n étant un entier de 1 à 8. Le tableau suivant montre le résultat, la « loi de Titius-Bode »[1].

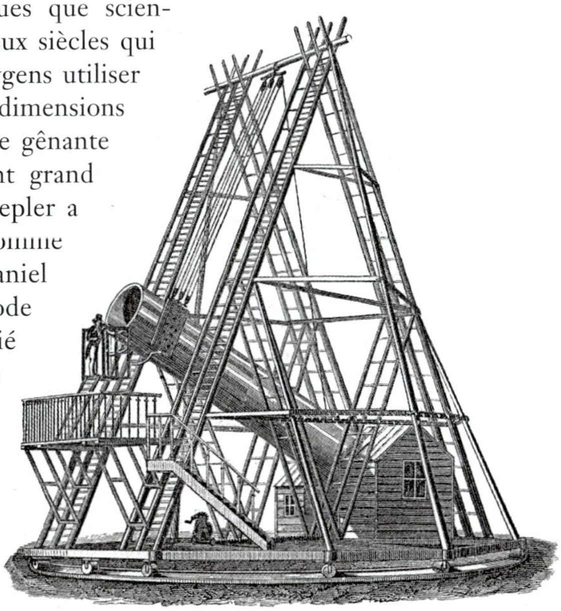

13 Le grand télescope de 147 cm de diamètre et 12 m de long de William Herschel. L'observateur regardait directement l'objet à travers un oculaire dans l'ouverture du tube. On manoeuvrait l'instrument avec un système de cordes et de poulies très malcommode, et c'est avec un télescope trois fois plus petit qu'Herschel a fait ses principales découvertes.

1. On a quelquefois considéré que la loi de Titius-Bode avait un sens physique, mais il n'en est probablement rien.

Planète	n	$0,4 + 0,3 \times 2^{n-1}$	Demi grand axe de l'orbite, rapporté à celui de la Terre
Mercure	$-\infty$	0,4	0,387
Vénus	1	0,7	0,723
Terre	2	1	1
Mars	3	1,60	1,524
?	4	2,80	-
Jupiter	5	5,20	5,204
Saturne	6	10,0	9,58
Uranus	7	19,6	19,14

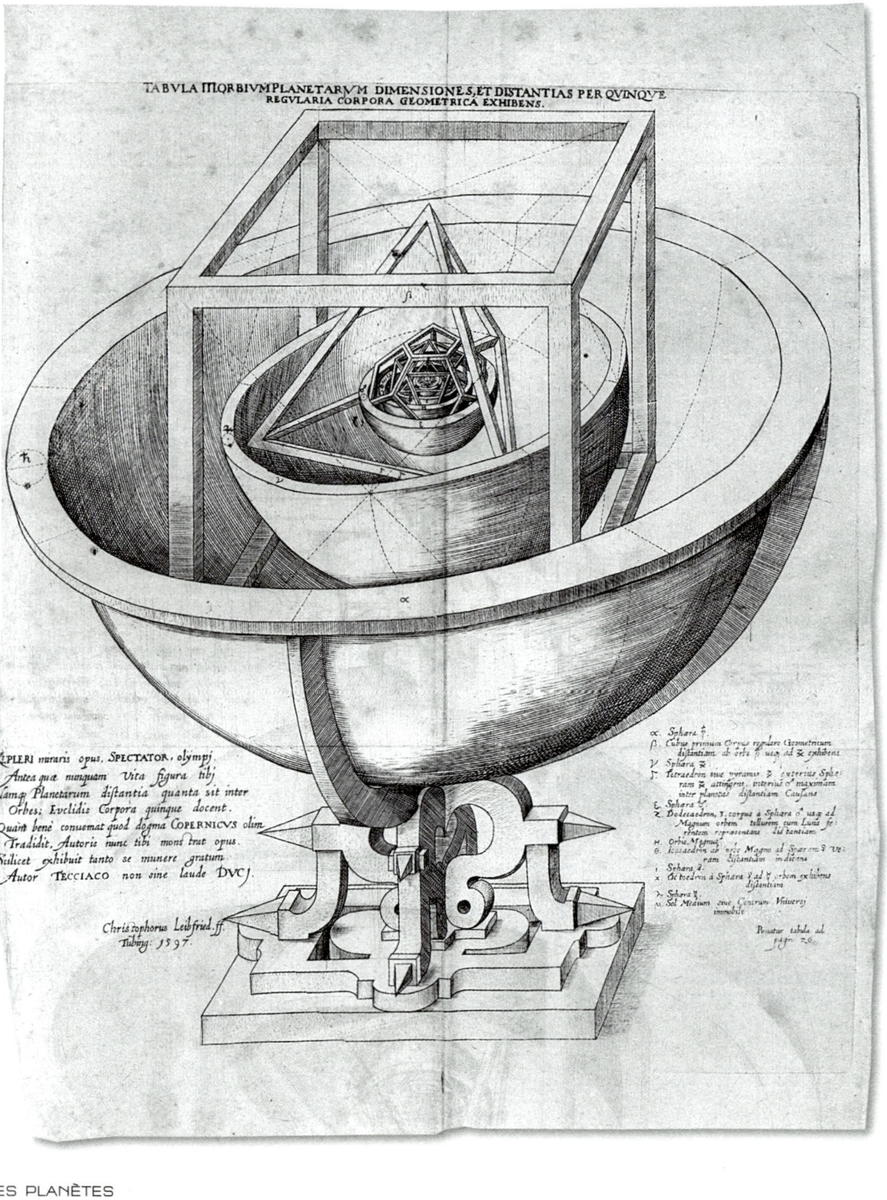

14 Les polyèdres emboîtés de Kepler.

15 Découverte de Cérès par Piazzi, frontispice de son *Principuarum stellarum inerantium positiones... Panormi, ex regia typographia militari*, 1814. Cérès est représenté sous la forme de la déesse. L'instrument à droite est un cercle azimutal du constructeur anglais Ramsden. C'est une sorte de grand théodolite utilisé par Piazzi pour mesurer avec une grande précision l'azimut et la distance zénithale des astres, dont on peut déduire leurs coordonnées dans le ciel (ascension droite et déclinaison). On aperçoit au fond un volcan, souvenir de l'Etna (Piazzi résidait à Palerme). La figure du fleuve, à gauche, est plus mystérieuse.

L'accord est certes meilleur qu'avec les solides de Kepler, mais le vide entre Mars et Jupiter est inquiétant. Aussi est-ce la jubilation lorsque l'astronome italien Giuseppe Piazzi (1746-1826) découvre une nouvelle planète depuis l'Observatoire de Palerme, qu'il avait fondé en 1790 (Figure 15). En construisant un catalogue d'étoiles, Piazzi voit le 1er janvier 1801 un astre de septième grandeur qui ne lui semble pas ponctuel et qui se déplace par rapport aux étoiles voisines. Il le prend d'abord pour un noyau de comète, puis réalise que c'est une planète. Il envoie des lettres à des astronomes étrangers pour annoncer sa découverte et leur demander d'observer le nouvel objet ; mais l'Italie est en guerre, si bien que lorsque les lettres parviennent à leurs destinataires, la planète s'est trop rapprochée du Soleil pour être observable. Lorsque Piazzi espère la revoir, il n'y a rien à l'endroit qu'il a prévu. C'est alors qu'intervient le déjà célèbre mathématicien Carl Friedrich Gauss (1777-1865) : reprenant les observations de Piazzi, il parvient à déterminer l'orbite de la planète, ce qui permet de la retrouver à l'emplacement qu'il prédit, très loin de celui qu'avait déterminé Piazzi. Ce succès va donner à Gauss une réputation concernant le calcul des orbites qui s'étendra sur tout le XIXe siècle. L'orbite de Cérès – c'est le nom dont Piazzi baptise le nouvel astre – a un demi grand axe estimé à 2,8 fois celui de l'orbite terrestre : c'est exactement ce que prédit la loi de Titius-Bode !

Cependant, en essayant de retrouver Cérès, Heinrich Olbers (1758-1840) découvre une autre petite planète qu'il appelle Pallas, dont l'orbite est à peu près de la même taille que celle de Cérès mais fortement inclinée sur l'écliptique. Deux autres petites planètes (on nomme aussi ces astres les *astéroïdes*), sont découvertes un peu plus tard : Junon en 1804 et Vesta en 1807. Ainsi l'intervalle entre Mars et Jupiter se comble, mais d'une manière inattendue : par quatre petits objets au lieu d'une planète « normale ». Pendant quarante ans, aucun nouvel astéroïde n'est découvert, mais les astronomes sont persuadés qu'il y en a d'autres. Pour les trouver plus aisément, l'Académie de Berlin décide de construire des cartes du ciel tout le long de l'écliptique, là où circulent la plupart des petites planètes :

toutes les étoiles jusqu'à la magnitude 9 y sont reportées, dans l'idée de repérer plus facilement les intrus. Ces cartes sont terminées en 1845 grâce à la coopération d'une vingtaine d'observateurs. Dès lors, la recherche de petites planètes devient une véritable industrie, comparable à celle qui anime en permanence la recherche de nouvelles comètes : on dénombre vingt astéroïdes en 1852, et 110 en 1870 (Figure 16). Mais les objets découverts à cette dernière époque ont un éclat si petit que les cartes de Berlin perdent progressivement leur utilité : on réalise alors d'autres cartes écliptiques repérant des étoiles de magnitudes plus élevées, jusqu'à ce que la photographie, utilisée à partir de 1891 par Max Wolf (1863-1932) à Heidelberg puis par Auguste Charlois (1864-1910) à Nice, vienne révolutionner la recherche des astéroïdes : Charlois en a découvert lui-même 101. On en connaît aujourd'hui plus de 300 000, un nombre qui augmente sans cesse.

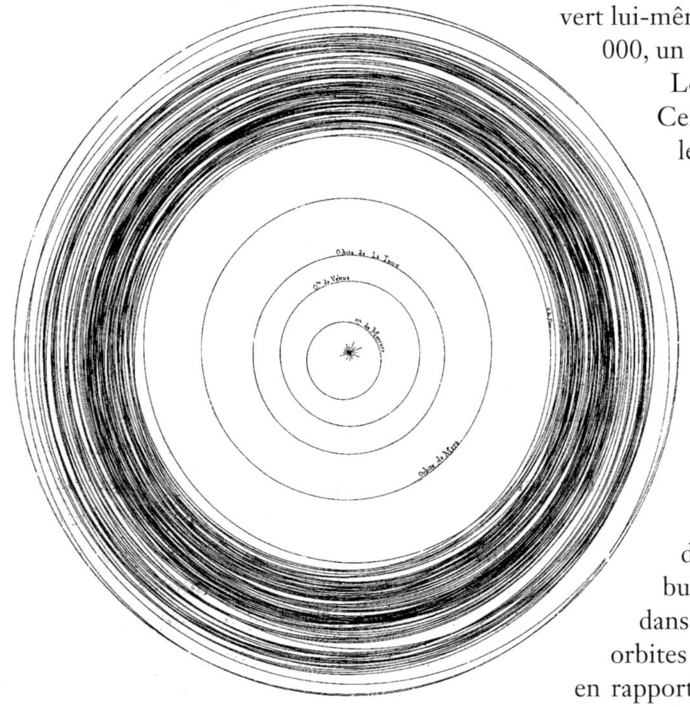

16 L'orbite des petites planètes connues en 1870. Les orbites de Mercure, Vénus, la Terre et Mars sont indiquées à l'intérieur des orbites des petites planètes (ou astéroïdes). Celle de Jupiter est bien en dehors de la figure.

Le zoo des astéroïdes est extrêmement complexe. Certains astéroïdes, dits *troyens* car on leur a donné le nom de personnages de l'Iliade, suivent ou précèdent Jupiter au voisinage de son orbite, dans des zones de stabilité gravitationnelle qu'avaient prévues Lagrange. D'autres ont des orbites qui passent près de celle de la Terre, et pourraient même la frapper : évènements heureusement très peu probables, mais dont les conséquences seraient catastrophiques. La plupart des astéroïdes sont confinés entre les orbites de Mars et de Jupiter.

En 1867, l'astronome américain Daniel Kirkwood (1814-1895) découvre que les dimensions de leurs orbites ne sont pas distribuées au hasard, mais qu'il existe des lacunes dans cette distribution. Elles correspondent à des orbites pour lesquelles la période de révolution serait en rapport simple avec celle de Jupiter : 1/3, 2/5 et 1/2 (Figure 17). Il est évident que cela est dû à l'interaction gravitationnelle avec Jupiter : les astéroïdes situés dans une de ces lacunes se retrouveraient périodiquement dans la même configuration avec Jupiter et le Soleil, ce qui cause de grandes perturbations qui ont tendance à les chasser de ces régions. Mais l'interprétation détaillée de cette distribution des astéroïdes est très difficile, et le problème des lacunes n'a reçu de réponse que tout récemment.

Comme l'a remarqué également Kirkwood en 1867, un phénomène semblable existe pour les anneaux de Saturne. Huygens et ses successeurs croyaient ces anneaux solides, mais Laplace a montré en 1785 qu'un anneau solide serait instable et détruit par les effets de marée de la planète ; il les croyait cependant constitués d'une série de minces anneaux solides concentriques. En 1857 James Clerk Maxwell (1831-1879), plus connu pour ses travaux en électromagnétisme, démontre par la théorie que les anneaux doivent être constitués de petits éléments solides indépendants, ce qui sera amplement confirmé par l'observation. Les lacunes dans ce système de corps solides qui tournent autour de la planète correspondent à des résonances avec ses satellites : par exemple, la division dite « de Cassini », qui sépare les deux principaux anneaux de Saturne, correspond à un vide de matière pour lequel la période de révolution autour de la planète serait proche de 1/6 de celle de Dioné, 1/3 de celle d'Encelade, 1/2 de celle de Mimas et 1/4 de celle de Thétys. Comme les astéroïdes, les anneaux de Saturne sont des objets de grande importance pour la mécanique céleste.

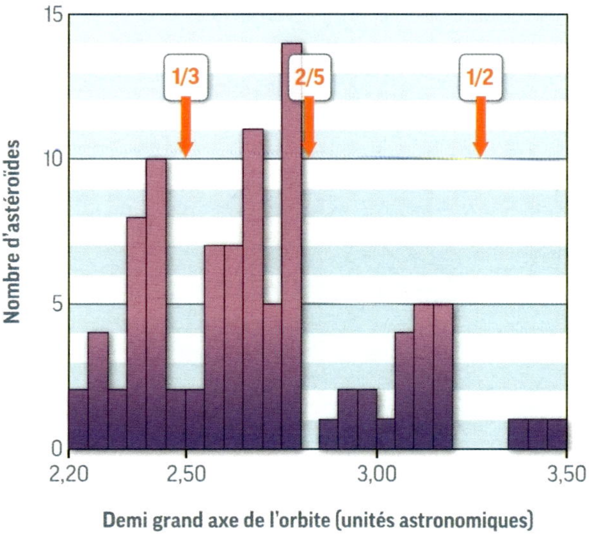

17 Distribution des dimensions de l'orbite des 72 astéroïdes connus en 1867. On observe que la population d'astéroïdes est anormalement basse lorsque leur période de révolution est en rapport de 1/3, 2/5 ou 1/2 avec celle de Jupiter : la distribution présente des « lacunes ». Une autre lacune, correspondant au rapport de 3/7 (soit un demi grand axe de 2,96 unités astronomiques), n'a été mise en évidence que plus tard, lorsqu'un nombre bien plus grand d'astéroïdes a été découvert.

La découverte de Neptune

Après la découverte d'Uranus par Herschel, on s'empresse de l'observer afin de déterminer son orbite. On retrouve aussi des observations précédant Herschel, alors qu'on prenait la planète pour une étoile ; la plus ancienne est celle de John Flamsteed (1646-1719) en 1690. Un astronome parisien, Alexis Bouvard (1767-1843), est chargé en 1821 par le Bureau des longitudes d'établir les éphémérides de Jupiter, de Saturne et d'Uranus. Les deux premières sont construites sans difficulté particulière, mais de gros problèmes surgissent pour Uranus. Après avoir tenu compte des perturbations exercées par les autres planètes, Bouvard ne parvient pas à rendre compte du mouvement d'Uranus pendant la totalité de la période où il a été observé. Il avoue son impuissance, et le problème ne fait que s'aggraver à mesure que de nouvelles observations s'accumulent. Faut-il remettre en cause les idées de Newton, qui sont alors universellement acceptées ? Ne pouvant s'y résoudre, Bouvard imagine que les discordances entre la théorie et l'observation proviennent de l'action gravitationnelle d'une nouvelle « planète troublante ». L'idée se répand dans le monde scientifique et même dans le grand public, si bien qu'en 1845 le célèbre astronome allemand Friedrich Wilhelm Bessel (1784-1846) s'attaque au problème, de même qu'un jeune astronome anglais, John Couch Adams (1819-1892). Mais Bessel meurt avant d'avoir beaucoup avancé ; nous verrons ce qu'il advient d'Adams.

En France, François Arago (1786-1853), qui est responsable de l'Observatoire de Paris, demande à un jeune et brillant mécanicien céleste, Urbain Le Verrier (1811-1877 ; Figure 18), de laisser tomber les travaux qu'il effectue sur les comètes et de s'occuper du problème d'Uranus. Après une année de travail intense, Le Verrier pense l'avoir résolu et prédit la position que devrait occuper dans le ciel la planète troublante. Comme il n'y a pas à Paris de cartes de la zone assez bonnes pour que l'on puisse y détecter facilement un nouvel astre, il s'adresse à son collègue Johann Gottfried Galle (1812-1910 ; Figure 19), de l'Observatoire de Berlin où existent de telles cartes ; elles ont été établies, nous l'avons vu, pour rechercher de nouveaux astéroïdes. Galle trouve immédiatement la planète à 1 degré de la position indiquée, pendant la nuit du 23 au 24 septembre 1846 (Figure 20). C'est un triomphe pour Le Verrier, qui a découvert « du bout de sa plume » Neptune, qui est toujours la huitième et dernière planète du Système

18 Urbain Le Verrier, par Charles Daverdoing (1846). Ce portrait, le seul de Le Verrier fait d'après nature, le montre juste après la découverte de Neptune.

solaire depuis la déchéance de Pluton (voir annexe 2 p. 210). La mécanique de Newton est sauve, et la conception mécaniste de l'Univers dont Laplace s'était fait l'avocat est confirmée.

Néanmoins quelques doutes surgissent, amplifiés sans doute par l'attitude conquérante et hautaine qu'affiche Le Verrier après la découverte : il tente même en vain de faire nommer le nouvel objet « planète Le Verrier ». Les observations de la planète montrent que son orbite diffère assez fortement de celle qu'il avait calculée. Dès le 10 octobre 1846, l'astronome anglais William Lassell (1799-1880) découvre un satellite autour de Neptune, Triton, dont l'étude de l'orbite fournit la masse de Neptune : elle est deux fois plus petite que celle qu'avait estimée Le Verrier. Tout va cependant s'arranger : faute de connaître la distance moyenne de la nouvelle planète au Soleil, dont il avait pourtant besoin dans ses calculs, Le Verrier avait utilisé la loi de Titius-Bode (voir p. 44) pour l'estimer à 39 unités astronomiques (en prenant $n = 8$), alors qu'elle n'est en fait que de 30 unités astronomiques (Figure 21). En faisant les corrections correspondantes, tout rentre dans l'ordre.

19 Johann Gottfried Galle, le premier astronome à avoir aperçu Neptune après la prédiction de Le Verrier, est mort en 1910 à l'âge de 98 ans.

De son côté, John Couch Adams (1819-1892) (Figure 22) a résolu le problème des irrégularités du mouvement d'Uranus en même temps que Le Verrier, et prédit également la position que devrait occuper la planète troublante, bien qu'avec moins de précision que l'astronome français (voir Figure 20). Mais, timide, il ne réussit pas à convaincre ses collègues anglais d'observer à temps la planète, si bien qu'ils manquent de peu la découverte. Il s'ensuit une polémique souvent violente où le nationalisme joue une large part des deux côtés de la Manche, polémique dont témoignent de nombreux dessins satiriques (Figure 23). Elle mettra très longtemps à s'éteindre, mais les

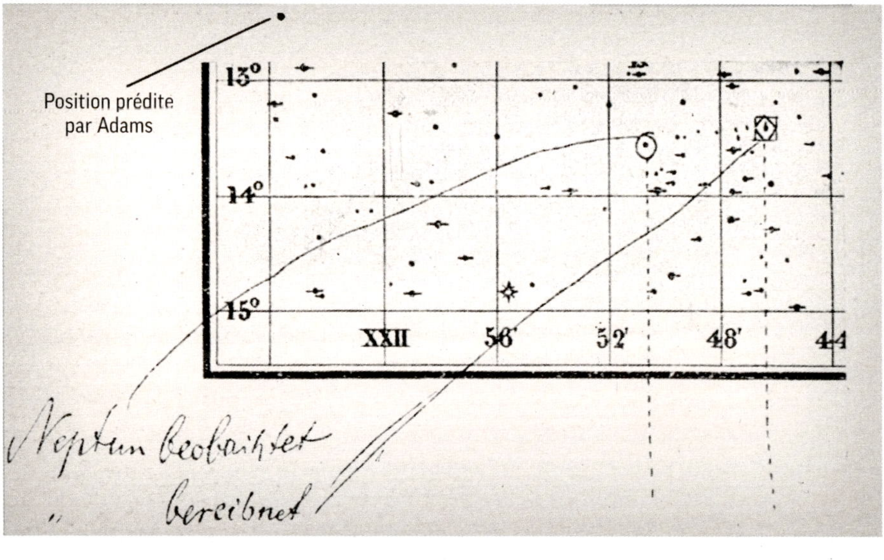

20 Fragment d'une carte écliptique de Berlin sur laquelle une main allemande (celle de Galle ?) a porté la position de Neptune prédite par Le Verrier (*Neptune berechnet*) et la position réelle (*Neptune beobachtet*). La position prédite par Adams a été ajoutée par nous.

deux parties s'accordent aujourd'hui à reconnaître la priorité de Le Verrier. Malgré tout, les deux astronomes, qui s'estiment mutuellement, garderont toute leur vie de bonnes relations.

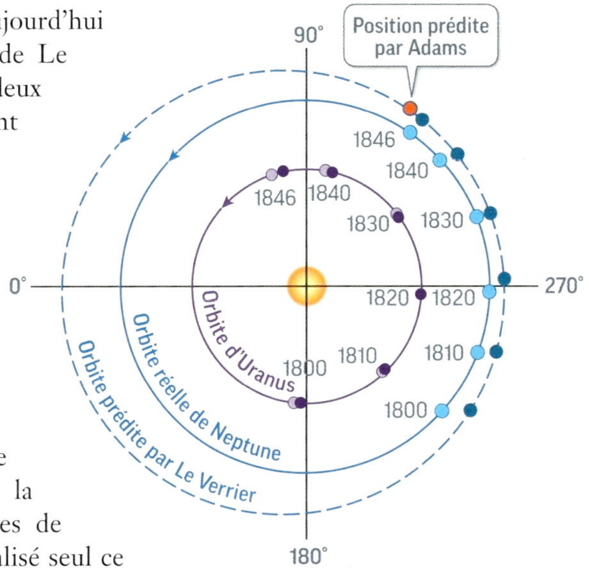

21 L'orbite d'Uranus et celle de Neptune. Les axes représentent les longitudes vues du Soleil. En violet, les disques foncés indiquent les positions réelles d'Uranus à différentes dates, et les disques clairs celles que la planète aurait dû occuper en l'absence de Neptune (la différence est très exagérée). On voit aussi les positions de Neptune prédites par Le Verrier et les positions réelles pour les mêmes dates. L'orbite de Neptune calculée par Adams est voisine de celle de Le Verrier, mais la direction de la planète qu'il prédit au moment de la découverte, vue de la Terre, est 2° en avance de la position réelle, tandis que celle prédite par Le Verrier est 1° en retard.

Le grand œuvre de Le Verrier, qu'il a juste le temps de terminer avant sa mort en 1877, est la construction d'une théorie complète des mouvements dans le Système solaire, incluant la construction d'éphémérides de toutes les planètes. Il a réalisé seul ce travail gigantesque, avec, vers la fin, l'aide de son unique élève Aimable Gaillot (1834-1921) qui apportera des corrections après sa mort. La théorie de Le Verrier-Gaillot sera utilisée pendant presque cent ans par le Bureau des longitudes pour construire ses éphémérides des planètes ! Au cours de ce travail, Le Verrier a découvert en 1859 une anomalie dans le mouvement de Mercure qui lui rappelle celle d'Uranus. De quoi s'agit-il ? Les planètes se perturbant mutuellement, leur orbite n'est pas une ellipse fermée comme le prédisent les lois de Kepler. La différence est faible, et on peut, si l'on veut, considérer que cette orbite est une ellipse qui tourne lentement dans le sens inverse des aiguilles d'une montre, vue du pôle Nord céleste. Cette rotation, particulièrement mesurable au périhélie (c'est-à-dire au point de l'orbite le plus proche du Soleil), se chiffre en secondes de degré par siècle. Le Verrier la calcule pour toutes les planètes ; mais la comparaison avec l'observation montre que le périhélie de Mercure avance plus vite que prévu. L'effet est petit, mais Le Verrier est suffisamment sûr de son coup pour publier ce résultat. Il sera d'ailleurs confirmé en 1882 par le grand astronome américain Simon Newcomb (1835-1909, Figure 24) qui a fait indépendamment le même travail que Le Verrier et parviendra, grâce à de nouvelles observations, à la valeur définitive de l'avance anormale du périhélie de Mercure : 43 secondes de degré par siècle. Cette anomalie viendrait-elle de perturbations provoquées par unc autre nouvelle planète dans le Système solaire, qui serait cette fois située plus près du Soleil que Mercure ? Le Verrier est évidemment excité par cette idée et organise des recherches plus ou moins systématiques de cet objet que l'on nomme à l'avance Vulcain, mais qui pourrait aussi être un ensemble de petites planètes. Ces recherches continuent après sa mort, mais on ne trouve rien, et le mystère reste entier jusqu'à ce qu'Albert Einstein (1879-1955) en donne l'explication en 1915, dans le cadre de la relativité générale ;

22 John Couch Adams vers 1880, alors qu'il est directeur de l'observatoire de Cambridge en Angleterre. Adams a prédit la position de Neptune en même temps que Le Verrier, mais n'a pas été entendu par ses collègues.

CHAPITRE 3

La physique des planètes

Si l'astrométrie – la mesure de la position des étoiles et des planètes – et la mécanique céleste ont connu des développements impressionnants au XVIIIe siècle, la connaissance de la nature physique des astres du Système solaire restait alors très en arrière. À dire vrai, on ne savait absolument rien là-dessus jusqu'à ce qu'Arago montre en 1810, en étudiant la polarisation de la lumière du Soleil, que sa surface visible n'est ni solide ni liquide, mais faite d'un gaz incandescent. Seule la nature de la surface de la Terre était connue à cette époque, mais quant à la nature de l'intérieur, mystère… Pourtant, il fallait bien commencer par elle afin de comprendre la physique des autres planètes.

Une planète « modèle » : la Terre

La première planète sur laquelle on ait acquis des informations est évidemment la Terre. La présence de continents et d'océans fait partie des évidences, au point que l'on a eu souvent tendance à penser que les autres planètes sont construites sur le même modèle : par exemple, Cassini a tenté d'interpréter ce qu'il voyait sur Jupiter en termes d'océans et d'étendues recouvertes de neige et de nuages. Cette mauvaise interprétation ne doit pas faire oublier que les connaissances accumulées sur la physique terrestre ont pu bénéficier à l'étude des autres planètes.

Une première question que l'on peut se poser sur l'intérieur de la Terre est celle de son homogénéité : est-il uniforme, de composition chimique partout semblable ? Question difficile, puisque l'on n'y a pas accès. Et pourtant, on aura un début de réponse dès le XVIIIe siècle. Pierre Bouguer (1698-1758) est apparemment le premier à avoir remarqué en 1738, en étudiant la variation de la pesanteur avec l'altitude et la déviation d'un pendule sur les pentes du volcan Chimborazo, dans les Andes, que la densité des montagnes est plus faible que la densité moyenne de la Terre. Il en déduit que la densité devrait croître en s'enfonçant dans l'intérieur de la Terre. D'autres arguments allant dans le même sens viendront de la géodésie et de la mécanique céleste.

◄ Vue artistique du Soleil et des planètes du Système solaire : dans l'ordre d'éloignement à partir du Soleil, Mercure, Vénus, la Terre, Mars, Jupiter, Saturne, Uranus et Neptune. Sur cette vue, les tailles et les distances relatives n'ont pas été respectées.

D'abord la géodésie : Newton calcule l'aplatissement que prend une sphère homogène déformable lorsqu'on la met en rotation. Appliquant ce calcul à la Terre, il trouve que cet aplatissement doit être de 1/230, c'est-à-dire que le diamètre mesuré d'un pôle à l'autre

1 La structure interne de la Terre. À gauche, variation de la densité avec la profondeur. Au milieu, vitesse des ondes sismiques en fonction de la profondeur. Les ondes P sont des ondes de pression analogues aux ondes sonores ; les ondes S sont des ondes de cisaillement pour lesquelles les particules oscillent perpendiculairement à la direction de propagation de l'onde. À droite, les différentes couches de la structure interne de la Terre. La chute subite de la vitesse des ondes P au contact du manteau et du noyau révèle le passage d'un milieu solide à un milieu liquide, dans lequel les ondes S ne se propagent pas. La partie rigide de la surface de la Terre (continents et fond des océans), la lithosphère, flotte sur l'asthénosphère ou manteau supérieur, dont la plasticité permet la dérive des continents. D'après Pierre-André Bourque (1940-2006), Université Laval, Québec.

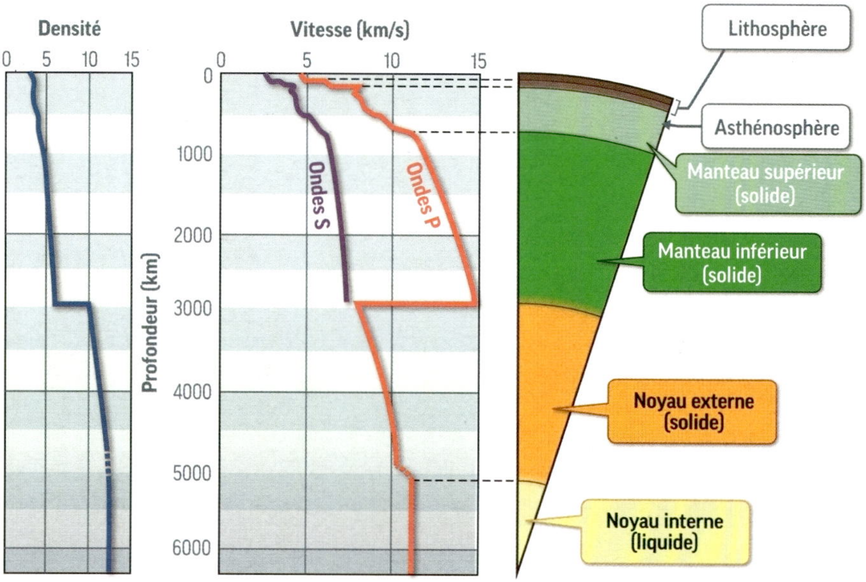

doit être plus petit de 1/230 que le diamètre équatorial. La première mesure de cet aplatissement, qui résulte des expéditions au Pérou et en Laponie du milieu du XVIIIe siècle, donne 1/200 : cette valeur est proche de celle de Newton. Mais la mesure effectuée en Laponie est peu précise ; des mesures faites en Suède en 1801-1803 donneront une valeur bien plus petite pour l'aplatissement, 1/329, qui sera à peu de chose près confirmée par les mesures ultérieures. Pourquoi cette différence avec la prédiction de Newton ? On est persuadé, à juste titre, que la Terre est déformable, ou l'a été lors de sa formation : c'est donc qu'elle n'est pas homogène et qu'elle est plus dense dans ses régions centrales.

La mécanique céleste offre une autre possibilité pour aborder la question. Clairaut, reprenant le problème de Newton, le résout pour une Terre formée cette fois de couches de densité variable. D'Alembert montre que la précession et la nutation, qui sont les deux principaux mouvements qu'accomplit l'axe de la Terre par rapport aux étoiles, dépendent de la manière dont la densité croît vers le centre. La forme de la Terre et la répartition des masses à l'intérieur affectent aussi le mouvement de la Lune. Laplace, puis d'autres peu après lui, combinent toutes ces idées et les données disponibles pour aboutir à une valeur finale de 1/305 pour l'aplatissement, qui satisfait donc à la fois à la géodésie et à la mécanique céleste. Cette valeur sera confirmée par la mesure de l'intensité de la pesanteur en différents points du globe, et plus récemment par l'observation du mouvement des satellites artificiels. On en conclut que la densité croît bien vers le centre de la Terre, mais il faudra attendre les mesures sismiques du XXe siècle pour en apprendre davantage : elles révéleront l'existence de discontinuités dans la structure interne de la Terre, et donc de couches de propriétés différentes (Figure 1).

Au XXe siècle, on a réalisé que le champ magnétique terrestre est variable, et ne peut être créé que par des courants électriques très profonds (effet dynamo).

Leur existence révèle que le noyau de la Terre est conducteur de l'électricité et fluide, donc formé de métaux en fusion, principalement du fer et du nickel. La nature liquide du noyau terrestre est confirmée par la sismologie. Plus près de la surface se trouve le manteau, dont la partie supérieure est visqueuse. Il contient surtout du silicium et du magnésium combinés avec de l'oxygène. Les continents et le fond des océans flottent sur ce manteau, ce qui permet le déplacement des gigantesques plaques qui découpent la surface de la Terre.

C'est à l'astronome et météorologue allemand Alfred Wegener (1880-1930), devenu progressivement géophysicien, que l'on doit l'idée de la dérive des continents : il la publiera pour la première fois en 1912, et l'améliorera progressivement ensuite. Sa théorie s'appuie principalement sur la similitude qu'il constate entre le découpage des côtes de part et d'autre de l'océan Atlantique (Figure 2), similitude confirmée par des structures géologiques semblables, et par la présence de faunes et de flores identiques sur différents continents aux ères primaire et secondaire. Cependant, les idées de Wegener auront du mal à être acceptées par ses contemporains. Il est vrai que les déplacements qu'il a prévus, et qu'il pensait bien plus grands qu'ils ne le sont réellement, ne sont pas observés lors d'une opération mondiale de détermination des longitudes utilisant la télégraphie sans fil, qui compare les distances entre les continents en 1926 et 1933. Mais cette détermination n'a qu'une précision de 10 mètres, très insuffisante de toute façon. Plus tard, d'autres preuves viendront à l'appui de la thèse de Wegener pour en faire un tout cohérent (le modèle de la tectonique des plaques). Depuis, les mesures de déplacement par interférométrie radio intercontinentale (Very Long Baseline Interferometry, ou VLBI) et par GPS ont parfaitement confirmé ces déplacements, qui sont de l'ordre de quelques millimètres par an.

Considérons maintenant la température de la Terre. Depuis longtemps, on sait que la température s'élève quand on s'enfonce vers l'intérieur de la Terre, par exemple dans les mines ou lors des sondages (Figure 3), ce que confirme

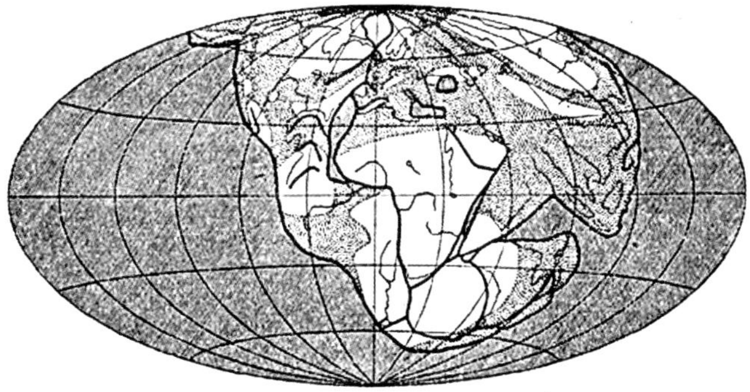

▲ **Carbonifère supérieur (- 300 Ma)**

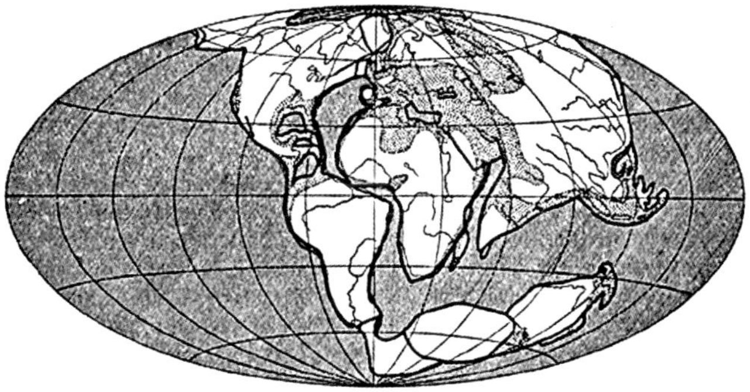

▲ **Éocène (- 60 Ma)**

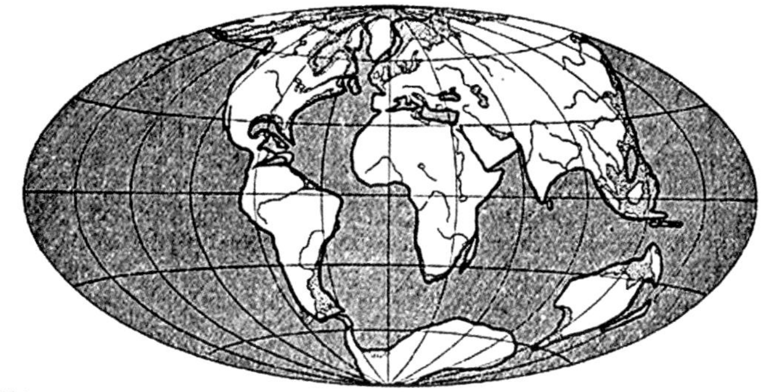

▲ **Époque actuelle**

2 **La dérive des continents, d'après le livre d'Alfred Wegener, *Die Entstehung der Kontinente und Ozeane*, Braunschweig, éditions de 1922 et 1929, Vieweg.** En haut, -300 millions d'années ; au milieu, -60 millions d'années ; en bas, aujourd'hui. Des modifications relativement mineures ont dû être faites à ces descriptions, que l'on trouvera sur http://www.bibnum.education.fr/files/wegener-analyse-francais.pdf.

3 Forage du puits artésien de Grenelle, à Paris. Remarquable prouesse technique pour l'époque, ce sondage, qui a atteint 548 m de profondeur, a été réalisé avec de grandes difficultés de 1833 à 1842 par l'entrepreneur Georges Mulot (1792-1872). Il a permis d'obtenir une excellente valeur de l'augmentation de la température avec la profondeur dans le sol, soit 1 °C par 26,4 m, et a fourni la première coupe géologique du bassin parisien. Il en est résulté un progrès notable dans la connaissance de notre planète.

Fig. 376. — Manége et treuil employés pour le forage du puits de Grenelle.

4 Joseph Fourier en 1823, dans son uniforme de préfet de l'Isère. Né en 1768, il est remarqué par Legendre et pa Monge à l'issue de ses étude à l'École normale supérieure Sa *Théorie mathématique de la chaleur* est un magnifique monument de physique et de mathématiques. Les développements mathématiques très novateurs qu'elle contient sont peu estimés de ses contemporains, mais la consécration viendra au milieu du XXe siècle. Fourier est aujourd'hui considéré comme le fondateur de la physique mathématique.

sans ambiguïté l'existence des volcans et des sources thermales. Mais d'où vient cette chaleur ? Georges-Louis Leclerc, comte de Buffon (1707-1788), semble être le premier à avoir tenté de résoudre le problème de façon quantitative. En tant que maître de forges, il étudie la vitesse de refroidissement de boulets métalliques de différents diamètres. Extrapolant ces données à la Terre, il imagine qu'elle était à l'origine une sphère incandescente et estime, de façon d'ailleurs erronée, que le globe a mis environ 76 000 ans pour parvenir à sa température actuelle. En 1778, cette valeur ne surprend personne, car on ignore totalement quelles sont les échelles de temps des phénomènes terrestres. En 1824, Joseph Fourier (1768-1830, Figure 4) parvient à calculer le flux de chaleur qui arrive de l'intérieur jusqu'à la surface de la Terre. Il le trouve très petit : la température actuelle du sol ne peut donc en aucun cas être due à la chaleur provenant de l'intérieur, ce qui contredit les hypothèses de Buffon. Or le sol se refroidit en rayonnant vers l'espace : il faut donc, pour compenser ce refroidissement, faire appel à la chaleur reçue du Soleil (Figure 5). Cependant, Fourier commet une erreur en supposant qu'une partie non négligeable de la chaleur de la Terre pourrait provenir du reste de l'Univers.

On mettra longtemps à débrouiller complètement le problème, car il faudra attendre que soient connues les lois du rayonnement thermique et que le refroidissement du sol et des océans ait été correctement estimé en incluant l'effet de serre (voir l'encadré ci-contre) ; mais la conclusion de Fourier selon laquelle l'échauffement du sol est surtout dû au Soleil reste valable. Cependant, Buffon n'avait pas tout à fait tort : une partie de la chaleur qui

L'effet de serre

Qu'est-ce que l'effet de serre? C'est un mécanisme naturel qui permet l'échauffement par le Soleil de la surface et de la basse atmosphère de la Terre (ou d'une autre planète). Il a été soupçonné pour la première fois en 1780 par Horace Bénédict de Saussure (1740-1799) à la suite de ses expériences sur les serres agricoles. Mais c'est Joseph Fourier qui l'a vraiment compris, et qui a supposé que les gaz de l'atmosphère terrestre devaient en être responsables. Par quel mécanisme? L'atmosphère laisse passer presque sans absorption le rayonnement du Soleil, dont l'intensité est maximale dans le visible; s'il n'est pas renvoyé par les nuages, il parvient alors jusqu'au sol, qui s'échauffe. Ce dernier émet en retour un rayonnement thermique, dont l'intensité est maximale dans l'infrarouge moyen à une longueur d'onde d'environ 10 micromètres: ce rayonnement est fortement absorbé par la basse atmosphère. L'atmosphère ainsi chauffée en renvoie la moitié vers le sol qui l'absorbe entièrement, l'autre moitié se perdant dans l'espace. Le principe est analogue dans une serre agricole: le verre, qui est opaque à l'infrarouge, joue alors le rôle de l'atmosphère. En 1861, John Tyndall (1820-1893) a montré que la vapeur d'eau et le dioxyde de carbone sont les principaux responsables de l'effet de serre terrestre, en raison des bandes d'absorption que ces gaz présentent dans l'infrarouge (on a ajouté plus récemment à cette liste le méthane et les oxydes d'azote); trente-cinq ans plus tard, Svante Arrhenius (1859-1927) faisait les premières estimations quantitatives de l'effet de serre. L'effet de serre est évidemment modifié quand la teneur de l'atmosphère en vapeur d'eau et en gaz carbonique varie.

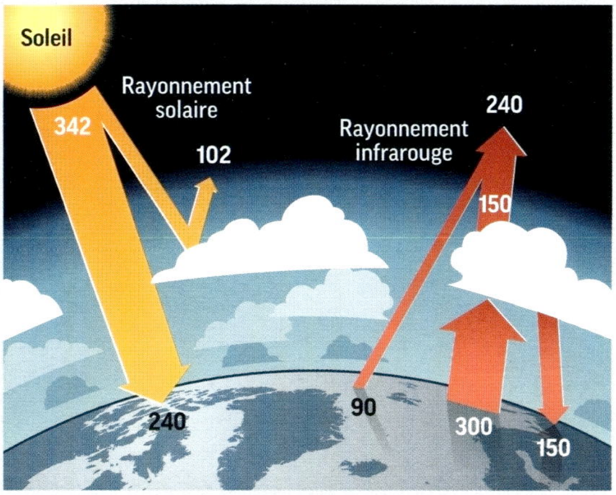

▶ **Le mécanisme de l'effet de serre.** Les chiffres de cette figure représentent des flux d'énergie thermique en watts par mètre carré pour une surface perpendiculaire à la direction du Soleil; ce sont des moyennes sur toute la Terre. Il arrive du Soleil, principalement dans le visible (flèches jaunes), un flux de 342 W · m^{-2}, qui est pour partie réfléchi par les nuages et la surface terrestre, et pour partie absorbé par le sol. Ce dernier, dont la température moyenne est de 288 K (15 °C), émet un flux de 390 W · m^{-2} dans l'infrarouge moyen (flèches rouges), dont 300 W · m^{-2} sont absorbés dans l'atmosphère. L'atmosphère ainsi chauffée réémet ce flux, moitié vers l'extérieur et moitié vers le sol qui l'absorbe entièrement: c'est l'effet de serre. Au total, le sol a donc reçu un flux de 240 + 150 = 390 W · m^{-2}, qui compense son émission.

L'accroissement actuel de la quantité de dioxyde de carbone, d'origine anthropique, augmente l'effet de serre, et est la cause principale du réchauffement climatique.

MÉMOIRE

SUR

LES TEMPÉRATURES DU GLOBE TERRESTRE ET DES ESPACES PLANÉTAIRES.

PAR M. FOURIER.

La question des températures terrestres, l'une des plus importantes et des plus difficiles de toute la philosophie naturelle, se compose d'éléments assez divers qui doivent être considérés sous un point de vue général. J'ai pensé qu'il serait utile de réunir dans un seul écrit les conséquences principales de cette théorie; les détails analytiques que l'on omet ici se trouvent pour la plupart dans les ouvrages que j'ai déja publiés. J'ai désiré surtout présenter aux physiciens, dans un tableau peu étendu, l'ensemble des phénomènes et les rapports mathématiques qu'ils ont entre eux.

La chaleur du globe terrestre dérive de trois sources qu'il est d'abord nécessaire de distinguer.

1° La terre est échauffée par les rayons solaires, dont l'inégale distribution produit la diversité des climats.

2° Elle participe à la température commune des espaces planétaires, étant exposée à l'irradiation des astres innombrables qui environnent de toutes parts le système solaire.

1824. 72

570 MÉMOIRE SUR LES TEMPÉRATURES

3° La terre a conservé dans l'intérieur de sa masse une partie de la chaleur primitive, qu'elle contenait lorsque les planètes ont été formées.

En considérant chacune de ces trois causes et les phénomènes qu'elle produit, nous ferons connaître le plus clairement qu'il nous sera possible, et autant que l'état de la science le permet aujourd'hui, les principaux caractères de ces phénomènes.

Notre système solaire est placé dans une région de l'univers dont tous les points ont une température commune et constante, déterminée par les rayons de lumière et de chaleur qu'envoient tous les astres environnants. Cette température froide du ciel planétaire est peu inférieure à celle des régions polaires du globe terrestre. La terre n'aurait que cette même température du ciel, si deux causes ne concouraient à l'échauffer. L'une est la chaleur intérieure que ce globe possédait lorsque les corps planétaires ont été formés, et dont une partie seulement s'est dissipée à travers la surface. La seconde cause est l'action continuelle des rayons solaires qui ont pénétré toute la masse, et qui entretiennent à la superficie la différence des climats.

La chaleur primitive du globe ne cause plus d'effet sensible à la surface; mais elle peut être immense dans l'intérieur de la terre. La température de la surface ne surpasse pas d'un trentième de degré centésimal la dernière valeur à laquelle elle doit parvenir : elle a d'abord diminué très-rapidement; mais, dans son état actuel, ce changement continue avec une extrême lenteur.

Les observations recueillies jusqu'à ce jour indiquent que les divers points d'une même verticale prolongée dans

5 **Les deux premières pages du mémoire de Joseph Fourier sur la température de la Terre,** datant de 1824 et publié en 1827 dans les *Mémoires de l'Académie royale des sciences* (vol. 7, p. 569-604). Elles exposent avec une remarquable lucidité le problème de l'origine de la température de surface de la Terre et sa solution: l'essentiel vient de la chaleur solaire.

provient de l'intérieur de la Terre est bien un reste des temps anciens. Il s'y ajoute, en quantité à peu près égale, la chaleur issue de la désintégration des atomes radioactifs qui se trouvent dans le globe, principalement l'uranium.

Les débuts de l'étude physique des planètes

Jusqu'à ce que Galilée braque sa lunette vers le ciel, on ne s'est pas posé la question de la nature de la surface des planètes et de leurs satellites, sinon par des spéculations plus ou moins fantaisistes (voir chapitre 4 p. 66). Lorsque Galilée découvre des montagnes et des cratères sur la Lune, en 1610, l'analogie entre notre satellite et la Terre est tentante. On pense que les cratères sont volcaniques (ce qui est faux), et les grandes étendues sombres sans relief sont interprétées comme des mers, dont elles portent toujours le nom bien que l'on sache aujourd'hui qu'elles n'ont rien de liquide. La principale différence entre la Lune et la Terre paraît être la faible densité de l'atmosphère autour de la Lune, voire son absence complète : les astronomes, dont Cassini et Huygens, constatent que les étoiles qui sont occultées par la Lune restent très nettes lorsqu'elles sont au plus près du bord lunaire, alors que leur image devrait être étalée s'il y avait une atmosphère. À l'inverse, Cassini pense que le premier satellite de Jupiter, Io, doit avoir une atmosphère car il ne voit pas toujours l'ombre qu'il devrait porter sur la planète lorsqu'il passe devant : il conclut que la réfraction de la lumière dans l'atmosphère du satellite a étalé cette ombre de façon à ce qu'elle devienne impossible à voir. Il se trouve que Io a effectivement une atmosphère, mais celle-ci est infiniment ténue, et il est probable que c'est la mauvaise qualité des images qui est responsable du phénomène. À l'époque, on pense également que Vénus doit être couverte d'une couche épaisse de nuages car sa surface est brillante et uniforme, et qu'elle a donc une atmosphère : c'est du moins ce qu'affirme Huygens, qui se trouvera avoir raison.

Les progrès de l'étude physique des planètes vont être lents pendant près de deux siècles. On découvre de nouveaux satellites ; les lois de la mécanique céleste permettent le calcul de la masse des planètes lorsqu'elles ont des satellites, et même en étudiant leurs influences gravitationnelles mutuelles. On estime ainsi leur densité puisque leur taille est maintenant connue avec une bonne précision : on constate que la densité de Mercure, de Vénus et de Mars est de peu inférieure à celle de la Terre, ce qui suggère une nature commune. En revanche, la densité des planètes extérieures est beaucoup plus faible, inférieure même à celle de l'eau pour Saturne. Depuis 1876, on connaît la période de rotation de cette planète, établie par Asaph Hall (1829-1907) aux États-Unis. Comme l'aplatissement de Saturne est bien mesuré, le calcul montre que la densité augmente avec la profondeur, comme dans le cas de la Terre : les couches extérieures sont sans doute gazeuses, et il doit y avoir un noyau solide. Il en est de même pour Jupiter. Il est maintenant évident que les planètes internes (de Mercure à Mars) et les planètes externes (de Jupiter à Neptune) diffèrent non seulement par leur masse, mais aussi par leur nature physique, sans qu'on puisse en dire beaucoup plus à l'époque.

6 Bernard Lyot est le plus connu des astrophysiciens français de la première moitié du XXe siècle. Outre ses observations de la polarisation de la lumière réfléchie par la Lune et les planètes, il a réussi à observer la chromosphère et la couronne solaire en dehors des éclipses totales, grâce à son invention du coronographe.

Grâce aux photomètres qu'ils ont inventés, George Bond (1825-1865) en 1860 aux États-Unis, puis Johann Zöllner (1834-1882) cinq ans plus tard en Allemagne, mesurent l'éclat de Mars, de Vénus et de Jupiter. En le comparant avec l'éclat que ces planètes auraient si elles réfléchissaient totalement la lumière du Soleil, ils en déduisent leur albédo (c'est-à-dire la fraction de lumière réfléchie), qui serait égal à 1 dans ce dernier cas et vaudrait 0 pour une planète totalement noire. Les mesures sont difficiles, si bien que les valeurs qu'ils obtiennent sont très surestimées ; de toute façon, ils n'ont pas les moyens d'en déduire quoi que ce soit en termes physiques. De 1877 à 1893, les astronomes de l'Observatoire de Potsdam reprennent les mesures de façon plus précise : ils constatent que l'albédo de Mercure est petit, semblable à celui de la Lune. Ils en déduisent que la planète n'a pas d'atmosphère et doit ressembler à notre satellite, ce qui sera confirmé plus tard. En revanche, Vénus est très réfléchissante et est même l'astre le plus brillant du ciel. Ce n'est donc pas le sol qu'on observe, mais des nuages dans une atmosphère épaisse, comme le pensait déjà Huygens. Les planètes externes partagent cette propriété.

7 **La lunette de 20 cm de diamètre de Huggins, dans son observatoire privé londonien à Tulse Hill.** On aperçoit, à l'extrémité inférieure du tube, le spectroscope avec lequel il a observé visuellement, puis par photographie, le spectre des planètes, des comètes et des étoiles. La batterie au sol et les fils alimentent une bobine de Ruhmkorff dont les étincelles fournissent les spectres d'émission de différents produits ; Huggins les compare ensuite aux spectres astronomiques.

La mesure de la polarisation de la lumière réfléchie par les planètes va confirmer et préciser ces résultats. Ce progrès est essentiellement dû à Bernard Lyot (1897-1952 ; Figure 6). À partir de 1924, Lyot mesure la polarisation de la lumière réfléchie par la Lune et la compare à celle qu'il mesure au laboratoire sur différentes substances éclairées obliquement. Il en conclut que le sol lunaire est couvert de cendre volcanique. Il confirme aussi que la surface de Mercure ressemble à celle de la Lune, tandis que celle de Mars est plutôt faite de sable.

Les messages de la lumière

La lumière qui nous parvient des astres transporte-t-elle d'autres messages ? Avec la spectroscopie (encadré p. 61), nous verrons qu'elle apporte des informations précieuses sur leur composition chimique. Cette méthode fournit ses premiers résultats à partir de 1864, date à laquelle Giovanni Battista Donati

8 Spectres d'une comète et, pour comparaison, d'étincelles («spark») obtenues entre des électrodes de charbon dans de l'huile d'olive et dans du «gaz oléfiant» (éthylène) par William Huggins.

(1826-1873) et le Père Angelo Secchi (1818-1878) en Italie, en même temps que William Huggins (1824-1910, Figure 7) en Angleterre, braquent pour la première fois leurs spectroscopes vers les comètes et les planètes. Dans les spectres cométaires, ils observent des bandes brillantes. Huggins les compare en 1868 à celles qui sont émises au laboratoire par des produits carbonés incandescents, et en déduit que la comète contient du «*gaz de carbone lumineux*» (Figure 8). Mais ce n'est que beaucoup plus tard que l'on pourra établir la nature précise de ce gaz, qui contient le radical CH, responsable des bandes.

Quant aux spectres de la lumière provenant des planètes, ils se révèlent très décevants car ils ressemblent fort à celui du Soleil. Ils ne font que confirmer ce que l'on savait depuis longtemps: la lumière qui nous parvient des planètes est de la lumière solaire réfléchie. Cependant Secchi et Huggins observent, dans la partie rouge du spectre de Jupiter, une bande obscure qui n'existe pas dans le spectre du Soleil. L'astronome américain Vesto Slipher (1875-1969) retrouve en 1905 cette bande, ainsi que d'autres, dans le spectre de toutes les grosses planètes. Il faut cependant attendre 1932 pour que l'allemand Rupert Wildt (1905-1976) montre que ces bandes sont dues au méthane qui est donc, après l'hydrogène et l'hélium, le constituant majeur de l'atmosphère des grosses planètes. C'est aussi Rupert Wildt qui découvre la présence d'ammoniac dans l'atmosphère de Jupiter.

Vers 1890, les progrès de l'instrumentation ouvrent la possibilité de mesurer avec précision la longueur d'onde des raies spectrales. C'est ainsi qu'Henri Deslandres (1853-1948) à l'Observatoire de Paris, et indépendamment James E. Keeler (1857-1900) aux États-Unis, observent en 1895 le déplacement de ces raies dû à l'effet Doppler-Fizeau (voir encadré p. 62) dans le spectre des planètes. En étudiant la lumière qui nous parvient de différentes zones d'une planète, ils peuvent ainsi mesurer la vitesse d'éloignement ou de rapprochement de ses différentes parties, et donc calculer sa période de rotation. Assez curieusement, tous les physiciens à l'époque n'admettent pas la réalité de l'effet Doppler-Fizeau, pourtant connu depuis longtemps, et c'est à la demande expresse de Poincaré, qui veut le vérifier, que Deslandres fait ces observations. Elles confirment la période de rotation de Jupiter et de Saturne, qui avait été évaluée en suivant le déplacement de marques sur leur globe. En 1911, Vesto Slipher obtient par cette méthode la période de rota-

La spectroscopie astronomique

Le premier astronome à avoir pointé sur un astre une lunette munie d'un spectroscope, c'est-à-dire d'un appareil qui disperse la lumière en ses composantes colorées, est Joseph von Fraunhofer (1787-1826). En 1814, il découvre ainsi que le spectre de la lumière du Soleil est parsemé de nombreuses raies sombres, dites *raies de Fraunhofer*, à des longueurs d'onde bien définies. En effet, parmi les radiations lumineuses émises à la surface du Soleil, certaines sont absorbées par les entités chimiques contenues dans son atmosphère, à des longueurs d'onde qui sont caractéristiques de celles-ci (et qui constituent donc la « signature » de l'entité). Ces zones sombres viennent « trouer » le spectre continu, qui est d'origine thermique.
En 1860, Gustav Kirchhoff (1824-1887) et Robert Bunsen (1811-1899) réussissent à identifier certaines de ces raies avec des raies de même longueur d'onde émises par différents atomes au laboratoire, ce qui montre que ces atomes (fer, calcium, magnésium, nickel et chrome) sont présents dans l'atmosphère du Soleil. Les premiers spectres d'étoiles sont obtenus par Secchi et Huggins ; ils présentent tous des raies d'absorption, à l'exception d'étoiles rares découvertes à l'Observatoire de Paris par Charles Wolf (1827-1918) et Georges Rayet (1839-1906) qui présentent des raies en émission, plus brillantes que le fond continu avoisinant. Les spectres de la lumière provenant de la Lune et des planètes ressemblent beaucoup à celui du Soleil dans le domaine visible, car leur lumière est de la lumière solaire réfléchie et peu modifiée. En revanche, dans l'infrarouge et dans le domaine radio, leur spectre est totalement différent du spectre solaire, et montre les raies d'émission ou d'absorption de diverses molécules présentes dans leur atmosphère. Il en est de même du spectre de la lumière qui provient des satellites qui possèdent une atmosphère, comme Titan. Quant aux comètes, elles présentent un spectre d'émission dans le visible où l'on retrouve les raies de molécules comme CH (Figure 8). La spectroscopie est donc un outil idéal pour étudier la composition et la physique de l'atmosphère des étoiles, des planètes, de leurs satellites et des comètes, sans oublier le milieu interstellaire.

▸ **Timbre émis par la Deutsche Bundespost à l'occasion du deuxième centenaire de la naissance de Fraunhofer.** On y voit en bas le spectre de la lumière du Soleil avec les raies d'absorption qu'il a découvertes. En haut, courbe de sensibilité de l'œil et nomenclature par Fraunhofer des raies les plus sombres.

tion d'Uranus, qui tourne en 10,7 heures. Le résultat le plus intéressant concerne les anneaux de Saturne (Figure 9) : on observe qu'ils ne tournent pas comme un corps solide, mais que la vitesse de rotation décroît de l'intérieur vers l'extérieur. Comme l'avait prévu James Clerk Maxwell (1831-1879), ces anneaux sont formés de cailloux ou de rochers indépendants qui tournent autour de la planète selon les lois de Kepler. Les essais pour mesurer par spectroscopie la vitesse de rotation de Mercure et celle de Vénus sont infructueux, car celles-ci sont trop lentes. Il faudra attendre la seconde moitié du XXe siècle pour que leurs périodes de rotation, qui sont respectivement de 58,6 jours et de 243 jours, soient enfin déterminées.

L'infrarouge et la température des planètes

Pour connaître la température des planètes, il faut pouvoir détecter leur rayonnement thermique, c'est-à-dire la chaleur qu'elles nous envoient. Cependant l'Homme ne possède pas, pour détecter la chaleur, d'organe aussi sensible que l'œil

L'effet Doppler-Fizeau

Découvert plus ou moins indépendamment par l'autrichien Christian Doppler (1803-1853) et par le français Hippolyte Fizeau (1819-1896), l'effet Doppler-Fizeau explique le décalage en fréquence entre une émission lumineuse et le signal reçu par l'observateur lorsque la source et l'observateur s'éloignent ou se rapprochent l'un de l'autre. Il s'applique aussi bien aux ondes lumineuses qu'à tout autre type d'ondes. On l'observe aisément pour les ondes sonores en écoutant la sirène d'un camion de pompiers, qui paraît plus aiguë lorsqu'il se rapproche de nous que lorsqu'il s'en éloigne. L'explication est simple : lorsque la source et l'observateur s'éloignent l'un de l'autre, l'intervalle de temps qui sépare deux maxima successifs de l'onde reçus par l'observateur est plus grand que lorsque la source et l'observateur sont immobiles l'un par rapport à l'autre. La longueur d'onde perçue est plus grande de la quantité $\Delta\lambda = (\Delta v/c)\lambda_0$, où λ_0 est la longueur d'onde émise par la source, Δv la vitesse relative et c la vitesse du son. Quant à la fréquence perçue ν, qui est inversement proportionnelle à la longueur d'onde, elle est plus petite que la fréquence à l'émission ν_0 de la quantité $\Delta\nu = -(\Delta v/c)\ \nu_0$. C'est le contraire si l'observateur et la source se rapprochent. On peut ainsi déterminer la vitesse relative d'éloignement ou de rapprochement de la source en mesurant le décalage en fréquence des ondes qu'on en reçoit.

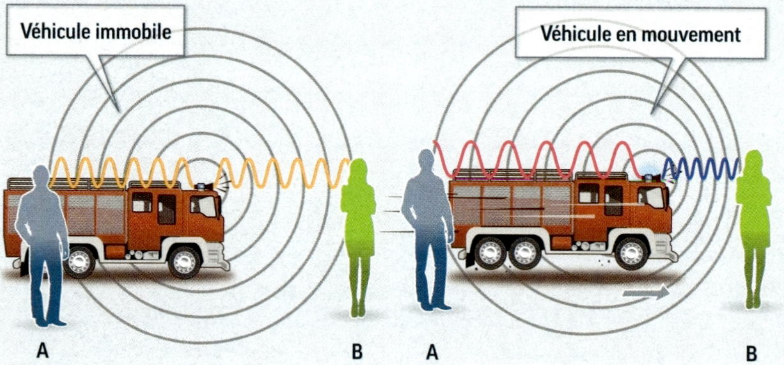

▸ **Exemple d'effet Doppler.** Lorsque le camion de pompiers est à l'arrêt, les personnes A et B perçoivent un son identique. S'il démarre et commence à s'éloigner de A, la personne B va percevoir un son plus grave, et A un son plus aigu que précédemment.

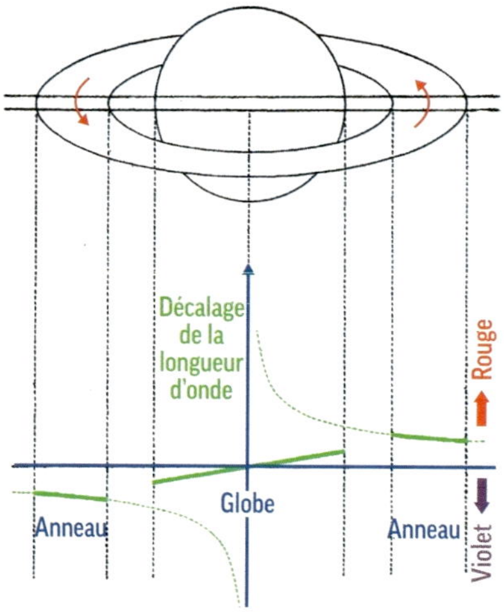

9 Mesure spectroscopique de la rotation de Saturne et de ses anneaux, dessin de James Keeler. La fente du spectroscope est placée le long du grand axe des anneaux, comme indiqué en haut. Les raies observées sont déformées par l'effet Doppler-Fizeau. Le décalage de la longueur d'onde mesurée, qui est proportionnel à la vitesse, est indiqué sur le graphique, en bas. On voit que les parties droites s'éloignent de nous (décalage de la longueur d'onde vers le rouge), tandis que les parties gauches s'en rapprochent (décalage de la longueur d'onde vers le violet). Le globe de Saturne tourne comme un corps solide, tandis que la vitesse de rotation des particules qui forment l'anneau décroît vers l'extérieur comme l'inverse de la racine carrée de la distance au centre de la planète, ainsi que le prévoient les lois de Kepler (courbe pointillée).

pour détecter la lumière. Le rayonnement thermique des planètes se produit dans le domaine infrarouge, pour lequel des détecteurs spéciaux sont nécessaires. On se souvient que William Herschel a découvert le rayonnement infrarouge en 1800 (voir chapitre 2 p. 41) : il avait décomposé la lumière du Soleil avec un prisme, et étudiait alors l'échauffement provoqué par les différentes couleurs. En promenant un thermomètre au-delà de la couleur rouge, il fut surpris de constater un échauf-

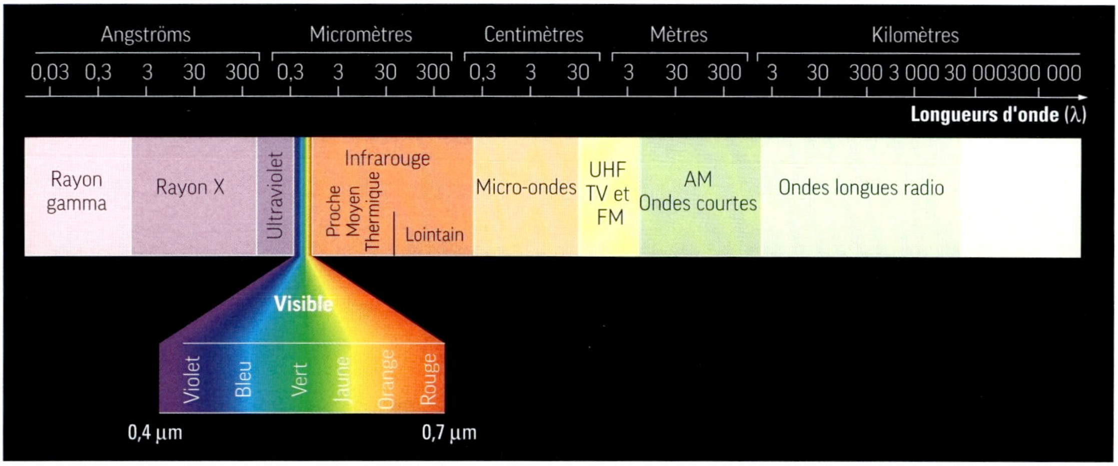

fement encore plus grand que sur les autres couleurs, ce qui révélait la présence d'une «*couleur invisible*» dans le spectre solaire. Pour la première fois, un rayonnement électromagnétique était mis en évidence hors du domaine visible (Figure 10).

Comme le Soleil et les autres étoiles, les planètes émettent dans l'infrarouge. Cependant, dans l'infrarouge proche (longueurs d'onde de quelques micromètres), le rayonnement émis par une planète ne correspond qu'à la réflexion du rayonnement solaire, et ne donne donc aucune indication sur sa température. Il faut observer dans l'infrarouge plus lointain, vers 10 micromètres de longueur d'onde, pour détecter le rayonnement thermique propre des planètes, même les moins froides. Par bonheur, l'atmosphère terrestre, dont la vapeur d'eau et le dioxyde de carbone absorbent une très grande partie du rayonnement infrarouge, est relativement transparente à ces longueurs d'onde: des observations au sol sont donc possibles. La première détection de l'émission propre d'une planète doit attendre 1924, car les détecteurs précédents n'étaient pas suffisamment sensibles. C'est la date à laquelle Edison Pettit (1889-1962) et Seth Nicholson (1891-1963) réussissent à mesurer la température de Vénus, qu'ils trouvent proche de 0 °C. C'est la température du sommet des nuages qui entourent la planète, et non celle du sol qui est beaucoup plus élevée. Puis la température de Mars – celle du sol cette fois – est mesurée en 1926 et trouvée un peu inférieure à celle de la Terre, tandis que ses pôles sont beaucoup plus froids. Mercure, proche du Soleil, atteint 400 °C. En revanche, les grosses planètes sont extrêmement froides, si froides que leur rayonnement thermique est très difficile à détecter du sol: il se fait dans l'infrarouge lointain, qui est presque totalement absorbé par l'atmosphère terrestre. Les astronomes américains Donald Menzel (1901-1976), William Coblenz (1873-1962) et Carl Otto Lampland (1873-1951) parviennent cependant, en 1926, à estimer leur température à –130 °C pour Jupiter, –150 °C pour Saturne et moins de –170 °C pour Uranus. Ces estimations sont très incertaines mais elles suscitent un grand intérêt, car on ignorait tout auparavant de la température de ces planètes, que certains pensaient même être très chaudes. Il apparaît maintenant que, comme la Terre, les planètes ont une source de chaleur interne; mais celle-ci est limitée, et la fraction la plus importante de leur chaleur vient du Soleil, qui est très éloigné.

10 Les différents domaines du rayonnement électromagnétique en fonction de la longueur d'onde λ. La lumière visible, ici représentée comme décomposée par un prisme, n'occupe qu'une très petite partie du spectre, de 0,4 à 0,7 μm (micromètre). Aux plus grandes longueurs d'onde s'étend le domaine de l'infrarouge proche (jusqu'à 5 μm), puis de l'infrarouge moyen ou thermique (jusqu'à environ 20 μm), et enfin l'infrarouge lointain (jusqu'à 500 μm environ). À plus grande longueur d'onde, on trouve le rayonnement submillimétrique et millimétrique, puis les ondes radio.

❊ *L'analyse spectroscopique : rayonnement réfléchi et rayonnement thermique*

Le rayonnement d'un astre est composé d'un ensemble de radiations monochromatiques. À chaque radiation monochromatique est associée une longueur d'onde λ, comme sur la Figure 10, ou une fréquence ν, qui est inversement proportionnelle à la longueur d'onde : $\nu = c/\lambda$, c étant la vitesse de la lumière. Les photons qui constituent le rayonnement sont dotés d'une énergie $h\nu$, h étant la constante de Planck. Les photons de courte longueur d'onde, dans les domaines UV, X et gamma, sont donc les plus énergétiques. Selon la loi de Planck, tout corps émet un rayonnement thermique, dit de « corps noir », caractéristique de sa température. Plus celle-ci est élevée, plus le maximum d'émission est à courte longueur d'onde. Dans le cas du Soleil, l'intensité du rayonnement est maximale à 0,5 µm, ce qui correspond à la température de la photosphère (5770 K). Les planètes, dont la température est plus basse, émettent un rayonnement dont l'intensité culmine dans l'infrarouge moyen ou lointain (une longueur d'onde de 10 µm environ dans le cas de la Terre).

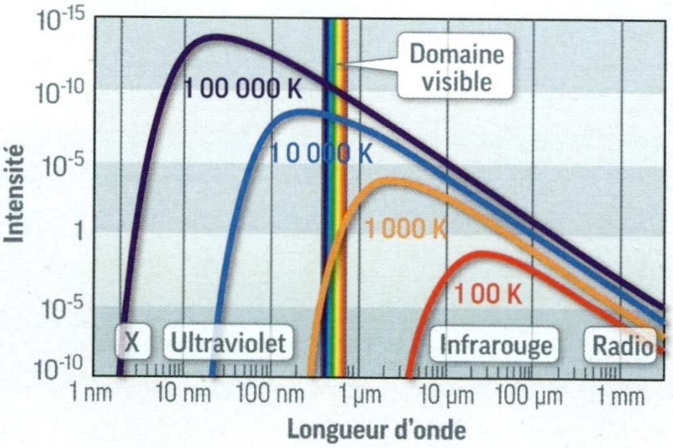

▸ **Le rayonnement du corps noir.** L'intensité du rayonnement de corps noirs de différentes températures absolues (indiquées en couleur) est portée en fonction de la longueur d'onde (la température absolue *T*, en kelvins K, est reliée à la température θ, en degrés Celsius, par la relation : $T = \theta + 273{,}15$). Les échelles sont logarithmiques. La température des planètes est de l'ordre de la centaine de K, celle des étoiles varie entre un millier et une centaine de milliers de K.

Les spectres des objets du Système solaire contiennent tous deux composantes. La première est la composante solaire réfléchie, qui n'est autre que la fraction du rayonnement solaire renvoyée par la planète. La forme de cette composante reproduit celle du spectre solaire avec un maximum à 0,5 µm ; son intensité, et dans une moindre mesure la forme de son spectre, dépend de l'albédo de l'objet, c'est-à-dire de la fraction du rayonnement solaire réfléchi. La deuxième composante est l'émission propre de l'objet, qui résulte de la conversion du rayonnement solaire absorbé en énergie thermique. Cette composante domine à plus grande longueur d'onde, avec un maximum d'intensité pour des lon-

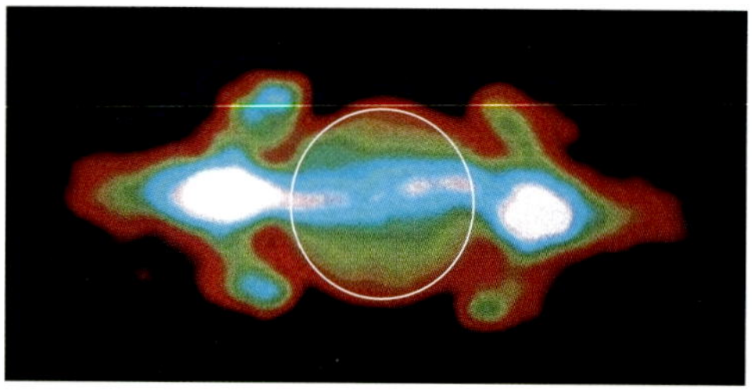

11 Carte en fausses couleurs du rayonnement radio de Jupiter (λ = 21 cm), obtenue par Imke de Pater en 1981 avec le radiotélescope *Very Large Array* aux États-Unis. L'émission se produit principalement dans un tore entourant Jupiter, dont la taille est schématisée au centre par un cercle. Elle est due à des électrons de haute énergie qui interagissent avec le champ magnétique de la planète.

La radioastronomie

La radioastronomie va apporter d'importantes surprises dans les années 1950. Lorsqu'on parvient à détecter le rayonnement radio des planètes (à des longueurs d'onde centimétriques et décimétriques), les américains Cornell Mayer (1921-2005), Timothy McCullough (1910-2004) et Russell Sloanaker s'aperçoivent que celui de Vénus correspond à l'émission d'un corps à 460 °C, donc beaucoup plus chaud que la surface des nuages que l'on observe dans le visible et en infrarouge : c'est que les nuages, aussi bien ceux de Vénus que ceux de la Terre, sont transparents aux ondes radio. Celles-ci proviennent du sol, qui est donc extrêmement chaud. Cette température très élevée est le résultat d'un énorme effet de serre dû au gaz carbonique qui forme l'essentiel de l'épaisse atmosphère de Vénus : Vénus est décidément une planète bien inhospitalière ! Cette découverte remarquable

gueurs d'onde allant de 7 µm dans le cas de Mercure à plus de 50 µm pour Uranus et Neptune.
Qu'apporte l'étude de ces spectres? En analysant la composante solaire réfléchie, on observe des raies spectrales planétaires qui apparaissent en absorption devant le spectre solaire, et nous renseignent ainsi sur la composition chimique de l'atmosphère planétaire, et dans une moindre mesure sur celle du sol de la planète. En revanche, la composante thermique du spectre d'une planète dépend essentiellement de la température de la région atmosphérique observée. Elle peut donc présenter des motifs spectraux en émission ou en absorption, selon la structure thermique de la région atmosphérique sondée: dans la troposphère, la partie la plus proche de la surface, la température décroît à mesure que l'altitude augmente, et les raies sont observées en absorption devant le rayonnement continu des régions plus basses. S'il existe une stratosphère à des altitudes plus importantes (ce qui est le cas des planètes géantes), les raies y apparaissent en émission. L'interprétation du spectre thermique nécessite donc une bonne connaissance de la distribution de température. C'est le cas pour les planètes du Système solaire, mais nous ignorons encore celle des exoplanètes, ce qui rend complexe l'interprétation de leur spectre thermique (voir chapitre 9 p. 178).

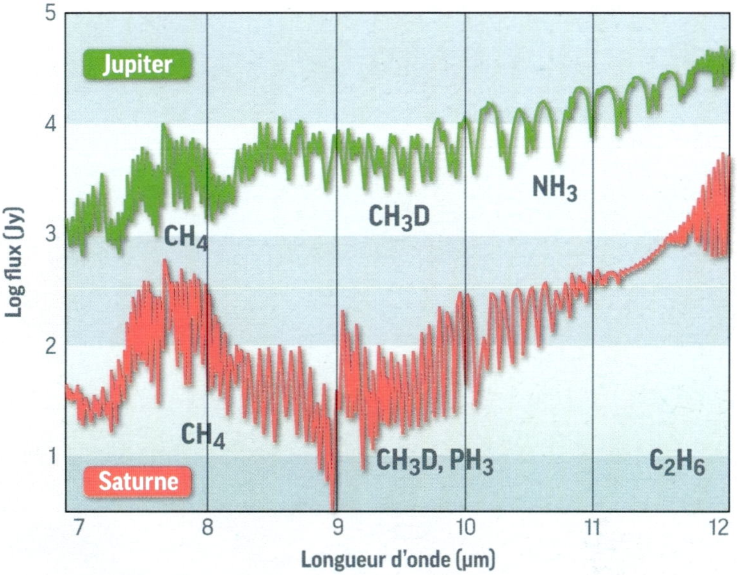

▸ **Les spectres de Jupiter et de Saturne dans l'infrarouge moyen** montrent un bel exemple de superposition de raies en émission et en absorption. Les raies du méthane CH_4 (à 7,7 µm) et de son produit de photodissociation l'éthane C_2H_6 (à 12 µm) sont formées dans la stratosphère et apparaissent donc en émission. Les autres molécules (NH_3 sur Jupiter, PH_3 sur Saturne) sont situées dans la troposphère et leurs raies apparaissent en absorption. (D'après T. Encrenaz *et al.*, *Planetary and Space Science* 47, 1225, 1999.)

date de 1958, et les observations ultérieures avec les sondes spatiales ne feront que la confirmer.

Trois ans auparavant et toujours aux États-Unis, Bernard Burke et Kenneth Franklin (1923-2007) avaient découvert que Jupiter émettait un rayonnement radio intense et très variable, cette fois sur ondes décamétriques. Il ne s'agit pas d'un rayonnement d'origine thermique, mais du rayonnement de particules chargées qui circulent autour de la planète, emprisonnées par son champ magnétique intense avec lequel elles interagissent pour émettre des ondes radio (voir Figure 11 et encadré p. 108). C'est ainsi que l'on a appris que la Terre n'est pas la seule planète à avoir un champ magnétique, et qu'elle n'est pas non plus la seule à posséder des ceintures de particules chargées, maintenues en place par ce champ.

Ainsi, on a acquis au milieu du XXe siècle des connaissances non négligeables sur la nature des planètes et l'on possède alors quelques idées sur leur surface et sur leur atmosphère. On en sait beaucoup moins sur leurs satellites, qui sont bien plus difficiles à observer du sol. Beaucoup reste donc à faire: ce sera l'apport de l'exploration directe avec des sondes spatiales, et des observations permises par des télescopes et des radiotélescopes modernes.

ΣΕΛΗΝΑΡΧΊΑ

La pluralité des mondes habités

De Kepler à Huygens

Avant les découvertes de Galilée, les planètes sont en quelque sorte des objets abstraits, que l'on ne voit que comme des points dans le ciel, et auxquels on attribue souvent une nature divine. La Lune est un cas à part : on la pense assez semblable à la Terre, et on imagine qu'elle possède des mers et des montagnes, bien qu'il soit impossible de voir celles-ci à l'œil nu. On imagine même qu'elle puisse héberger des êtres vivants. Cette idée remonte à l'Antiquité : Lucrèce (vers 98-55 avant J.-C.) en est persuadé. Plutarque (vers 50-vers 125) spécule sur une vie possible à la surface de notre satellite dans son ouvrage *La figure de la Lune*, et l'auteur satirique grec Lucien de Samosate (vers 125-vers 192) décrit un voyage onirique vers la Lune dans son *Histoire véritable*. Le cardinal Nicolas de Cuze (ou de Cues, 1401-1464), dans son *De docte ignorantia*, imagine en 1440 que la Terre n'est pas le centre de l'Univers et qu'il existe ailleurs d'autres mondes habités. Giordano Bruno (1548-1600) reprend cette idée en écrivant son *Banquet des Cendres*, publié en 1584 (voir encadré p. 68). Il pense que la Lune, les planètes qui entourent le Soleil et même celles qui entourent probablement les étoiles, qui sont pour lui autant de soleils, portent des habitants.

En 1610, Galilée voit dans sa lunette des montagnes sur la Lune, ce qui confirme sa similarité avec la Terre. Frappé par cette découverte, Kepler remanie entre 1620 et 1630 son *Somnium*, qui sera publié par son fils en 1634, après sa mort, sous le titre de *Somnium, seu opus posthumum de astronomia lunari* (« Le Songe, opus posthume sur l'astronomie lunaire »). Kepler s'inspire de Plutarque et de Lucien de Samosate pour produire ce nouvel ouvrage de science-fiction où il envisage une vie sur la Lune, qu'il imagine très différente de la vie terrestre puisque les conditions n'y sont pas les mêmes. C'est le premier d'un ensemble de livres du même genre : en Angleterre, le fondateur de la Royal Society, John Wilkins (1614-1672), publie dès 1638 *The Discovery of a World in the Moone* (« La découverte d'un monde dans la Lune »), et la même année paraît l'ouvrage posthume de l'évêque Francis Goldwin (1562-1633), *The Man in the Moone* (« L'homme dans la Lune »).

◄ Gravure du frontispice de l'édition anglaise (Londres, 1659) de l'ouvrage de Cyrano de Bergerac paru en 1657, *Histoire comique des Estats et Empires de la Lune*. Ce livre, qui est un des tout premiers romans de science-fiction, est à visées satiriques. Il décrit le mode de vie des habitants de la Lune, qui est souvent très différent du nôtre. Il a connu un immense succès et de nombreuses éditions car les lecteurs ont souvent pris au sérieux les élucubrations de l'auteur, ce qui n'était pas le cas de celui-ci, semble-t-il. L'image représente le narrateur qui s'élève vers la Lune grâce à des fioles de rosée attachées autour de sa ceinture.

Giordano Bruno et l'Inquisition

▸ Statue de Giordano Bruno par Ettore Ferrari, érigée à l'emplacement de son supplice sur le Campo de' Fiori à Rome.

Né en 1548 dans une famille modeste, Giordano Bruno entre chez les dominicains en 1565 et est ordonné prêtre en 1573, puis lecteur en théologie en 1575. Mais il développe des idées hérétiques, repoussant en particulier le dogme de la Trinité. Il doit abandonner le froc dominicain et s'enfuir de Naples en 1576. Il mène ensuite une vie errante, aboutissant en 1592 à Venise où il est emprisonné, puis extradé à Rome l'année suivante sur intervention du pape. Cela n'empêche pas ses idées d'être bien connues du monde scientifique et ecclésiastique. Beaucoup sont excellentes et réellement scientifiques, mais d'autres sont confuses et imprégnées de mysticisme. En astronomie, il adhère aux idées de Copernic et va plus loin en affirmant qu'il n'y a pas de centre dans l'Univers, qui est infini et peuplé d'innombrables soleils entourés de planètes portant des habitants.
Son procès par l'Inquisition dure sept années, avec des chefs d'accusation qui évoluent avec le temps. Il aboutit à sa condamnation au bûcher qui est effective le 17 février 1600.

En France, on trouve entre autres l'*Histoire comique des Estats et Empires de la Lune*, et l'*Histoire comique des Estats et Empires du Soleil* de Savinien de Cyrano de Bergerac (1619-1655), publiés de façon posthume en 1657 et 1662, et le *Micromegas* de Voltaire (1694-1778), qui date de 1752 : ouvrages de pure imagination ou contes philosophiques (voir p. 66). Beaucoup de ces ouvrages ont été publiés après la mort de leur auteur : est-ce une pure coïncidence… ou est-ce par crainte de l'Inquisition ?

Le livre de Wilkins, en particulier, obtient un grand succès grâce à sa présentation à l'allure scientifique. Il est traduit en français en 1656, et est probablement connu de Bernard le Bovier de Fontenelle (1657-1757), un savant respectable à la longévité exceptionnelle, qui sera longtemps secrétaire de l'Académie des sciences. Fontenelle publie en 1686 ses *Entretiens sur la pluralité des mondes*, qui seront souvent réédités (Figure 1). C'est un excellent vulgarisateur. Pour attirer l'attention du lecteur, il écrit dans l'introduction :

« Il semble que rien ne devroit nous intéresser davantage, que de scavoir comment est fait le Monde que l'on habite, s'il y a d'autres Mondes qui lui soyent semblables, et qui soient habitez aussi bien que luy. »

Et il ajoute :

« *Je n'ay rien voulu imaginer sur les Habitans des Mondes, qui fust entièrement fabuleux. J'ay tâché de dire tout ce qu'on en pouvoit penser raisonnablement, & les Visions même que j'ai ajoûtées à cela ont quelque fondement réel.* »

Fontenelle évacue les arguments que ne manqueraient pas de lui opposer les théologiens. Il écrit :

« *Quand on vous dit que la Lune est habitée, vous vous y représentez aussi-tost des Hommes faits comme nous, & puis, si vous estes un peu Theologien, vous voila plein de difficultez. La postérité d'Adam n'a pas pû s'étendre jusque dans la Lune, ny envoyer des Colonies en ce Païs-là. [...] J'y mets des Habitans qui ne sont point du tout des Hommes. [...] Il est impossible qu'il y en ait selon l'idée que j'ay de la diversité infinie que la Nature doit avoir mise dans ses Ouvrages.* »

Ici, Fontenelle rejoint Kepler. Il imagine ce que pourraient être les habitants de la Lune, de Mercure et de Vénus. Bizarrement, il ne s'intéresse pas à Mars « *qui n'a rien de curieux* », et qui ne lui paraît pas habitable. En revanche, les satellites de Jupiter et de Saturne lui paraissent dignes d'être habités, et pourraient être des « colonies » de leur planète respective. Enfin, comme Giordano Bruno, il considère « *que les étoiles fixes sont autant de Soleils, dont chacun éclaire un Monde.* »

1 Frontispice de l'ouvrage de Bernard Bovier de Fontenelle paru en 1686, *Entretiens sur la pluralité des mondes*, Paris, Vve Blageart. On y voit le Système solaire, et tout autour des systèmes planétaires entourant des étoiles, dans des tourbillons issus des idées de Descartes (voir chapitre 5 p. 82).

Comme Fontenelle, Huygens connaît le livre de Wilkins. Il déclare dès 1660 qu'il est prêt à admettre l'existence « *d'hommes saturniens* ». Le problème occupe une part croissante de ses pensées. Il considère que les planètes peuvent héberger des « *êtres ailés* » qui pourraient bien nous rendre visite.

En 1690, il commence un ouvrage important, le *Cosmotheoros*, qui ne sera publié qu'en 1698, peu après sa mort (Figure 2). Bien qu'écrit dans un souci affirmé de vulgarisation, ce livre est en latin et est donc destiné à un public cultivé. Il connaît plusieurs éditions et traductions, dont une en français datant de 1702, qui a pour titre : *La pluralité des mondes*. Une autre traduction française parue en 1724 précise qu'il s'agit d'un ouvrage « *dans le goût de celui de M. de Fontenelle sur le même sujet, mais où on établit, par des raisons philosophiques, et par des conjectures tout-à-fait vraisemblables, ce qu'il n'a proposé que comme un simple jeu d'esprit.* » Il est clair que le problème de la pluralité des mondes est maintenant considéré de façon on ne peut plus sérieuse.

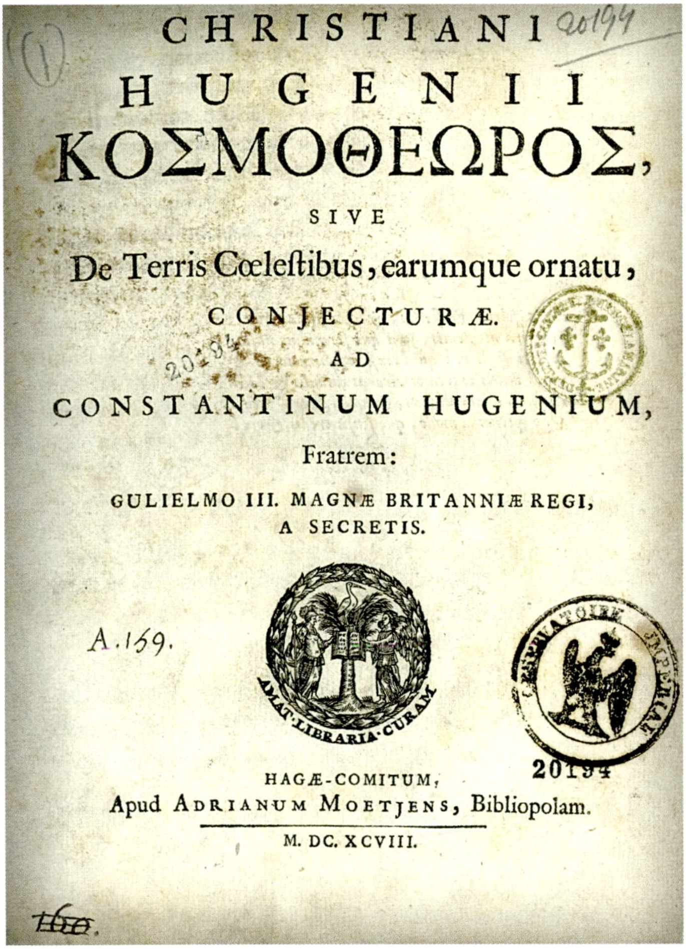
CHRISTIANI
HUGENII
ΚΟΣΜΟΘΕΩΡΟΣ,
SIVE
De Terris Cœleſtibus, earumque ornatu,
CONJECTURÆ.
AD
CONSTANTINUM HUGENIUM,
Fratrem:
GULIELMO III. MAGNÆ BRITANNIÆ REGI,
A SECRETIS.
HAGÆ-COMITUM,
Apud ADRIANUM MOETJENS, Bibliopolam.
M. DC. XCVIII.

2 Page de titre du *Cosmotheoros* de Huygens, publié en 1698. Elle se lit : *Le Cosmotheoros, ou conjectures sur les terres célestes et leur équipement*, par Christian Huygens, ouvrage dédié à son frère Constantin Huygens, secrétaire de Guillaume III, roi d'Angleterre, d'Écosse et d'Irlande.

Pour Huygens, «*il n'est guère possible qu'un adepte de Copernic, considérant la Terre que nous habitons comme une des Planètes en mouvement autour du Soleil et recevant de lui toute leur lumière, ne se figure parfois qu'il n'est pas déraisonnable d'admettre que, de même que notre Globe, les autres* [globes] *aussi ne soient pas dépourvus de culture et de parure, ni peut-être d'habitants.*»

Pour lui, il n'y a aucune raison de supposer que «*l'équipement*» des autres planètes soit très différent de celui de la Terre, et que les êtres vivants soient très différents non plus. D'ailleurs, «*Dieu aurait pu en Amérique et dans d'autres pays fort éloignés avoir créé des êtres vivants ne ressemblant en rien à ceux d'ici; il ne l'a pourtant pas fait.*» Huygens pense que l'eau est nécessaire à la vie, mais il estime que les planètes ne manquent pas d'eau. Il reprend l'interprétation que Cassini donne des marques sur la surface de Jupiter en termes de nuages ou d'étendues neigeuses, et conclut: «*Si la Terre et Jupiter ont des nuages et des eaux, il peut à peine être mis en doute qu'il s'en trouve aussi à la surface des autres Planètes.*» Cependant la Lune lui paraît totalement manquer d'eau car on n'y voit pas de rivières. Ce qu'on appelle les «mers» n'en sont pas, puisqu'il y voit des cratères en utilisant de meilleures lunettes que celle de Galilée. La Lune n'a pas non plus d'atmosphère, ni de nuages (voir p. 58), si bien qu'elle ne peut héberger la vie. Par extension, Huygens a des doutes sur l'habitabilité des satellites de Jupiter et de Saturne, qu'il pense semblables à la Lune.

En ce qui concerne les plantes et les animaux, «*il n'y a pas de raison pour laquelle leur mode de se nourrir et de se multiplier sur les Planètes ne ressemblerait pas à celles d'ici.*» Huygens pense aussi qu'il doit y avoir sur les différentes planètes des êtres doués de raison, ne serait-ce que pour contempler l'œuvre du Créateur autour d'eux, et surtout parce que, s'il n'en était pas ainsi, la Terre «*aurait un trop grand avantage et une trop grande noblesse par rapport aux autres Planètes si elle possédait seule un animal qui surpasse de si loin tous les autres.*» Et pour ces êtres, les règles de la pensée et de la géométrie doivent être les mêmes que les nôtres. Suivent de longues digressions sur l'universalité de la science, de l'industrie et des arts où, suivant le goût du temps, Huygens étale son savoir encyclopédique.

À nos yeux, le principal mérite du *Cosmotheoros* est d'être un véritable traité vulgarisé d'astronomie où sont exposées toutes les connaissances de l'époque, dont certaines sont dues à Huygens lui-même. Mais tout cela est mis au service d'une imagination débordante qui supplée au manque de connaissances sur la vie dans l'Univers. Et c'est cela qui intéresse vraiment le public !

De Herschel à Flammarion

Après les projections fantastiques de Kepler, de Fontenelle et de Huygens, le sujet de la pluralité des mondes habités n'avance guère, et pour cause : aucune observation nouvelle de quelque importance ne vient renouveler le sujet. Mentionnons cependant les idées de William Herschel sur l'habitabilité du Soleil, idées qu'il a publiées en 1795. Herschel pense que le Soleil est entouré d'une atmosphère gazeuse, étendue et transparente, dont certaines parties sont lumineuses à la suite de « *décompositions [réactions] chimiques* ». Les taches correspondent à des trous dans l'atmosphère lumineuse, qui laissent voir le « *corps opaque* » et sombre

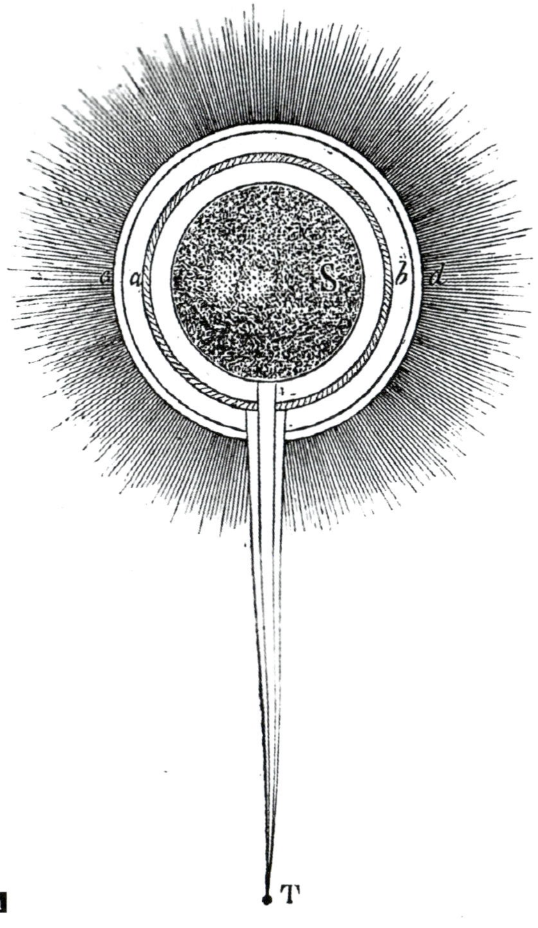

a

3 L'origine des taches solaires.
a. Le Soleil d'après Herschel (figure tirée de l'*Astronomie populaire* d'Arago). La couche extérieure lumineuse *cd* possède un trou qui laisse voir de la Terre T une couche plus profonde *ab*, moins lumineuse, qui produit la « pénombre », partie périphérique plus claire de la tache solaire. Cette couche intermédiaire a elle-même un trou par lequel on voit la surface du corps sombre du Soleil, ce qui donne la tache proprement dite.
b. Image récente d'une tache solaire entourée de la pénombre, moins sombre (prise par le télescope de l'Observatoire solaire national à Sacramento Peak, États-Unis). La structure fine de cette zone, qui n'était que difficilement observable autrefois, correspond à des cellules de convection.

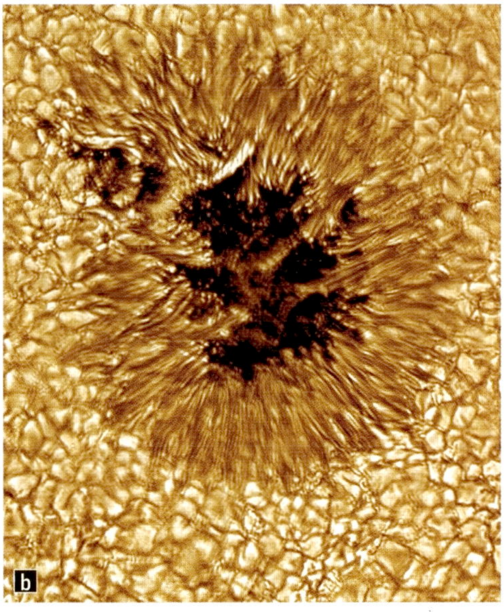

b

Camille Flammarion

▸ Camille Flammarion, l'année de la publication de *La pluralité des mondes habités* (1862).

Né en 1842 dans une famille modeste, **Camille Flammarion** développe vite une passion pour l'astronomie. Après des débuts difficiles, il obtient une place de calculateur à l'Observatoire de Paris, mais il est surtout intéressé par l'observation et publie à l'âge de 20 ans son premier livre, *La pluralité des mondes habités*. Tout cela déplaît à son directeur, Le Verrier, qui le renvoie. Il est aussitôt engagé par le Bureau des longitudes, un foyer de révolte contre Le Verrier, mais il n'est guère assidu à son travail, qu'il doit abandonner. Il devient alors journaliste, donne des conférences sur l'astronomie très suivies, et publie de nombreux ouvrages de vulgarisation, édités par la librairie Flammarion dirigée par son frère Ernest. Ils connaissent un très grand succès, surtout son *Astronomie populaire* de 1880 qui sera tirée à 130 000 exemplaires dans plusieurs éditions. Ce livre, qui emprunte son titre à l'ouvrage posthume d'Arago, autre grand vulgarisateur pour lequel Flammarion a beaucoup d'admiration, est plus attrayant mais n'est cependant pas du même niveau scientifique. Ces deux *Astronomie populaire* ont suscité bien des vocations d'astronomes.

Les droits d'auteur de ses ouvrages permettent à Flammarion de créer en 1883 son propre observatoire à Juvisy. Il fonde en 1887 la Société astronomique de France, qui existe toujours. Son œuvre scientifique est peu importante, car il s'est surtout consacré à la vulgarisation, et au spiritisme à la fin de sa vie.

du Soleil (Figure 3). Certaines taches qui persistent longtemps sont considérées par Herschel comme des montagnes qui percent cette atmosphère, ce qui l'autorise à penser que le corps du Soleil possède des montagnes et des vallées. Il conclut que le Soleil «*n'est pas autre chose qu'une très grosse planète lumineuse*», qui est «*très probablement habitée, comme le reste des planètes, par des êtres vivants dont les organes sont adaptés aux circonstances particulières de ce vaste globe*». Bien sûr, la haute température de l'atmosphère paraît être un problème pour la vie; plus raisonnablement, Fontenelle et Huygens avaient considéré que le Soleil était bien trop chaud pour héberger des êtres vivants. Cependant, l'autorité d'Herschel est si grande parmi les astronomes qu'ils ne remettront que très tard en cause ses idées: dans son *Astronomie populaire* parue de 1854 à 1857, Arago écrit encore que le Soleil pourrait bien être habité; mais on sent à la lecture qu'il commence à avoir des doutes.

D'ailleurs, l'heure est maintenant au rationalisme et le problème des êtres extraterrestres est en sommeil. Mais cela ne va pas durer. En 1862, un jeune homme de dix-neuf ans, «*ancien calculateur à l'Observatoire impérial de Paris*», qui se prétend «*professeur d'Astronomie, membre de plusieurs sociétés savantes, etc.*», publie un petit livre intitulé *La pluralité des mondes habités*. C'est Camille Flammarion (1842-1925) (voir l'encadré ci-dessus). Par cet ouvrage, dont la préparation le détournait de ses devoirs d'astronome, il s'est attiré les foudres de Le Verrier qui l'a exclu de l'Observatoire. Le livre fait preuve de beaucoup d'érudition historique et de pas mal d'imagination, mais ne contient rien de très nouveau par ailleurs. Flammarion le résume par une «*double conclusion, évidente au point de vue physiologique comme au point de vue astronomique*»:

1° La Terre n'a aucune prééminence marquée sur les autres planètes;

2° les autres planètes sont habitables comme elle.

Très bien écrit pour le grand public, le livre de Flammarion fait revivre un sujet quelque peu éculé. Il plaît beaucoup et connaît de nombreuses éditions, ce qui laisse présager des immenses succès ultérieurs de son auteur. Mais il va y avoir mieux.

Les canaux de Mars

Depuis le magnifique instrument construit en 1824 par Joseph von Fraunhofer (1787-1826) pour l'Observatoire de Dorpat (aujourd'hui Tartu) en Estonie, les lunettes astronomiques ont atteint pratiquement la perfection. Ce progrès stimule de nouvelles observations de la Lune et des planètes. Malgré quelques changements que l'on croit voir sur la surface de la Lune, notre satellite déçoit : on est persuadé qu'il est inhabitable puisqu'il n'a pas d'atmosphère. On se contente d'en établir des cartes de plus en plus précises, sans mieux comprendre sa nature. La planète Mars, dont on n'avait jusque-là que de vagues dessins, paraît plus intéressante. Mais elle est difficile à observer car elle est très petite : dans les conditions les plus favorables, lorsqu'elle se trouve au plus près de la Terre, son diamètre apparent ne dépasse pas une vingtaine de secondes de degré, alors que la meilleure résolution qu'autorise l'atmosphère terrestre est rarement inférieure à une demi seconde. Tout détail plus fin que 1/50 du diamètre de la planète est donc *a priori* illusoire, ce que l'on va trop souvent oublier. En outre, la turbulence de l'atmosphère terrestre induit des changements rapides et continuels dans les images, et ce n'est que de temps à autre que l'on bénéficie, pendant de courts instants, de la meilleure qualité d'image. Plus tard, la photographie intègrera les images pendant toute la pose, et il en résultera une qualité encore moins bonne que celle des meilleures observations visuelles.

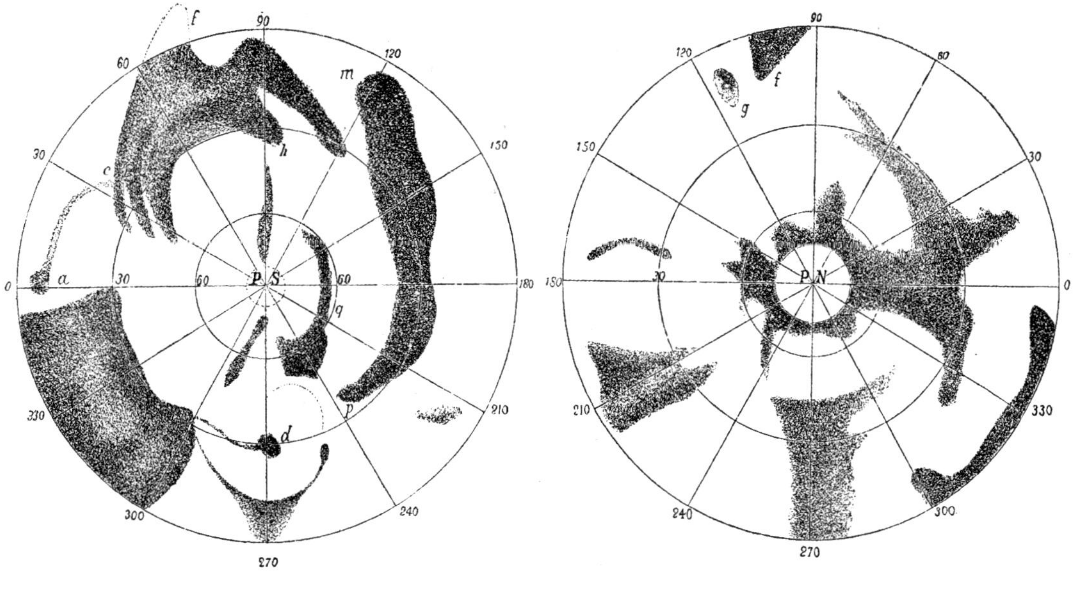

4 La première carte de Mars, par Beer et Mädler, en 1840. Vues centrées sur le pôle Sud, à gauche, et le pôle Nord, à droite.

5 Portrait de Giovanni Schiaparelli avec une vue fantaisiste de Mars, chromolithographie du début du XXe siècle.

On reconnaît maintenant sur Mars des zones claires et sombres permanentes. À Berlin, Wilhelm Beer (1797-1850) et Johann-Heinrich Mädler (1794-1874) dessinent en 1840 la première carte de la planète, encore en noir et blanc (Figure 4). Mais on voit des couleurs : les zones claires sont rougeâtres et les zones sombres verdâtres, ce qui suggère la présence de mers (les aberrations chromatiques résiduelles des lunettes peuvent cependant conduire à des illusions). On s'aperçoit aussi de changements que l'on attribue à la formation de nuages ou de brouillard. Les pôles sont couverts d'une tache blanche qui varie avec la saison. Ces calottes polaires ont déjà été étudiées par Cassini, Herschel et d'autres, qui s'accordent à penser qu'il s'agit d'amas de neige ou de glace. Tout cela permet d'imaginer qu'après tout, les conditions de vie sur Mars ne sont pas très différentes de celles qui règnent sur la Terre : la température doit simplement être un peu plus basse, l'atmosphère moins dense et plus sèche, et l'eau plus rare.

Au Vatican, le Père Secchi réalise vers 1858 les premiers dessins en couleur de Mars, et décrit une structure étendue qui lui paraît séparer deux continents, par analogie avec l'océan Atlantique, comme le *canale atlantico*. Le terme italien *canale* se traduit en français par « chenal » plutôt que par « canal », mais il va bientôt prendre un sens restrictif en ce qui concerne Mars. D'autres astronomes réalisent des dessins de la planète où l'on peut voir quelques structures fines plus ou moins rectilignes. En 1877, le directeur de l'Observatoire de Brera, près de Milan, Giovanni Schiaparelli (1835-1910 ; Figure 5), annonce qu'il voit de nombreuses lignes sombres sur la surface de Mars, qu'il appelle *canali*. Il est alors un astronome réputé, et dispose d'une bonne lunette allemande de 22 cm de diamètre. Curieuse-

6 La carte de Mars dessinée par Schiaparelli en 1890 ; on y voit de nombreux canaux doubles.

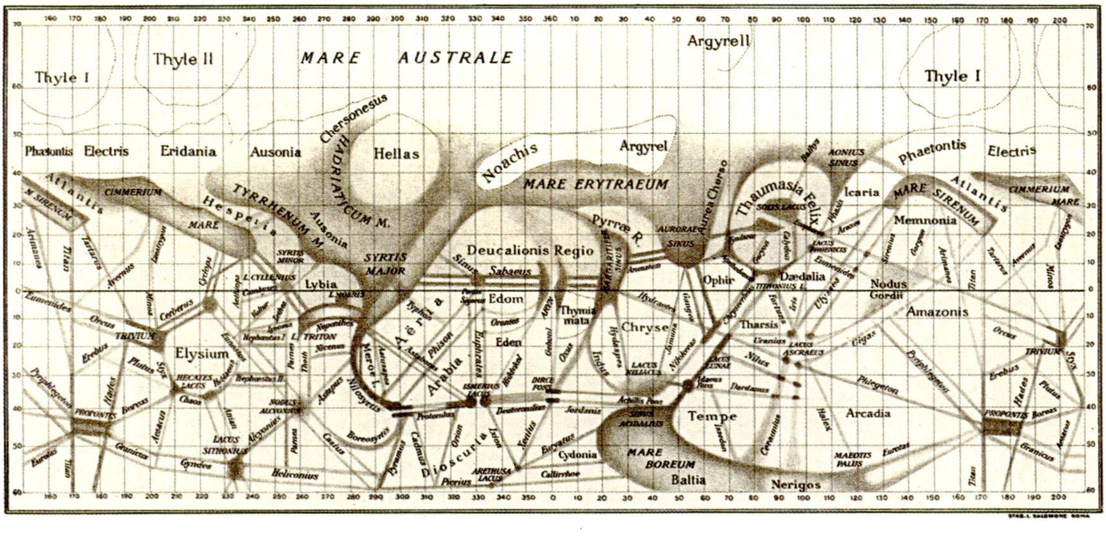

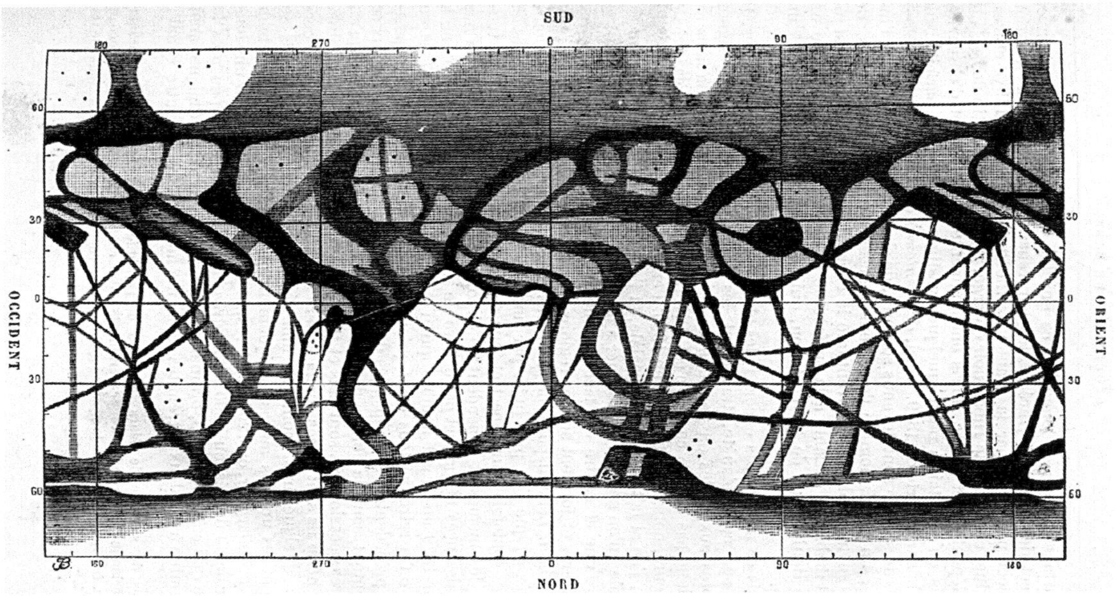

ment, il affirme que ces « canaux » se voient mieux quand Mars est plus loin de la Terre, un paradoxe qui aurait dû intriguer ses collègues. Dans ses cartes, les canaux deviennent les traits dominants de la surface de la planète. En 1879, il prétend que certains sont doubles. Grâce à ces découvertes retentissantes, il obtient en 1886 pour son observatoire une lunette de 49 cm de diamètre. À partir des observations avec cet instrument, il publie en 1888 puis en 1890 de grandes cartes des canaux (Figure 6) : on pense évidemment qu'ils sont creusés par des êtres intelligents.

7 **Les canaux de Mars dessinés par Flammarion** d'après Schiaparelli.

Les résultats de Schiaparelli font sensation. De nombreux astronomes, professionnels ou amateurs, se précipitent pour observer Mars : les canaux de Mars vont faire beaucoup pour stimuler la construction des lunettes géantes de la fin du XIXe siècle. Parmi les professionnels, William Pickering (1858-1938) observe Mars en 1892 avec la grande lunette de 91 cm de diamètre qu'il vient d'obtenir pour son observatoire Lick aux États-Unis ; il constate que certains canaux traversent les « mers » : il pense donc que ces dernières sont plutôt des forêts, ce qui va encourager encore davantage les élucubrations sur la vie sur Mars. Parmi les amateurs, on compte bien sûr Flammarion, qui dit cependant qu'il ne voit pas très bien les canaux lui-même, mais qu'il fait confiance à Schiaparelli dont il reproduit scrupuleusement le dessin dans ses différents livres (Figure 7), et surtout un riche et excentrique Américain, Percival Lowell (1855-1916), qui fonde en 1894 près de Flagstaff (Arizona) son propre observatoire.

Lowell ne voit pas moins de 400 canaux sur Mars, qui forment un grand réseau sur toute la planète. Ce sont pour lui les éléments d'un vaste système d'irrigation. En cas d'obstruction d'un canal, les Martiens se servent alors d'un canal de secours construit parallèlement : cela justifie la présence des canaux doubles de Schiaparelli, dont il confirme la présence. Avec sa lunette de 61 cm de diamètre, Lowell voit aussi des structures linéaires sur Jupiter, et des marques nettes sur Mercure et sur Vénus, qui lui servent à déterminer leurs périodes de rotation. Ces périodes se révéleront fausses dans les deux cas !

8 La grande lunette de Meudon, mise en service en 1896.

Si beaucoup croient aux canaux, quelques-uns ont des doutes. En 1894, Edward Maunder (1851-1928) en Angleterre et Edward Barnard (1857-1923) aux États-Unis, observateurs des plus confirmés, ne voient pas de canaux même dans les meilleures conditions d'observation : ils concluent qu'ils n'existent pas. Barnard écrit à ce sujet :

« *Je vois des détails là où certains canaux se trouvent, mais ce ne sont pas du tout des lignes droites. Quand on les voit le mieux, ces détails sont très irréguliers et fragmentés. Je crois sincèrement que les canaux décrits par Schiaparelli sont des illusions, et que l'avenir le confirmera.* »

En effet, l'avenir confirmera de façon définitive l'absence de canaux, grâce aux observations que font Gaston Millocheau (1866- après 1919) puis Eugène Antoniadi (1870-1944) avec la grande lunette de Meudon (Figure 8). Antoniadi avait travaillé avec Flammarion et dressé avec lui, à son observatoire de Juvisy-sur-Orge, une carte de Mars montrant de nombreux canaux. Mais il avait toujours eu du mal à les discerner : il fallait pour cela savoir à l'avance où ils devaient se trouver, grâce aux cartes de Schiaparelli, et le dédoublement des canaux lui paraissait dû à la fatigue de l'œil. Il finit par se brouiller avec Flammarion en 1902. En 1908, il examine d'excellentes photographies prises l'année précédente par Lowell à Flagstaff mais n'y voit aucun canal, contrairement à ce que prétend leur auteur (Figure 9). Ses observations de 1909, faites dans des conditions exceptionnelles, lui permettent de confirmer et de préciser l'opinion de Barnard, et de dresser

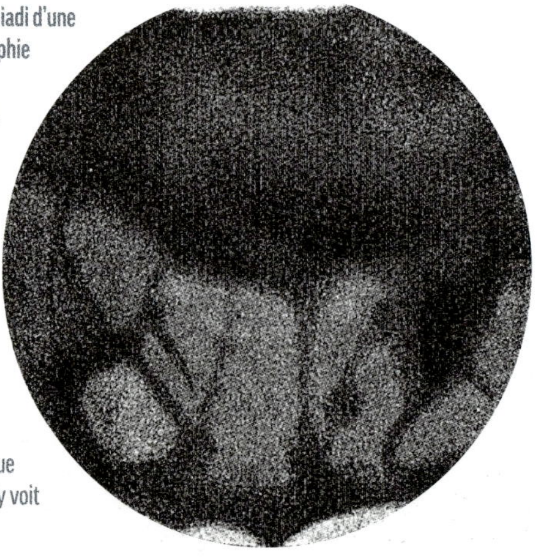

9 Dessin par Antoniadi d'une excellente photographie de Mars prise à Flagstaff par Lowell. Il y reconnaît les structures qu'il a observées visuellement, mais pas de canaux, contrairement à Lowell. Les photographies elles-mêmes sont moins contrastées que ce dessin, mais on n'y voit rien de plus.

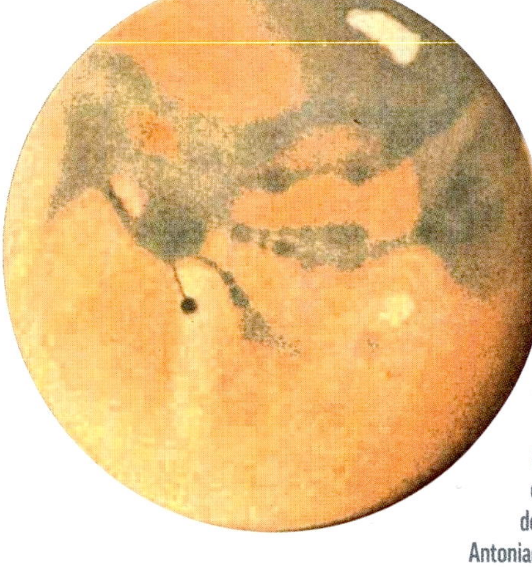

10 Dessin en couleur de Mars par Antoniadi. Comme dans tous les dessins de planètes, le contraste et les couleurs sont volontairement exagérés.

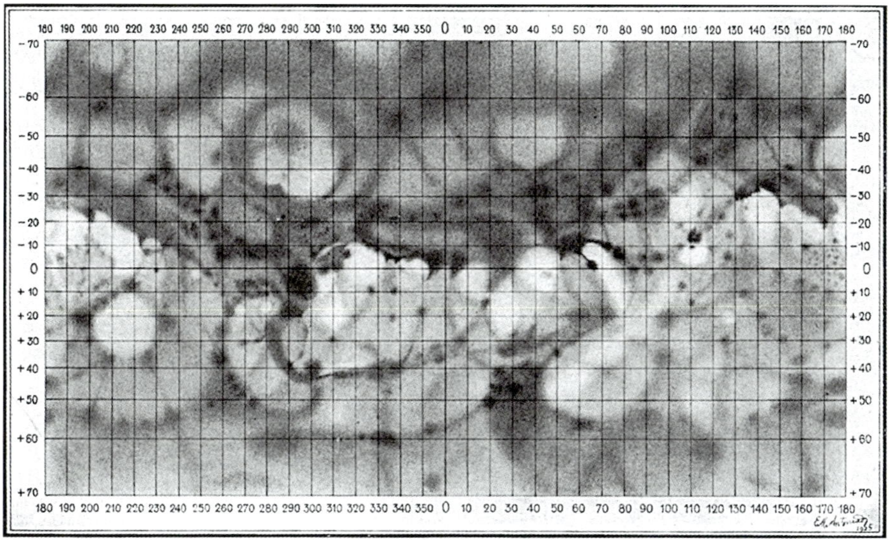

11 Carte de Mars par Antoniadi. Malgré toutes ses réserves à propos de lignes droites qui peuvent être des illusions d'optique, Antoniadi en dessine un certain nombre qui ne résisteront pas aux observations spatiales.

de magnifiques dessins en couleur de la planète et une des meilleures cartes obtenues avant l'ère spatiale (Figures 10 et 11). Il est maintenant clair pour lui que les canaux sont des illusions d'optique : l'œil a en effet une forte tendance à trouver des alignements dans des structures qui fluctuent au cours du temps en raison de la turbulence de l'atmosphère terrestre, et l'observateur les dessine comme des droites trop fines (Figure 12).

Lowell, de plus en plus critiqué, ne désarme pas. Il se console de son isolement scientifique en entreprenant, en parallèle avec ses observations de Mars, de rechercher une nouvelle planète au-delà de Neptune. En étudiant, à l'instar de Le Verrier et d'Adams, de prétendues anomalies du mouvement d'Uranus et de Neptune (qui reflètent en réalité des incertitudes dans la détermination de leur trajectoire), il prédit en effet l'existence d'une « planète X », qui ne sera jamais observée. Cependant, au cours des recherches photographiques entreprises à Flagstaff pour la trouver et qui sont poursuivies après la mort de Lowell grâce à son legs, Clyde Tombaugh (1906-1997) découvre en 1930 un astre qui n'a certes pas les caractéristiques

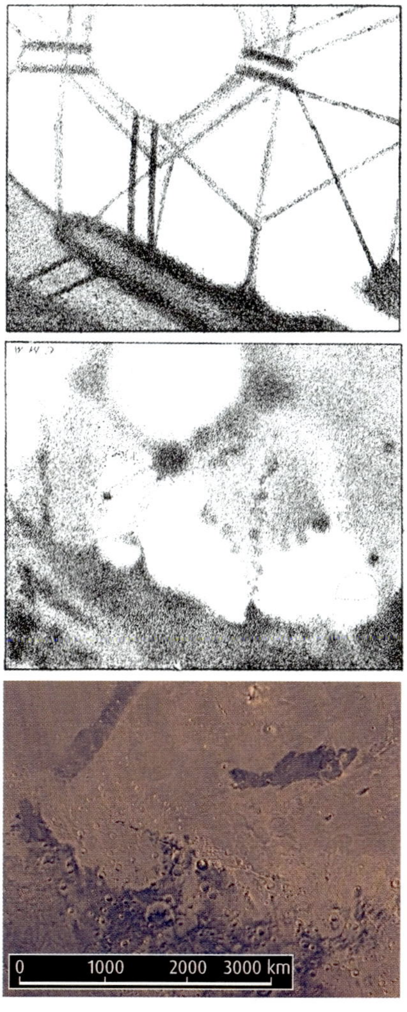

12 Comparaison d'un dessin de Schiaparelli (en haut) avec un dessin de la même région dû à Antoniadi (au milieu), et une carte fondée sur les observations spatiales (en bas) ; le positionnement de cette image par rapport aux deux dessins est basé sur les coordonnées martiennes mais est assez problématique. Le Nord est en haut, contrairement aux habitudes des dessinateurs. Certes l'aspect de la surface de Mars change beaucoup au cours du temps en raison de l'extinction par la poussière soulevée par les vents martiens, mais la ressemblance est très médiocre : cette comparaison montre l'imperfection des dessins faits à partir des observations depuis le sol terrestre.

prévues pour la planète X, mais n'en existe pas moins: c'est Pluton, qui fut quelque temps considéré comme la neuvième planète du Système solaire, mais que l'Union Astronomique Internationale a dégradée de ce rang en 2006 pour la ranger parmi les nombreux astres glacés transneptuniens (voir chapitre 10 p. 188).

La fin d'un mythe

Le mythe des Martiens a alimenté toute une littérature de science-fiction, dont les fleurons sont les ouvrages de Flammarion (Figure 13), de Lowell et de l'Anglais Richard Proctor (1837-1888), et dans un genre moins « scientifique », *La Guerre des Mondes* de Herbert George Wells (1866-1946), publiée en 1898. On compte également sur le sujet d'innombrables articles de journaux qui ont envahi jusqu'à la presse scientifique. Aussi le désappointement est-il grand après la « disparition » des canaux de Mars. Cependant, on aurait déjà pu se douter que Mars n'était pas habitable. Si, dans les années 1870, les premiers spectroscopistes qui étudient les planètes s'accordent à penser que l'atmosphère de la planète contient de l'oxygène et croient y détecter de la vapeur d'eau, les observations ultérieures avec de meilleurs instruments ne confirment pas cette détection: par exemple, en 1894, à Lick, William Campbell (1862-1938) ne voit aucune différence entre les bandes de la vapeur d'eau dans le spectre de Mars et dans celui de la Lune lorsqu'elles ont la même hauteur au-dessus de l'horizon, ce qui montre qu'elles sont entièrement dues à la vapeur d'eau de l'atmosphère terrestre. Il y aura encore des controverses jusqu'en 1933, année où le problème sera définitivement résolu grâce à des spectres à très haute résolution: il y a un tout petit peu de vapeur d'eau et d'oxygène dans l'atmosphère très raréfiée de Mars. L'oxygène ne provient pas de la vie comme sur Terre, mais simplement d'une décomposition par le rayonnement ultraviolet solaire du dioxyde de carbone qui forme l'essentiel de l'atmosphère martienne.

Pourquoi, alors, ne pas se rabattre sur Vénus? On avait déjà beaucoup spéculé au sujet des possibilités de vie sur cette planète, sur laquelle on avait cru voir des montagnes

13 Lever du Soleil sur les canaux de Mars, dans *Les Terres du Ciel* de Flammarion, 1884.

14 Paysage sur Vénus dans *Les Terres du Ciel* de Flammarion: *« Ce relief a produit, comme ici, des montagnes et des vallées [...]. Peut-être ne serions-nous pas très dépaysés en arrivant devant un paysage de Vénus. »*

très élevées, suggérées par d'apparentes irrégularités du bord du disque planétaire (Figure 14). Mais Vénus contient-elle l'eau qui semble si nécessaire à la vie ? Lorsque la planète s'éloigne ou se rapproche de la Terre avec une vitesse qui peut atteindre 35 kilomètres par seconde, le décalage des raies de son spectre par rapport aux raies de l'atmosphère terrestre dû à l'effet Doppler-Fizeau (voir p. 62) doit permettre de distinguer par spectroscopie les raies de la vapeur d'eau de la planète, si elles existent. Vesto Slipher, pourtant attaché à l'observatoire de Flagstaff, haut lieu de la recherche de la vie extraterrestre, et qui croira jusqu'à la fin de sa vie aux canaux de Mars, ne parvient pas à détecter de la vapeur d'eau sur Vénus. Parmi les derniers essais, on peut citer ceux d'Audouin Dollfus (1924-2010) en 1959 et 1963 à partir de ballons stratosphériques (Figure 15): ils montrent la présence d'une petite quantité de vapeur d'eau dans la planète. Mais cette vapeur se trouve au-dessus des nuages, sans que cela préjuge en rien de ce qui se passe au-dessous. De toute façon, nous savons depuis 1958, grâce à la radioastronomie, que les conditions au niveau du sol de Vénus sont tellement infernales qu'elles ne peuvent pas permettre la vie.

14 **Le 22 avril 1959, une grappe de 103 ballons emporte une cabine sphérique étanche où se trouve l'astronome Audouin Dollfus.** La cabine est surmontée d'un télescope muni d'un spectrographe destiné à la détection de la vapeur d'eau dans l'atmosphère de Vénus. Le câble de retenue, à droite, va être coupé, et l'ensemble atteindra l'altitude de 14 km. Après une nuit d'observation, l'astronome reviendra à terre en larguant plusieurs ballons.

Quant aux autres planètes, le problème est vite réglé. Les mesures de température faites dans les années 1920 montrent de façon irréfutable que Mercure est bien trop chaud et les grosses planètes bien trop froides pour abriter la vie. Il en est de même des satellites, qui de plus, à l'exception de Titan, n'ont guère d'atmosphère. Ainsi le problème de la pluralité des mondes a-t-il pris un aspect entièrement nouveau au début du XXe siècle. Aux XVIIe et XVIIIe siècles, l'apparente similarité des planètes avec la Terre et l'idée que, comme la Terre, elles sont destinées à porter la vie, contribuent à rétablir sous une forme nouvelle la vision aristotélicienne harmonieuse du monde. Au XIXe siècle, on commence à constater que les planètes forment des mondes assez différents les uns des autres: on se raccroche alors à la seule, en dehors de la Terre, qui paraît pouvoir porter une vie intelligente - Mars. Le XXe siècle anéantit cet espoir. Aujourd'hui, force est de constater que même si Mars a pu porter autrefois des formes primitives de vie (ce qui reste à prouver), ce n'est qu'en dehors de notre Système solaire que l'on pourra peut-être découvrir un jour des formes de vie plus évoluées.

CHAPITRE 5

Formation et évolution du Système solaire

Les débuts de la cosmogonie scientifique

Le problème de l'origine du monde a toujours occupé l'esprit des humains, sans doute depuis l'Antiquité la plus reculée. En témoignent les récits de la Genèse que l'on trouve dans la plupart des civilisations. Mais ces récits ne relèvent que du mythe, même si certains veulent encore croire que l'Univers a été littéralement créé par Dieu en quelques jours, comme cela est écrit au début de l'Ancien Testament.

Jusqu'au XVIIe siècle, les connaissances sont trop rudimentaires et l'esprit trop encombré de considérations métaphysiques pour que l'on puisse aborder de façon scientifique la cosmogonie, c'est-à-dire la théorie de la formation du Système solaire. Même au XVIIe siècle, où l'on connaît la distance des planètes et les lois qui régissent leur mouvement, on n'a aucune d'idée des échelles de temps qui sont mises en jeu et l'on ne sait encore à peu près rien, au moins avant Newton, de la physique sur laquelle fonder une théorie cohérente de la formation du Soleil et de son cortège planétaire, et *a fortiori* du reste de l'Univers.

Cependant René Descartes (1596-1650) s'y essaiera, l'un des premiers, dans son ouvrage *Le Monde, ou Traité de la lumière*. Ce livre a été écrit de 1629 à 1633, mais Descartes a renoncé à le publier de son vivant par crainte de représailles de la part de l'Église, semblables à celles qu'a subies Galilée (voir p. 19) : l'ouvrage ne paraîtra qu'en 1664, longtemps après sa mort. Pour lui, ce sont les mouvements et les rencontres de grands tourbillons de matière qui organisent l'Univers à partir du chaos initial, et le Système solaire naît dans un de ces tourbillons, en même temps que d'autres systèmes planétaires dans d'autres tourbillons (Figure 1) : on voit que les idées hérétiques de Giordano Bruno sur la pluralité des mondes (voir p. 68) ont fait des émules. Si la cosmogonie de Descartes ne repose sur aucune base physique raisonnable, elle a le mérite de concevoir que l'Univers puisse être en évolution, évolution gouvernée par des lois relativement simples : son état présent garde des traces de son origine et de son histoire, histoire qui s'est déroulée de façon naturelle et sans à-coup, sans qu'interviennent des miracles ou des catastrophes. C'est une conception remarquablement moderne pour l'époque, qui préfigure les modèles cosmogoniques évolutionnistes à venir. On peut lui opposer les cosmogonies catastrophistes comme celle que Buffon expose dans sa *Théorie de la Terre* de 1749, puis dans *Les*

◄ Vue artistique du disque de gaz et de poussières en rotation qui entoure une étoile juste formée, où vont se condenser des planètes. On voit les jets de gaz de part et d'autre du disque : ils accompagnent toujours sa formation.

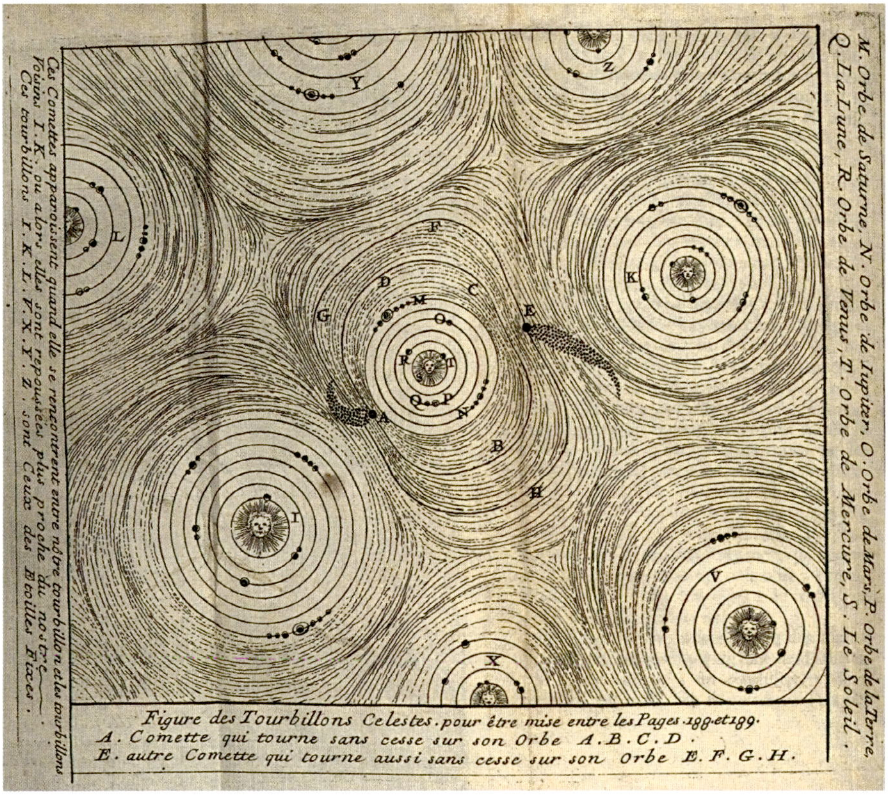

1 Pour Descartes, les systèmes planétaires naissent dans des tourbillons. Descartes n'avait décrit que la formation du Système solaire, mais il est clair, en le lisant, qu'il pense que des systèmes planétaires se sont formés autour des autres étoiles. Ses successeurs, comme Nicolas Bion (1652-1733) auquel nous empruntons cette gravure de 1702, les ont représentés de façon explicite.

Époques de la Nature de 1778. Pour Buffon, le Soleil et les comètes sont antérieures aux planètes, qui naissent en bloc d'une catastrophe : la rencontre d'une comète avec le Soleil (voir p. 80). Puis tout se stabilise. Les modèles évolutionnistes et les modèles catastrophistes, qui préexistaient d'ailleurs à Buffon, s'affronteront longtemps sur la base d'arguments souvent plus idéologiques que scientifiques.

Newton, quant à lui, s'interdit toute recherche sur la naissance et les débuts de l'Univers. Le philosophe Emmanuel Kant (1724-1804), en revanche, adopte une attitude semblable à celle de Descartes. Les connaissances en physique se sont alors améliorées, grâce d'ailleurs à Newton, et la cosmogonie de Kant tient mieux debout que celle de Descartes. Dans son *Allgemeine Naturgeschichte und Theorie der Himmels* (« Histoire universelle de la nature et théorie du ciel ») de 1755, il propose que toute la matière qui forme le Système solaire ait existé à l'origine sous la forme d'une grande masse nébuleuse ; elle se serait contractée en un disque plat en rotation sous l'effet de sa propre gravitation, puis distribuée entre le Soleil et les planètes, qui sont nées d'inhomogénéités dans le disque. L'idée du disque en rotation provient évidemment du fait que toutes les planètes tournent dans le même sens, sur des orbites situées à peu près dans le même plan. La théorie de Kant ne lui paraît nullement contraire à la religion, car il estime que les lois de la physique n'ont d'autre raison que de tendre à remplir le dessein que la sagesse divine s'est proposée, et dont nous voyons aujourd'hui le résultat.

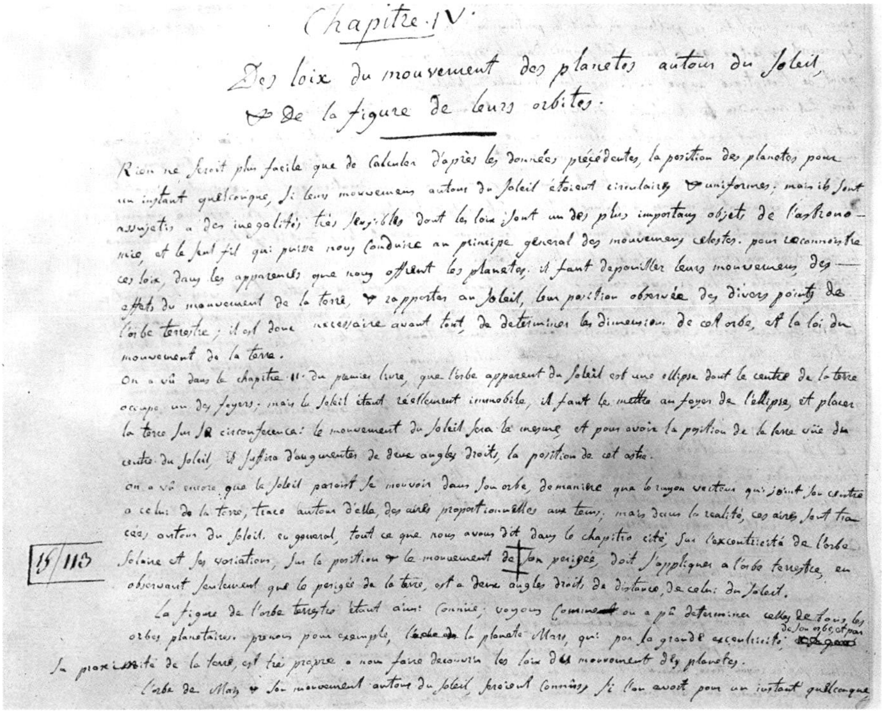

Chapitre IV.

Des loix du mouvement des planetes autour du Soleil, & de la figure de leurs orbites.

Rien ne seroit plus facile que de calculer d'après les données précédentes, la position des planetes pour un instant quelconque, si leurs mouvemens autour du Soleil étoient circulaires & uniformes; mais ils sont assujetis à des inegalités très sensibles dont les loix sont un des plus importans objets de l'astronomie, et le seul fil qui puisse nous conduire au principe general des mouvemens célestes. pour reconnoître ces loix, dans les apparences que nous offrent les planetes, il faut depouiller leurs mouvemens des effets du mouvement de la terre, & rapporter au Soleil, leur position observée des divers points de l'orbe terrestre; il est donc necessaire avant tout, de determiner les dimension de cet orbe, et la loi du mouvement de la terre.

On a vû dans le chapitre II du premier livre, que l'orbe apparent du Soleil est une ellipse dont le centre de la terre occupe un des foyers; mais le Soleil étant réellement immobile, il faut le mettre au foyer de l'ellipse, et placer la terre sur sa circonference: le mouvement du Soleil sera le même et pour avoir la position de la terre vüe du centre du Soleil, il suffira d'augmenter de deux angles droits, la position de cet astre.

On a vû encore que le Soleil paroit se mouvoir dans son orbe, de maniere que le rayon vecteur qui joint son centre a celui de la terre, trace autour d'elle, des aires proportionnelles aux tems; mais dans la realité, ces aires sont tracées autour du Soleil. en general, tout ce que nous avons dit dans le chapitre cité, sur l'excentricité de l'orbe

15/113 Solaire et ses variations, sur la position & le mouvement de son perigée, doit s'appliquer a l'orbe terrestre, en observant seulement que le perigée de la terre, est a deux angles droits de distance, de celui du Soleil.

La figure de l'orbe terrestre étant ainsi connue, voyons comment on a pû determiner celles de tous les orbes planetaires. prenons pour exemple, l'orbe de la planete Mars, qui par la grande excentricité de son orbe, et par sa proximité de la terre, est très propre a nous faire decouvrir les loix des mouvement des planetes.

L'orbe de Mars & son mouvement autour du Soleil, seroient connus, si l'on avoit pour un instant quelconque

2 Manuscrit autographe de la troisième édition de l'*Exposition du système du monde* de Laplace, chapitre IV.

3 Quelques nébuleuses dessinées par Herschel, avec leur étoile centrale. On désigne par le terme de nébuleuse tout objet céleste qui n'apparaît pas comme une étoile : ce peut être une masse de gaz lumineux, une galaxie, un amas d'étoiles non résolu, ou même un groupement aléatoire d'étoiles très proches. Celles que dessine Herschel sont surtout des nébuleuses planétaires, formées de gaz lumineux éjecté et excité par une étoile centrale.

Sans probablement connaître Kant, Laplace émet une théorie tout à fait semblable dans son *Exposition du système du monde* (Figure 2), dont la première édition date de l'an IV de la République (1796). Il ne cesse de la perfectionner dans les éditions suivantes en y intégrant les nouvelles découvertes, notamment celle des petites planètes (voir chapitre 2 p. 43). Leur découverte, qui comble un vide dans la distribution des distances des planètes au Soleil, lui paraît une confirmation de l'idée qui domine son œuvre : l'arrangement actuel du Système solaire résulte de son origine et ne doit rien au hasard. Laplace connaît les observations de Herschel, qui voit au sein de nombreuses nébuleuses une étoile centrale (Figure 3). Tous deux pensent qu'il s'agit de nébuleuses primitives au sein desquelles un soleil s'est déjà formé, ce qui conforte Laplace dans sa théorie. Et pourtant ils se trompent : nous savons aujourd'hui

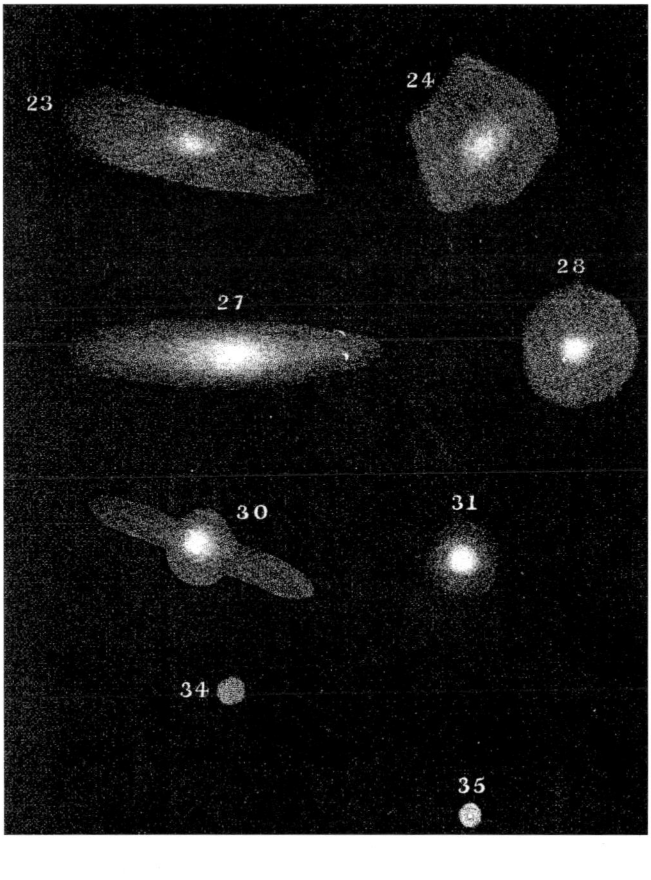

que la grande majorité de ces objets sont faits d'une étoile en fin de vie qui a éjecté une partie de sa matière sous la forme d'un gaz qu'elle illumine.

Critiques de Laplace et nouvelles idées

L'autorité de Laplace et ses talents de vulgarisateur sont si grands que son « *hypothèse nébulaire* » va dominer sans partage tout le XIXe siècle. Cependant plusieurs problèmes vont surgir. Ainsi, on commence à se faire une idée des échelles de temps géologiques, qui sont très longues, et l'on ne voit pas d'où le Soleil a pu tirer l'énergie qu'il a rayonnée pendant aussi longtemps. Ce problème, qui est commun à toutes les cosmogonies, ne sera résolu qu'en 1938, lorsque Carl Friedrich von Weiszäcker (1912-2007) en Allemagne et Hans Bethe (1906-2005) aux États-Unis montreront que des réactions nucléaires sont à l'origine de l'énergie solaire. Un deuxième problème est l'anomalie que représente Uranus : son axe de rotation et l'axe du système de ses satellites ne sont pas du tout perpendiculaires au plan de son orbite, comme c'est à peu près le cas pour les autres planètes, mais se trouvent au contraire presque dans le plan de cette orbite. Comment est-ce possible dans la cosmogonie de Laplace, où la rotation de tous les corps du Système solaire doit refléter celle du nuage initial ? Le Français Hervé Faye (1814-1902) tente de sauver Laplace, mais c'est au prix d'une modification arbitraire de la loi de la gravitation au cours de l'effondrement du nuage. Le problème d'Uranus n'est d'ailleurs pas encore résolu de manière définitive (voir chapitre 10 p. 195).

Plus généralement, on s'attend à ce que le moment angulaire de rotation se soit conservé pendant la contraction du nuage initial, et se retrouve plus ou moins équitablement réparti entre les diverses parties du Système solaire. La réalité est très différente : le Soleil ne tourne que lentement sur lui-même (un tour en 27 jours), et presque tout le moment angulaire se trouve dans le mouvement de révolution des planètes autour du Soleil, particulièrement de Jupiter. Cette difficulté, qui semble avoir été mise en évidence pour la première fois en 1861 par Jacques Babinet (1794-1872), est l'objection la plus sérieuse aux idées de Kant et de Laplace. Enfin, à la fin du XIXe siècle, Poincaré commence à douter de la stabilité à long terme du Système solaire. On entrevoit même que le hasard pourrait jouer un rôle dans la formation et l'évolution de ce système, ce qui tend à miner les principes de base de la théorie de Laplace : d'ailleurs, à cette époque où triomphe la théorie darwinienne de l'évolution, pourquoi le Système solaire n'évoluerait-il pas ?

On soumet par ailleurs la théorie à l'analyse mathématique. C'est ce que fait entre autres George Darwin (1845-1912), le fils du grand biologiste, qui étudie le rôle des marées dans l'évolution du Système solaire. Par exemple, les marées terrestres provoquées par la Lune consomment de l'énergie qui est empruntée à la rotation de la Terre, tandis qu'augmente la distance Terre-Lune. Certes l'effet est faible, mais il existe depuis si longtemps que l'on peut penser que la Terre et la Lune ont dû être jadis très proches, si bien que Darwin imagine qu'elles ne faisaient initialement qu'un seul corps qui s'est coupé en deux. Cette théorie est aujourd'hui abandonnée, car Darwin a surestimé l'effet des marées. Les marées ne peuvent pas non plus expliquer pourquoi le moment angulaire est si mal réparti dans le Système solaire. Ce problème récurrent est même à l'origine d'un abandon temporaire de la théorie de Laplace et d'un renouveau de la cosmogonie catastrophique : l'astronome Forest Ray Moulton (1872-1952) et le géologue Thomas Chamberlain (1843-1928), à Chicago, estiment en 1906 que le moment angulaire orbital des planètes ne peut venir que d'une perturbation extérieure, et que le système planétaire doit provenir de matière arrachée au Soleil par l'attraction d'une autre étoile passant à proximité, laquelle aurait communiqué à cette matière le moment angulaire observé. Cette idée, avatar de celle de Buffon, connaît sous différentes formes un grand succès auprès de scientifiques célèbres. Une conséquence évidente d'une telle théoric catastrophique est que, si elle est vraie, les systèmes planétaires comme le nôtre doivent être extrêmement rares, puisque le passage d'une étoile très près d'une autre ne peut être qu'exceptionnel, au vu des immenses distances qui séparent les étoiles. Or nous savons aujourd'hui que les systèmes planétaires sont très nombreux. Mais, comme le diable est dans les détails, la théorie catastrophique n'attendra pas la découverte des si nombreuses exoplanètes pour s'effondrer : elle ne résistera pas à des analyses fines, notamment à celle de Lyman Spitzer (1914-1997) en 1939. On va donc revenir à Laplace et même, sous une forme bien modifiée d'ailleurs, aux tourbillons de Descartes.

Ils sont réintroduits plus ou moins simultanément par plusieurs astronomes de renom, particulièrement en 1944 par von Weiszäcker, celui-là même qui, avec Bethe, a trouvé l'origine de l'énergie des étoiles. Il imagine que des tourbillons s'établissent dans le disque gazeux en rotation qui résulte de l'effondrement du nuage initial, avec un système qui rappelle des roulements à bille concentriques (Figure 4). Les planètes ne se formeraient pas au sein des tourbillons comme l'avait imaginé Descartes, mais dans les espaces qui les séparent. Cette théorie ne résistera pas longtemps à la critique : en 1948, son auteur lui-même reconnaît qu'elle doit être abandonnée. Ses collègues en font autant à peu près à la même date. Néanmoins leurs travaux, ainsi que ceux de Gerard Kuiper (1905-1973) et d'autres, ont le mérite de bien poser les problèmes et de préparer le chemin pour les recherches ultérieures.

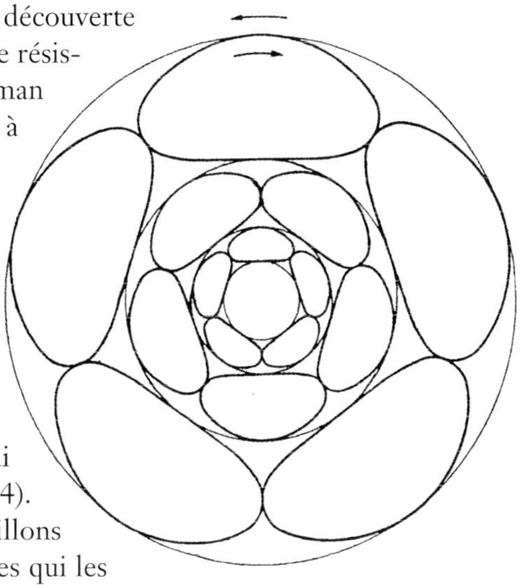

4 Les tourbillons de von Weiszäcker. La rotation propre du gaz entraîne celle des tourbillons extérieurs, qui eux-mêmes entraînent les tourbillons internes. Les planètes se forment dans les espaces qui séparent les tourbillons, et le Soleil au centre.

Les idées actuelles sur la formation des étoiles

Nous savons aujourd'hui que les étoiles se forment au sein de nuages interstellaires de gaz et de poussières, qui n'étaient pas connus du temps de von Weiszäcker. L'observation montre que les nuages les plus froids sont le siège de la formation d'étoiles de petite masse. Celles-ci ne sont pas détectables en lumière visible, mais on peut cependant les observer dans l'infrarouge à l'intérieur du nuage : si les poussières que contiennent ces nuages les rendent opaques à la lumière, elles n'arrêtent que partiellement les radiations de plus grande longueur d'onde. Les étoiles nouvellement formées apparaissent à la périphérie du nuage, lorsqu'il se dissipe sous l'effet de leur rayonnement et du vent qu'elles éjectent. Les nuages

5 La formation d'étoiles dans les nuages interstellaires associés à la Nébuleuse d'Orion, telle qu'elle est révélée par l'observation en infrarouge. Cette image en fausses couleurs a été obtenue avec un des quatre télescopes de 8 m de diamètre du Very Large Telescope de l'Observatoire européen austral, aux longueurs d'onde infrarouges de 1,24 µm (représenté en bleu), 1,65 µm (vert) et 2,16 µm (rouge). On voit au centre quatre jeunes étoiles brillantes et massives, qui forment le Trapèze d'Orion, et de très nombreuses étoiles moins massives qui se sont formées en même temps, il y a environ un million d'années. On remarque aussi l'émission du gaz et des poussières illuminées par ces étoiles.

interstellaires géants, plus chauds, sont le siège de la formation d'étoiles de toute masse (Figure 5). La formation des étoiles massives paraît être un phénomène contagieux et auto-entretenu : la pression et les ondes de choc engendrées par les vents stellaires et par l'explosion finale d'étoiles de générations précédentes facilitent la formation de nouvelles étoiles dans ce qui reste du nuage ou dans les nuages voisins.

Les étoiles résultent de l'effondrement de fragments du nuage initial sous l'effet de leur propre gravité. Au cours de cet effondrement, les parties intérieures se contractent plus vite que les parties externes, qui sont peu affectées. La chaleur qui résulte de la contraction est d'abord évacuée par rayonnement, mais il arrive un moment où l'épaisseur de la matière est telle qu'elle devient opaque même dans l'infrarouge lointain et les ondes radio, si bien que le milieu s'échauffe continuellement tandis que sa densité devient très grande. Pendant ce temps, la protoétoile continue à croître grâce à la chute d'une partie de la matière qui l'entoure. Si la masse ainsi rassemblée est suffisante, plus de 0,08 fois la masse du Soleil, les réactions nucléaires peuvent s'amorcer et l'étoile est née ; sinon, on a affaire à une étoile avortée, une *naine brune* (voir encadré p. 89).

Ce scénario simple n'a de sens que si le nuage initial n'est pas en rotation, ce qui est rare. S'il tourne, même lentement, la force centrifuge tend à s'opposer

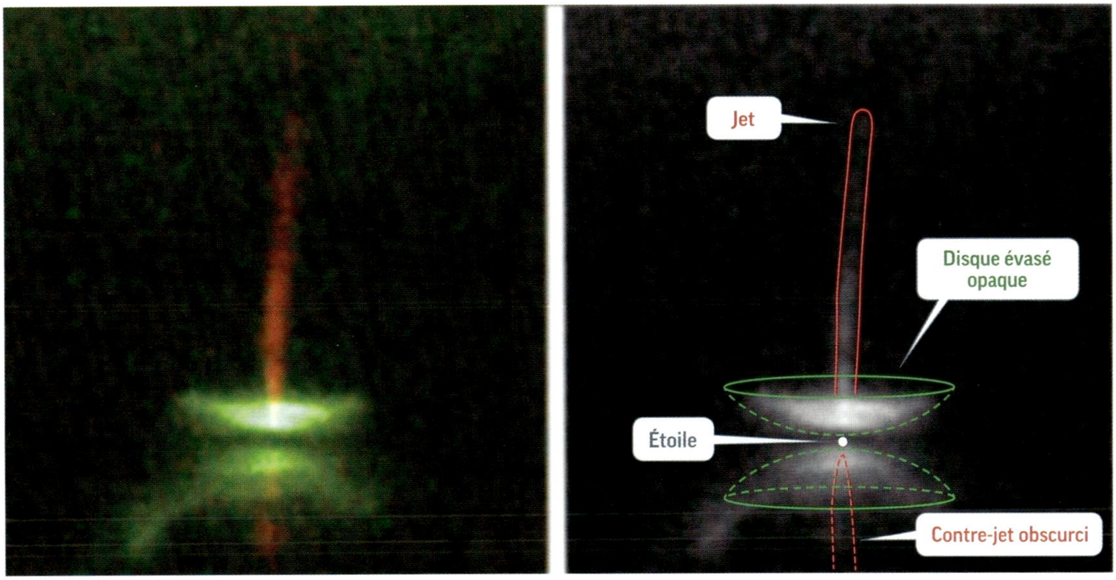

6 Le disque et le jet de l'étoile en formation HH30, observés par le télescope spatial *Hubble*. À gauche, l'image observée. À droite, interprétation de cette observation. Le disque lui-même, vu presque par la tranche, est obscur en raison des poussières qu'il contient : on n'en voit que la surface illuminée des deux côtés.

à son effondrement sauf le long de l'axe de rotation, si bien que le nuage se contracte en un disque, et non en une sphère. Comme l'effondrement affecte surtout les parties centrales de ce disque, la conservation du moment angulaire fait qu'elles tournent plus vite que les parties externes au cours de la contraction. Les simulations numériques montrent que le centre du disque peut alors se briser en plusieurs morceaux, ce qui donnera des étoiles doubles ou multiples. Mais le centre du disque, ou même chacun de ses morceaux s'il s'est brisé, tourne encore beaucoup trop vite pour qu'une étoile puisse s'y former, l'effondrement final étant empêché par la force centrifuge. Il faut donc que le moment angulaire en excès soit évacué : c'est d'ailleurs, nous l'avons vu, ce que montre le Système solaire où le Soleil tourne lentement et où l'essentiel du moment angulaire se trouve dans le mouvement orbital de Jupiter, qui est né dans les parties externes du disque. Pour transporter le moment angulaire de l'intérieur vers l'extérieur du disque, on a invoqué la turbulence ou le champ magnétique qui le rigidifient, mais l'efficacité de ces phénomènes a été âprement discutée depuis plusieurs décennies et n'est toujours pas réellement prouvée.

La solution est apparue d'une façon tout à fait inattendue dans les années 1980, avec la découverte qu'une éjection de matière accompagne systématiquement la formation des étoiles : un double jet symétrique de matière, très fin, émerge du centre du disque avec une vitesse de plusieurs centaines de kilomètres par seconde et s'étend à des distances considérables (Figure 6). Le mécanisme de formation de ce jet, qui fait actuellement l'objet de recherches approfondies, est complexe et subtil : il utilise le champ magnétique du disque pour pomper une partie de son énergie cinétique de rotation, qui sert alors à accélérer un jet de chaque côté du disque, le long de son axe de rotation. Le jet interagit avec la matière qui subsiste autour de l'étoile, comme le montre la Figure 7.

L'éjection de matière des deux côtés du disque est un phénomène tout à fait général, qui se produit dès les premières étapes de la formation stellaire.

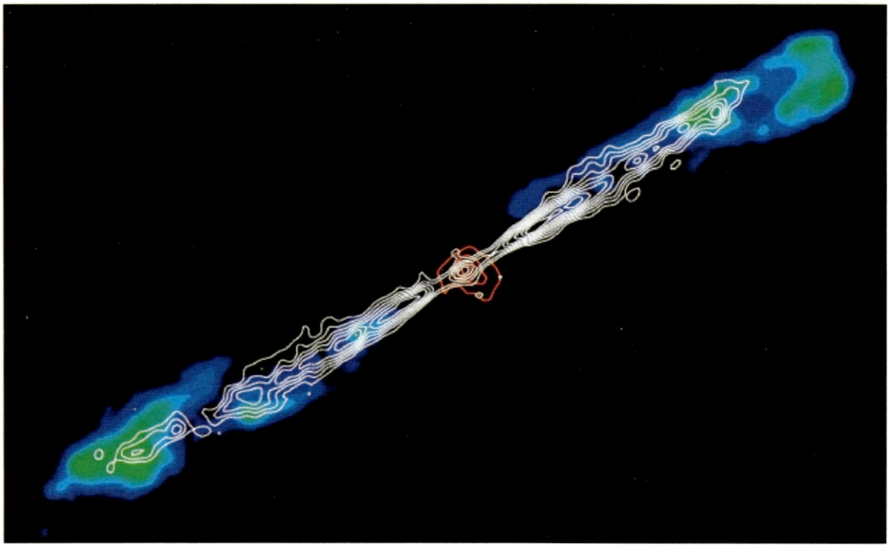

7 L'étoile en formation HH211 et son jet bipolaire, observés avec l'interféromètre de l'Institut de radio astronomie millimétrique franco-allemand-espagnol (IRAM). Les contours rouges représentent l'émission à 1,3 mm de longueur d'onde de la poussière de la zone centrale concentrée et opaque, à l'intérieur de laquelle se trouve l'étoile elle-même. Les contours blancs représentent l'émission de la molécule CO à 2,6 mm de longueur d'onde, qui fait partie du jet bipolaire issu de la protoétoile. L'interaction de ce jet excite la molécule H_2 présente dans les restes du nuage primitif, ce qui stimule son émission infrarouge représentée en bleu-vert.

L'émission de tels jets paraît être nécessaire à la formation du système disque-étoile. Au bout d'un certain temps (quelques centaines de milliers d'années dans le cas du Soleil), ce qui reste du nuage où s'est formée l'étoile se disperse : les jets cessent et il ne reste plus que l'étoile centrale entourée d'un disque, moins important qu'auparavant car une partie de sa matière a été éjectée ou est tombée sur l'étoile. C'est dans ce disque résiduel que se forment les planètes et les comètes.

Après sa formation, l'étoile va progressivement consommer l'hydrogène contenu dans son noyau par des réactions nucléaires produisant de l'hélium. Ces réactions vont alimenter l'étoile en énergie pendant environ 12 milliards d'années. Quand l'hydrogène est épuisé au sein du noyau, les réactions vont alors puiser dans les couches extérieures. L'énergie ainsi libérée va faire grossir considérablement l'étoile : elle deviendra une géante rouge. Après un peu plus d'un milliard d'années, cette géante rouge va expulser toutes ses couches extérieures et sera réduite à son noyau, très petit et extrêmement dense. Au début, le noyau est très chaud et ionise la matière expulsée, formant ainsi une nébuleuse planétaire. Puis ce noyau se refroidit : l'étoile devient une naine blanche, dont la faible luminosité va décroître très lentement au cours du temps (Figure 8).

Les étoiles de masse inférieure à environ 8 fois celle du Soleil évoluent de la même façon, mais d'autant plus vite que leur masse est grande. Pour les étoiles les plus massives, l'évolution, qui ne dure que quelques millions ou quelques dizaines de millions d'années, se fait avec une forte perte de masse. Elle se termine de façon catastrophique par une énorme explosion, la supernova. La plus grande partie ou même la totalité de la matière de l'étoile est dispersée à une vitesse de plusieurs milliers de kilomètres par seconde ; freinée par la matière interstellaire environnante, elle forme un reste de supernova. Il ne subsiste à la place de l'étoile qu'une étoile à neutrons, beaucoup plus dense encore que les naines blanches et qui est souvent un pulsar, ou bien un trou noir, ou même… plus rien.

Formation et évolution d'une étoile

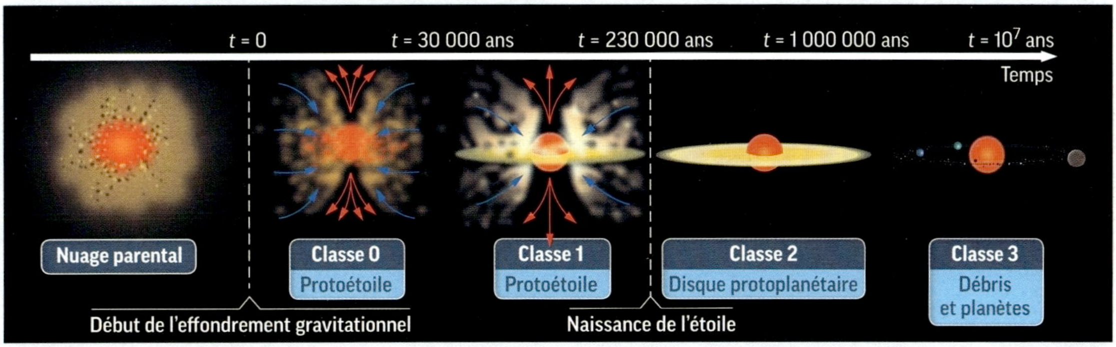

▸ **Étapes principales de la formation d'une étoile de masse semblable à celle du Soleil.** Le regroupement des objets stellaires que nous observons en différentes classes, basées sur les caractéristiques spectrales de leur rayonnement, est empirique. D'après Philippe André.

Quelles sont les grandes étapes de la formation d'une étoile ? Elles ne dépendent pas fondamentalement de la masse de l'étoile, mais dans le cas des étoiles les plus massives et les plus chaudes, le rayonnement est tel que le gaz résiduel est chassé et les poussières évaporées, si bien que la formation des planètes est impossible.

Décrivons ici ce qui se passe dans le cas d'une étoile de masse semblable à celle du Soleil : sa naissance débute lorsque le cœur du nuage parental en rotation s'effondre sous sa propre gravité. Tandis que le reste du nuage continue à s'effondrer, de puissants jets de matière se développent et évacuent une partie du moment angulaire (protoétoile de « classe 0 »). Un disque avec une condensation centrale très dense commence alors à se former, alors que l'accrétion de matière du nuage continue et que les jets se maintiennent (protoétoile de « classe 1 »). Ces deux phases sont généralement invisibles en raison de la présence du nuage ; on les observe de préférence dans le domaine submillimétrique. L'étoile est maintenant bien formée et les jets cessent ; le disque de gaz et de poussières est devenu moins important. C'est dans ce disque qualifié de protoplanétaire que se condensent les planétésimaux qui finiront par former les planètes.

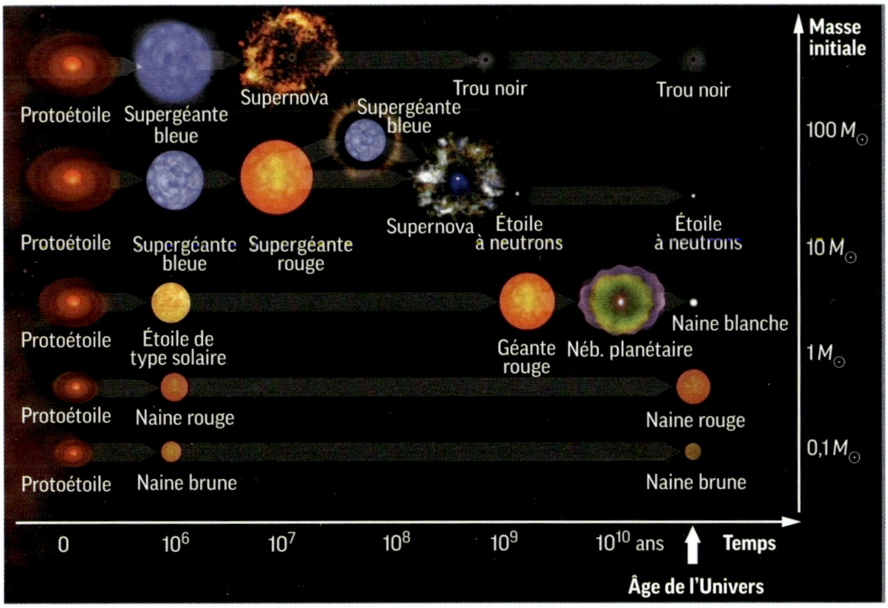

8 Évolution des étoiles isolées en fonction de leur masse (la masse $M_{\odot}$ du Soleil étant de $1{,}99 \cdot 10^{30}$ kg). Les échelles de temps et de masse sont logarithmiques, et approximatives. La formation des étoiles est relativement rapide quelle que soit leur masse, mais la vitesse de leur évolution dépend énormément de cette masse (voir p. 88).

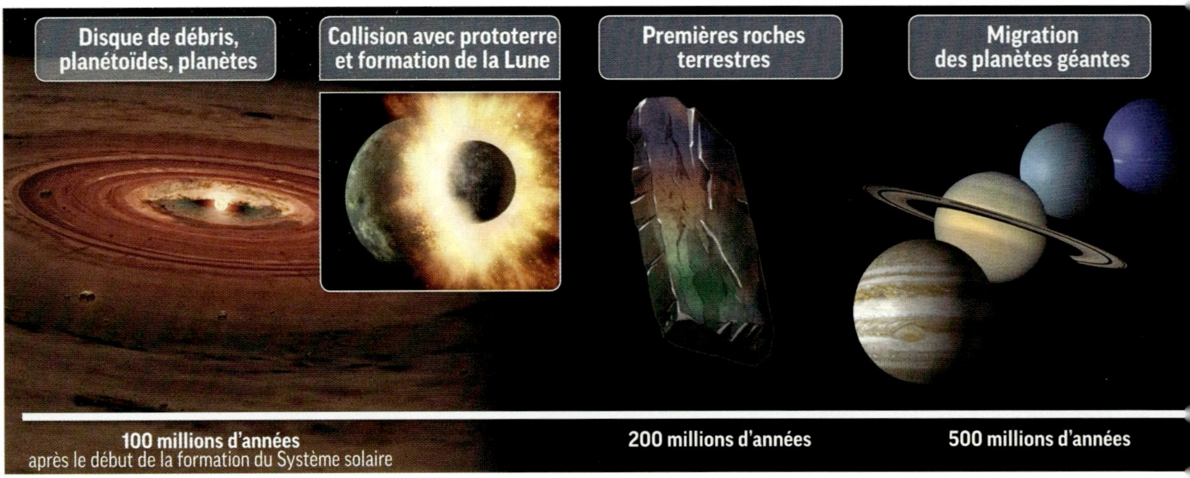

9 Chronologie de l'évolution initiale du Système solaire puis de la Terre.

La formation des planètes et des comètes

Comment apparaissent les planètes dans le disque qui entoure l'étoile en formation ? Dans les années 1960, deux types de modèles s'affrontent à ce sujet. Dans l'un, dont le principal promoteur est le Canadien Alastair Cameron (1925-2005), le disque a une masse voisine de celle du Soleil ; les planètes se forment directement à partir du gaz et des poussières de ce disque par instabilité gravitationnelle, puis une grande fraction (environ 85 %) de la matière du disque est balayée par le vent intense issu du Soleil en formation, tandis que ce qui reste est accrété par l'astre central. Les planètes les moins massives proches du Soleil vont ultérieurement perdre leur gaz, conservant principalement les éléments lourds solides ou liquides.

L'autre modèle, celui du russe Victor Safronov (1917-1999), envisage un disque de masse bien plus faible, environ un centième de la masse du Soleil. Lorsque le disque se refroidit, les éléments lourds se condensent en poussières qui se collent entre elles grâce aux forces électrostatiques pour former des particules de quelques centimètres, puis des corps solides de quelques kilomètres de diamètre, les *planétésimaux*. Ceux-ci s'agglomèrent pour former des corps plus massifs, les *planétoïdes*. Comme dans le modèle précédent, le gaz est éjecté du disque, entraînant ce qui reste de poussières. Cependant, les planétoïdes suffisamment massifs peuvent retenir du gaz au passage, donnant ainsi les planètes géantes.

Nous verrons plus loin que le modèle de Safronov a la faveur des astronomes actuels, du moins en ce qui concerne le Système solaire, car beaucoup de ses prédictions sont confirmées par l'observation. Cependant la formation des planétésimaux n'est pas bien comprise. La suite est mieux décrite par les simulations numériques : quelques planétésimaux croissent grâce à leur interaction gravitationnelle qui favorise collisions, destruction et accrétion. Au terme de ce scénario dominé par les collisions multiples, après quelques millions d'années, des planétoïdes se sont formés. Ces corps entrent aussi en collision entre eux, comme en témoignent les impacts observés à la surface de Mercure, de la Lune ou des satellites des planètes extérieures. Le Système solaire actuel est le résultat de ce jeu de billard géant (Figure 9 et annexe 1 p. 208).

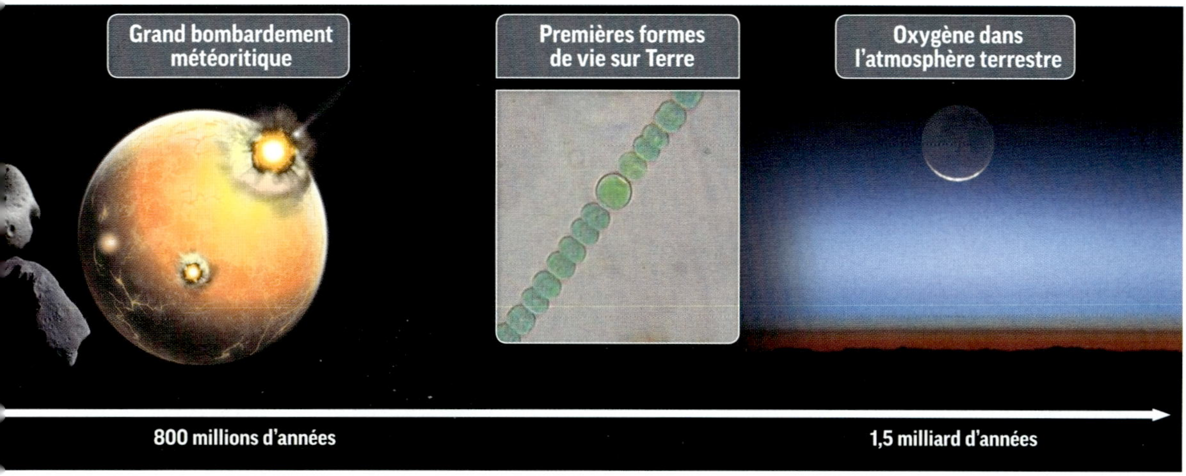

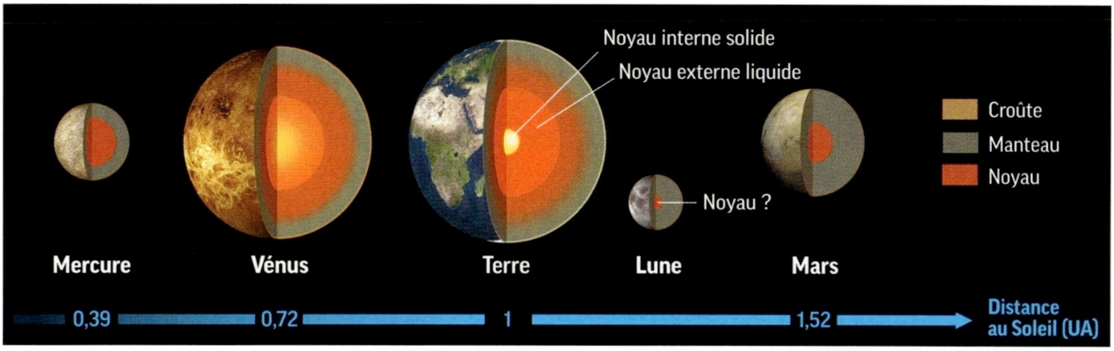

10 Les planètes telluriques, représentées à la même échelle. Ces planètes sont surtout composées d'éléments réfractaires, comme des silicates et du fer, et contiennent très peu d'hydrogène et d'hélium.

La nature des planètes ainsi formées dépend de la température, donc de la distance au Soleil. Au début de l'histoire du Système solaire, jusqu'à environ 3 fois le rayon actuel de l'orbite terrestre, la température est telle que l'eau est sous forme de vapeur, de même que l'ammoniac, le méthane et d'autres composés volatils : dans cette région intérieure, les planètes sont donc principalement formées d'éléments réfractaires comme les silicates. Elles sont denses, et comme les éléments réfractaires forment moins de 2 % de la masse de la nébuleuse, elles sont petites. C'est le cas de Mercure, de Vénus, de la Terre et de Mars, planètes essentiellement formées de roches : on les appelle *planètes telluriques* (du latin *tellus*, « terre ») puisqu'elles sont de type terrestre (Figure 10). Plus loin du Soleil, l'eau et les autres composés volatils sont sous forme de glace car la température est basse ; comme ils sont très abondants, les noyaux planétaires sont plus gros, de l'ordre de 10 fois la masse de la Terre. Leur masse est telle qu'ils peuvent retenir l'hydrogène et l'hélium qui forment 98 % de la masse de la nébuleuse : c'est ainsi que se forment les *planètes géantes* comme Jupiter et Saturne, qui présentent un noyau de roches et de glaces entouré d'une région où l'hydrogène, très comprimé, est solide, puis d'une enveloppe gazeuse, constituée essentiellement d'hydrogène et d'hélium, qui contient l'essentiel de la masse (Figure 11). La densité moyenne de ces planètes est voisine de celle de l'eau, alors que celle des planètes telluriques est nettement plus grande.

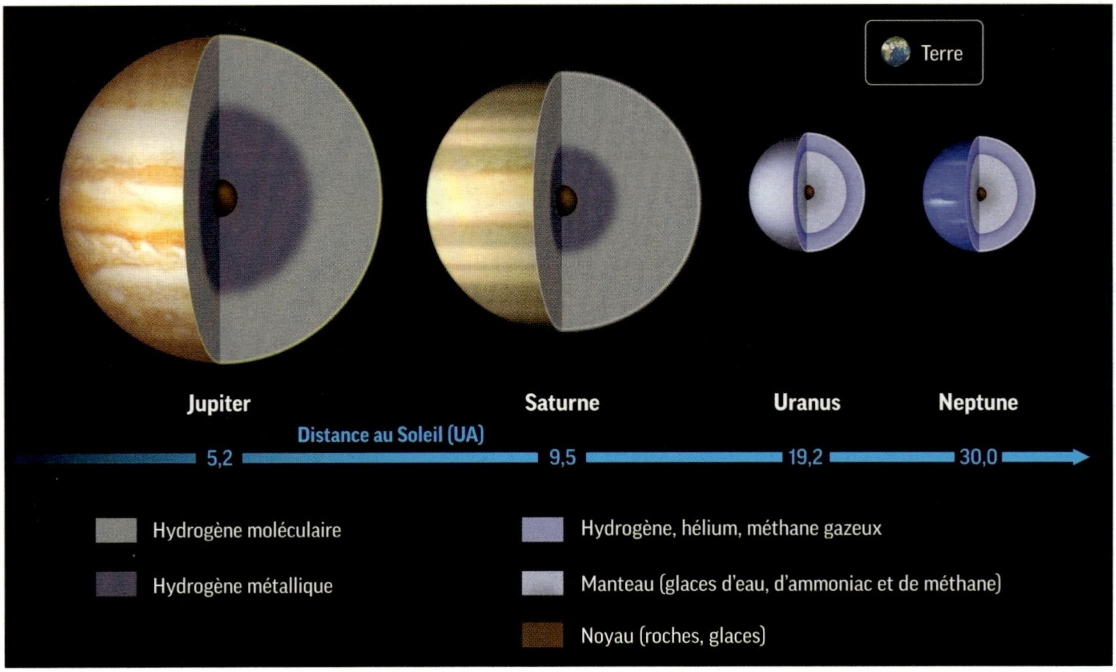

11 Les planètes géantes, représentées à la même échelle, avec la Terre pour comparaison. Leur structure interne est représentée schématiquement. Elles comportent un petit noyau de glaces et de roches, autour duquel se trouve principalement de l'hydrogène sous différentes formes selon la pression : hydrogène métallique conducteur de l'électricité si la pression est très élevée, hydrogène solide puis liquide aux pressions moins élevées, gaz au dessus. Les molécules plus lourdes peuvent former des glaces à la surface.

Les astéroïdes qui se trouvent entre les orbites de Mars et de Jupiter sont probablement des planétésimaux qui n'ont pas pu se rassembler en une planète, en raison du puissant champ de gravité de leur voisine Jupiter, la plus massive des planètes géantes (voir p. 208). De même, les comètes sont des planétésimaux plus éloignés du Soleil. Certaines d'entre elles résident dans le *nuage de Oort* à une distance du Soleil comprise entre 20 000 et 150 000 unités astronomiques (UA) ; elles sont cette fois formées de glaces et de poussières qui ont été « laissées pour compte » dans la formation planétaire. Leur taille moyenne n'excède pas la dizaine de kilomètres. Situées sur des trajectoires très elliptiques, les comètes peuvent occasionnellement s'approcher du Soleil et de la Terre. Leur surface s'échauffe alors sous l'effet du rayonnement solaire et la glace se sublime, libérant ainsi un nuage de gaz et de poussière qui forme la chevelure (ou « coma ») et la queue (Figure 12). Enfin, les astres glacés lointains, dont Pluton est un exemple, sont situés dans la *ceinture de Kuiper* entre 30 et 55 UA du Soleil ; ce sont les objets transneptuniens (voir chapitre 10 p. 187). Il s'agit de noyaux planétaires qui n'ont pas réussi à capturer beaucoup de gaz, la densité du disque protoplanétaire étant de plus en plus faible vers l'extérieur. La ceinture de Kuiper est également le réservoir d'une autre famille de comètes, d'orbite de plus faible excentricité et de plus faible inclinaison que celles du nuage de Oort. Quant à Uranus et Neptune, elles sont dans une situation intermédiaire entre les deux grosses planètes que sont Jupiter et Saturne et les objets transneptuniens.

Les planètes telluriques n'ont pas de satellites, à l'exception des deux petits satellites de Mars, Phobos et Deimos, qui résultent probablement d'une capture d'astéroïde ou d'une collision, et évidemment de la Lune. Celle-ci résulte très probablement d'une énorme collision entre la Terre et un planétoïde, survenue au début de l'histoire de notre planète, une centaine de millions d'années après

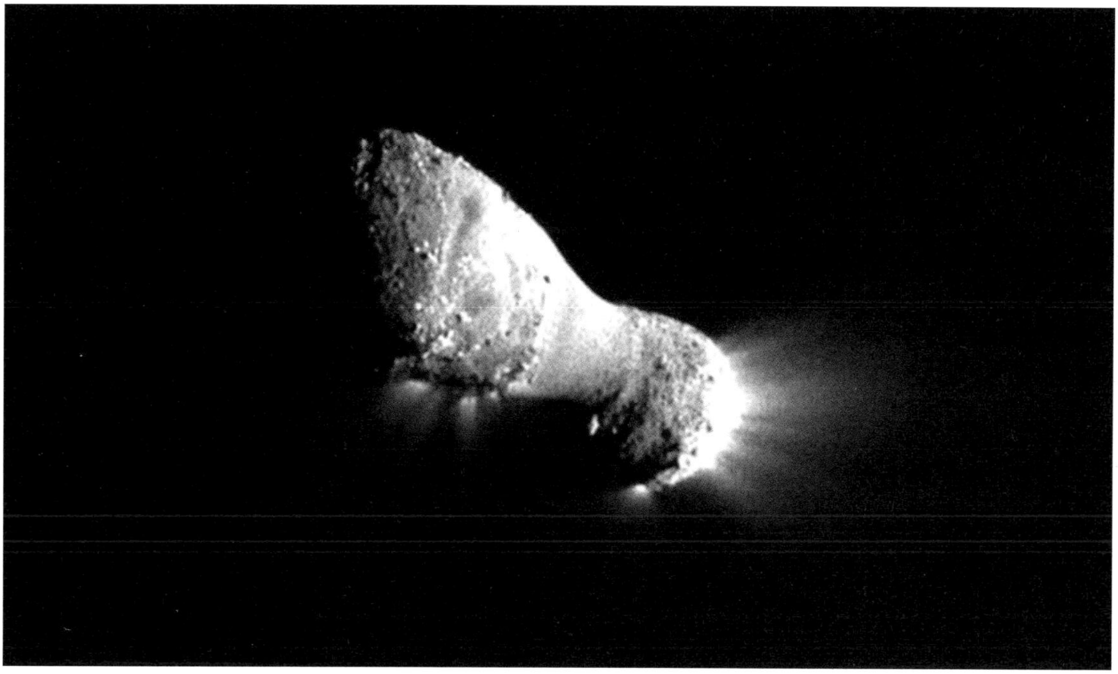

le début de la formation du Système solaire. Les planètes géantes, quant à elles, sont toutes munies d'anneaux et d'un imposant cortège de satellites (voir p. 209). Nombre d'entre eux, les satellites dits « réguliers », sont nés dans le disque en rotation formé du gaz capturé par la planète : en quelque sorte, le schéma qui a conduit à la formation du Système solaire s'est reproduit en miniature autour de chacune des grosses planètes. Les autres satellites sont sans doute le résultat de captures d'astéroïdes ou d'objets glacés transneptuniens.

12 Le noyau de la comète 103P/Hartley, vu le 3-4 novembre 2010 par la mission EPOXI de la NASA. Chauffée par le Soleil, la surface du noyau éjecte de la vapeur d'eau, du gaz carbonique, des particules de glace qui ne tarderont pas à se sublimer, et des poussières : ils donneront à la comète son aspect nébuleux et formeront sa « queue ».

Un modèle remis en question

Les astronomes disposent donc, dans la seconde moitié du XXe siècle, d'un modèle de formation du Système solaire qui rend bien compte des propriétés physiques et orbitales des objets qui le composent. Fondé sur l'intuition de Kant et de Laplace, ce modèle ne considère pas qu'il y ait eu des modifications très importantes des distances héliocentriques des planètes depuis leur origine. Mais nous verrons que la découverte des exoplanètes va bouleverser cette conception de la formation planétaire : elle fait désormais intervenir le concept de migration, susceptible de faire évoluer les orbites des exoplanètes géantes pour les rapprocher très près de leur étoile (voir p. 175). Dans le Système solaire lui-même, les planètes géantes ont sans doute subi une migration modérée au début de leur histoire (voir encadré p. 176), et les planètes intérieures ont très probablement, elles aussi, changé de place par la suite. À partir des années 1990, c'est un nouveau chapitre de la formation planétaire qui va s'ouvrir. Mais avant de l'aborder, revenons à l'observation et aux années 1960, avec l'avènement de l'ère spatiale...

CHAPITRE 6

L'avènement de l'ère spatiale

La conquête de l'espace commence dès le lendemain de la Seconde guerre mondiale, avec des objectifs ouvertement politiques : nous sommes en pleine guerre froide, et la compétition entre les États-Unis et l'Union Soviétique s'affiche au grand jour. En 1958, les Soviétiques ouvrent la marque avec l'envoi réussi du fameux Spoutnik en orbite autour de la Terre. Le 12 avril 1961, ils expédient dans l'espace le premier cosmonaute, Youri Gagarine (1934-1968). Les Américains ripostent le 20 février 1962 avec l'envoi de John Glenn. La recherche spatiale va dès lors se développer sur deux fronts : l'envoi de sondes robotisées pour l'exploration de la Terre, puis de la Lune et des planètes, et l'exploration humaine avec pour objectif l'Homme dans l'espace.

Objectif Lune

La Lune étant l'astre le plus proche de la Terre, il est naturel qu'elle ait été la première cible des explorations spatiales. L'aventure commence en URSS : lancé le 2 janvier 1959, quinze mois seulement après Spoutnik, *Luna 1* est le premier engin spatial qui échappe à l'attraction terrestre et survole la Lune (Figure 1). Le 13 septembre de la même année, *Luna 2* percute notre satellite, et le 7 octobre *Luna 3* passe derrière lui et transmet les premières images de sa face cachée (Figure 2). Les Américains ne veulent pas être en reste, mais la riposte va leur prendre plusieurs années. Les cinq premières sondes *Ranger* lancées à partir de 1961 sont des échecs ; la sixième est un succès partiel, et seules les trois dernières s'acquittent complètement de leur mission : *Ranger* 7 transmet des images détaillées de la Lune en juillet 1964 avant de s'écraser sur la surface. Il en est de même de *Ranger 8* en février 1965 et de *Ranger 9* en mars 1966.

On songe maintenant à envoyer un homme sur la Lune, et il faut repérer les sites possibles pour l'alunissage. Les Soviétiques vont encore marquer leur avance en réussissant le premier alunissage en douceur le 3 février 1966 (sonde *Luna 9*), après avoir essuyé plusieurs échecs. *Luna 9* transmet les premières images de la Lune *in situ* ; *Luna 13* recommencera l'année suivante. *Luna 10* met en orbite le premier satellite lunaire le 3 mars 1966 ; les trois sondes *Luna 11*, *12* et *13* sont satellisées autour de la Lune cette même année, ainsi qu'en 1968 la dernière de la série, le n°*14* : elles transmettent notamment des images de la face cachée. Toutes ces images permettront de construire la première carte détaillée de cette face

◄ **Pendant la mission *Apollo 11*, en juillet 1969, le cosmonaute Edwin (Buzz) Aldrin vient d'installer sur la Lune un sismomètre (au premier plan). Au fond, le module lunaire.**

cachée (voir ci-contre), où presque tous les noms de cratères ou de mers sont ceux de personnages soviétiques.

Au cours de cette course effrénée, dont les motivations sont évidemment plus politiques que scientifiques, les Américains commencent à rattraper sérieusement les Russes en mettant en orbite autour de la Lune, entre août 1966 et août 1967, cinq *Lunar Orbiters* : ils fournissent des images détaillées dont la résolution atteint 1 mètre dans les meilleures conditions. Elles sont à la base d'un nouvel atlas de la totalité de la surface lunaire, qui remplace celui que Maurice Lœwy (1833-1907) et Pierre-Henri Puiseux (1855-1928) ont réalisé à Paris au début du xxe siècle à partir de plus de 6 000 clichés. Cet atlas va guider le choix des endroits où poser les alunisseurs du programme *Apollo*.

Ce programme, en pleine préparation, débute sous de mauvais augures : le 27 janvier 1967, un incendie détruit une capsule *Apollo* au sol et provoque la mort des trois astronautes qui s'y trouvent à l'entraînement. Mais les essais continuent, et le 24 décembre 1968, *Apollo 8* réalise le premier survol de la Lune par un satellite habité. Et puis, le grand événement que le monde attend survient le 21 juillet 1969 : le premier débarquement de deux astronautes sur la Lune, descendus du module lunaire de 15 tonnes qui s'est posé à la surface, tandis que leur collègue attend leur retour dans l'orbiteur lunaire. Un exploit technique fantastique qui laisse un souvenir inoubliable à tous ceux qui ont assisté au spectacle en direct à la télévision, malgré la mauvaise qualité de la transmission. De cette date à décembre 1972, six missions *Apollo* permettent à douze astronautes de séjourner au total près de 12 jours et demi sur la Lune, dont 80 heures hors du module lunaire, parcourant 92 km sur la surface et rapportant 387 kg d'échantillons de sol lunaire (Figure 2). Ainsi, ce qui n'était au départ qu'un défi politique est devenu une incroyable aventure

1 La sonde soviétique *Luna 1*. Lancée le 2 janvier 1959, elle a été le premier engin spatial à s'approcher de la Lune, à une distance de 6 000 km. La sonde était constituée d'une sphère d'environ 1,50 m de diamètre et pesant environ 360 kg. L'instrumentation, dénuée de caméra, incluait un détecteur de micro-météorites, un compteur Geiger et un magnétomètre.

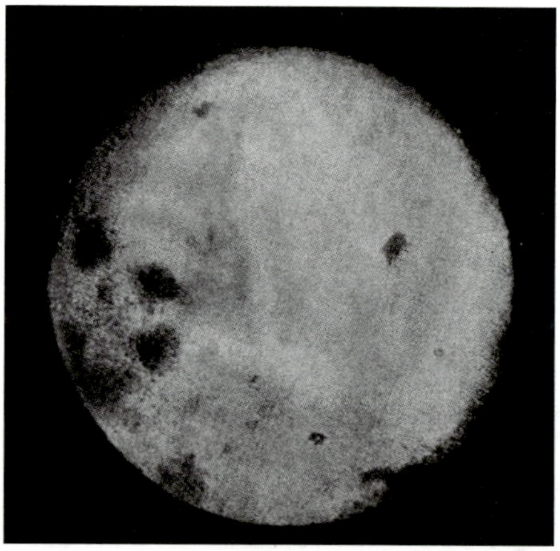

2 La face cachée de la Lune. Ci-contre, une des premières images de la face cachée de la Lune prise le 7 octobre 1959 par la sonde soviétique *Luna 3*. L'image est centrée environ 15° au nord de l'équateur lunaire. Malgré sa qualité médiocre, elle a fait le tour du monde car elle révélait déjà les différences profondes entre la face visible et la face cachée de notre satellite : présence de nombreux cratères, faible nombre de mers lunaires, etc. L'origine de ces différences n'est pas encore bien comprise.
Page de droite, la carte finale de la face cachée construite en 1960 à partir des images obtenues par les différentes sondes soviétiques.

КАРТА ОБРАТНОЙ СТОРОНЫ ЛУНЫ

CHART OF THE REVERSE SIDE OF THE MOON

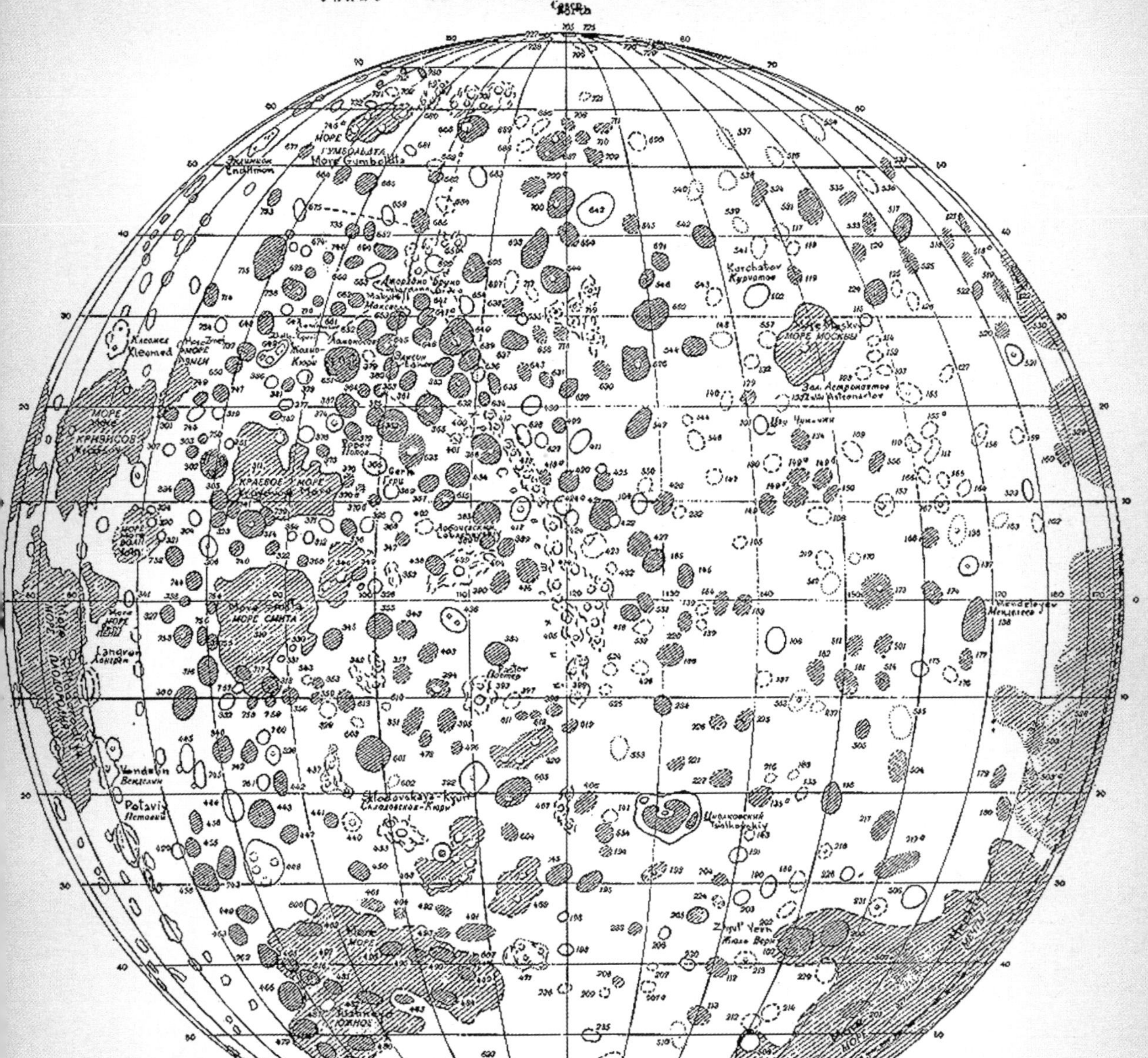

УСЛОВНЫЕ ОБОЗНАЧЕНИЯ
CONVENTIONAL SYMBOLS

Образования достоверные с четкими очертаниями
Trustworthy formations with clear contours

Образования с менее четкими очертаниями
Formations with less clear contours

Образования, очертания которых нуждаются в уточнении
Formations, the contours of which need more accurate definition.

Образования более темные относительно окружающего фона
Formations darker than the surrounding ground.

Образования более светлые, чем окружающий фон
Formations lighter than the surrounding ground.

Номера образований в каталоге
Numbers of formations in the catalog.

Светлые лучи
Bright rays.

Граница видимости
Boundary of visuality

Карта составлена совместно Центральным научно-исследовательским институтом геодезии, аэросъемки и картографии и Государственным астрономическим институтом им. П. К. Штернберга в январе—апреле месяцах 1960 г. по фотографиям, полученным с автоматической межпланетной станции 7 октября 1959 г. Меридиональная полоса между 30° и 70° долготы составлена по картам видимой стороны Луны.

This chart has been compiled jointly by the Central Scientific Research Institute of Geodesy, Aerial Surveying and Cartography; and by the State Astronomic Institute after the name of P.K.Shternberg during the months of January-April, 1960, after the photographs obtained from the automatic interplanetary station on 7 October 1959. Meridional band between 30° and 70° of longitude has been compiled after charts of the visual side of the Moon.

3 **Le rover soviétique** ***Lunokhod 1.*** À droite le pétale portant les panneaux solaires, et à gauche l'antenne de télécommunications avec la Terre. Le rover, qui pèse environ 800 kg, mesure environ 1,35 m de haut sur 2,20 m de large.

industrielle et technique à laquelle contribuent environ 350 000 personnes, et ayant coûté pas moins de 25 milliards de dollars.

Les Soviétiques ne se découragent pas pour autant et rapportent sur la Terre, le 24 septembre 1970, des échantillons de matière lunaire grâce à la sonde automatique *Luna 16* : au total, 310 grammes seront recueillis par trois sondes soviétiques. Puis, en novembre 1970, le premier véhicule d'exploration lunaire automatique télécommandé, *Lunokhod 1*, commence son périple sur le sol lunaire : il parcourra pendant 11 mois la région de la Mer des Pluies (Figure 3). Il est suivi en 1973 du *Lunokhod 2*, plus perfectionné, qui ne fonctionnera cependant que quatre mois en parcourant 37 km. Ces deux engins relèveront des informations sur la nature et la composition de la surface lunaire, tout en transmettant de nombreuses images. *Lunokhod 2* marque la fin de l'exploration de la Lune *in situ*. Seules quelques sondes comme *Clementine-I*, lancée par la Nasa en 1994, et d'autres plus récentes, étudieront encore la Lune, mais de loin.

Mais, au fait, que nous ont apporté sur le plan scientifique ces énormes programmes d'exploration directe ? On savait déjà que la surface de la Lune était couverte de poussières et de rochers, et le principal intérêt du programme *Apollo* a été de rapporter des échantillons de sol lunaire, ce qu'ont également réussi à bien moindre frais les sondes soviétiques. De même, les « rovers » *Lunokhod* ont parcouru la moitié de la distance couverte par les astronautes, pour un coût beaucoup moins grand, et tout en récoltant des données équivalentes... Quels sont les résultats majeurs apportés par l'étude des échantillons récoltés ? D'abord, la similitude constatée entre certains échantillons lunaires et des roches terrestres anciennes a confirmé l'idée selon laquelle la Lune se serait détachée de la Terre à la suite d'un phénomène très violent : la collision avec une petite planète. Par ailleurs, la datation absolue de ces échantillons au laboratoire par des mesures isotopiques (voir encadré p. 151) servira de calibration pour évaluer l'âge d'autres objets du Système solaire. Cette évaluation repose sur la méthode dite de «comptage des cratères». Elle consiste à mesurer la densité de cratères sur une surface, de sorte à obtenir une indication relative de son âge : plus le terrain est cratérisé, plus il est ancien. En comparant l'âge d'un échantillon lunaire à la densité de cratères du site d'où il provient, on obtient alors un étalonnage absolu de l'âge du sol lunaire en fonction de son taux de cratères. En tenant compte de la variation du taux d'impacts en fonction de la distance héliocentrique, on extrapole ensuite cette courbe aux autres objets du Système solaire, à condition qu'ils soient dépourvus d'une atmosphère dense.

Le fait que l'on puisse rapporter des échantillons lunaires sans l'intervention d'astronautes n'empêche pas de rêver à de nouvelles aventures humaines vers notre satellite, les seules à vrai dire qu'il soit raisonnable d'envisager, car un voyage vers Mars serait en l'état actuel extrêmement problématique, tant du point de vue de sa faisabilité que du prix à payer. Un coup d'arrêt a été donné du côté des États-Unis pour des raisons essentiellement financières, mais ce n'est sans doute pas la fin du rêve (voir chapitre 11 p. 203). Déjà la Chine a envoyé trois sondes vers la Lune, dont la dernière, *Chang'e 3*, a déposé sur notre satellite un rover baptisé Lapin de Jade le 14 décembre 2013 ; l'Inde a également lancé en 2008 une sonde vers la Lune, *Chandrayaan 1*. Ces deux nations montrent ainsi leur nouvelle puissance politique et industrielle. La Russie, le Japon et les États-Unis ont aussi de nouveaux projets. L'histoire n'en finit pas de recommencer…

À la conquête des planètes telluriques : échecs et succès

Parallèlement au projet *Apollo* d'exploration habitée de la Lune, la Nasa, dès le début des années 1960, se lance dans un programme d'exploration robotisée de nos deux planètes voisines, Vénus et Mars : c'est le programme *Mariner*. De son côté, l'Union soviétique lance aussi quelques sondes en direction de Mars, mais ces tentatives échouent. C'est le début d'une longue aventure jalonnée de nombreux échecs. La première capsule américaine *Mariner 1*, lancée en direction de Mars en 1962, est perdue peu après le décollage suite à une erreur de trajectoire. Sa sœur jumelle *Mariner 2*, lancée elle aussi en 1962 en direction de Vénus, est en revanche un succès. Les données sont enregistrées pendant plusieurs semaines lors du survol de la planète par la sonde qui mesure, en particulier, la température très élevée de sa surface. L'exploration de Mars reprend en 1964 avec *Mariner 4*, qui délivre les premières images du sol cratérisé de Mars (Figure 4) ; celles-ci portent un coup fatal au

4 Une des premières images de la surface de Mars, prise par la sonde *Mariner 4* en juillet 1965. Elles la révélaient, avec ses nombreux cratères, plus proche de la surface de la Lune que de celle de la Terre.

5 La couche de fines particules atmosphériques (des aérosols) de la haute atmosphère de Mars, mise en évidence par un cliché de *Mariner 9* pris au-dessus de l'horizon de la surface, ou limbe (limite de la partie blanche sur l'image). Cette couche de poussières à haute altitude résulte des tempêtes de poussières qui balayent épisodiquement la planète, notamment pendant l'été austral.

mythe des canaux martiens entretenu par Percival Lowell et ses émules (voir chapitre 4 p. 73). La sonde mesure aussi la pression de surface, très faible (moins de 7 millibars), et la composition de l'atmosphère, dominée par le dioxyde de carbone gazeux. Les sondes *Mariner 6* et 7, toutes deux lancées vers Mars en 1969, arrivent malheureusement à proximité de la planète en pleine tempête de poussière. La totalité de la surface est alors masquée, et les sondes ne voient rien... Deux ans plus tard, le succès est enfin au rendez-vous avec *Mariner 9*, lancée peu après les sondes soviétiques *Mars 2* et *3*. À la différence de ces dernières, les séquences d'observation de *Mariner 9* peuvent être reprogrammées en temps réel depuis la Terre. Après avoir patiemment attendu la fin de la tempête de poussière en orbite martienne, la sonde *Mariner 9* découvre les énormes volcans de Tharsis, l'immense canyon Valles Marineris, et de nombreux réseaux de vallées suggérant la présence d'eau liquide dans le passé. Elle mesure aussi l'intensité du champ de gravité de la planète, donnant ainsi une première idée de sa structure interne. Les spectromètres infrarouge et ultraviolet enregistrent enfin la pression, la température et la teneur en vapeur d'eau de l'atmosphère en fonction du cycle saisonnier. Ils mettent en évidence des fortes variations de pression, liées à la condensation du dioxyde de carbone aux pôles en hiver : alors que la pression moyenne est de 7 mbars, la pression aux pôles atteint 10 mbars au solstice d'été et décroît jusqu'à 5 mbars au solstice d'hiver. Ces fluctuations de pression, dont l'effet s'ajoute aux écarts de température induits par les différences d'insolation entre les deux faces de Mars, engendrent des vents violents (leur vitesse atteint plusieurs centaines de kilomètres à l'heure au niveau de la surface). Voilà l'origine de la tempête de poussière globale qui a aveuglé les sondes *Mariner 6* et 7 (Figure 5) ! En outre, le spectromètre ultraviolet détecte pour la première fois la présence d'une quantité très faible d'ozone dans l'atmosphère martienne.

6 Le Mont Olympe (Olympus Mons), de plus de 20 km d'altitude, photographié par l'un des orbiteurs *Viking*. Ce volcan est couramment entouré de nuages de glace d'eau. Il fait partie de la chaîn des volcans de Tharsis, qui culminent à plus de 14 km, et qui sont les plus hauts que l'on connaisse dans le Systèm solaire.

7 Le sol de Mars, photographié sur le site du module d'atterrissage de la sonde *Viking 1* en 1978. Composé principalement de silicates et d'oxydes de fer, le sol martien ressemble à s'y méprendre à certains déserts terrestres.

L'origine de la vie et la chimie prébiotique

Quelle est l'origine de la vie sur Terre? Est-elle apparue directement sur notre planète, ou vient-elle d'ailleurs? Comment les molécules du vivant se sont-elles formées, puis les organismes unicellulaires, ancêtres des végétaux et animaux plus complexes? Nous n'avons toujours pas de réponse à ces questions. L'approche scientifique n'est cependant pas récente: dès 1922, le biochimiste soviétique Alexandre Oparine (1894-1980) eut l'idée d'effectuer la synthèse de molécules complexes, briques du vivant, à partir de molécules simples, en présence d'eau et d'une source d'énergie. Il réussit à fabriquer, en solution, de petits globules organiques sphériques séparés de l'extérieur par une membrane. Cette expérience visait à imaginer la manière dont la vie est apparue, en recréant quelques-unes des réactions chimiques, dites prébiotiques, qui auraient transformé de la matière inerte en de la matière vivante.
Développant cette idée en 1929, le biochimiste anglais John Haldane (1892-1964) mit en évidence la nécessité d'une atmosphère réductrice, de façon à éviter l'oxydation des molécules formées par l'oxygène. En 1953, la première synthèse d'acides aminés, constituants élémentaires des protéines, fut réalisée en laboratoire aux États-Unis par Stanley Miller (1930-2007), alors étudiant en thèse (figure ci-contre), et son professeur Harold Urey (1893-1981).

▸ **Stanley Miller** devant les équipements utilisés lors de la fameuse expérience qui permit pour la première fois, en 1953, la synthèse de molécules organiques complexes à partir d'un mélange de méthane, d'ammoniac, d'hydrogène et d'eau.

L'exploration spatiale martienne va connaître une autre avancée spectaculaire avec la mission *Viking*. L'objectif est ambitieux: il s'agit de déterminer s'il existe des traces de vie à la surface de Mars. La Nasa a mis les moyens: la mission est constituée de deux orbiteurs identiques et deux modules de descente, également identiques. On se souvient des premiers échecs; la prudence règne et la redondance est de mise. Les orbiteurs sont équipés de toute la gamme d'instruments de sondage à distance pour photographier la surface et analyser la structure et la composition atmosphériques (caméras, spectromètres, analyseurs d'ondes radio, etc.), tandis que les modules de descente contiennent des instruments de météorologie, de sismologie et de collecte et d'analyse d'échantillons. L'accent est mis en particulier sur la recherche de molécules organiques qui pourraient signaler une activité biologique (voir encadré ci-dessus). Lancées en 1975, les deux missions sont un plein succès, aussi bien scientifique que technologique. Les orbiteurs et les modules enverront des données à la Terre pendant plusieurs années, bien au-delà de la durée de vie nominale de la mission (Figures 6 et 7). La composition de l'atmosphère est mesurée *in situ* par spectrométrie de masse, de même que la composition élémentaire du sol martien sur les sites des modules de descente. Les orbiteurs, quant à eux, approfondissent l'étude des trois cycles saisonniers (cycles du dioxyde

Le mélange de base était constitué d'hydrogène, de vapeur d'eau, de méthane et d'ammoniac, en présence d'eau liquide; de l'énergie était fournie par des décharges électriques. Au bout d'une quinzaine de jours, plus de 10 % du carbone s'était transformé en matière organique, dont environ 2 % sous la forme d'une dizaine d'acides aminés. Parmi les produits de synthèse se trouvait en outre une molécule de formule $H_5C_5N_5$, l'adénine, une base azotée que l'on retrouve dans les nucléotides qui constituent l'ADN. Par la suite, de nombreuses expériences similaires ont permis la synthèse d'acides aminés et de nucléotides en utilisant le rayonnement ultraviolet comme source d'énergie. Parmi la liste des molécules intermédiaires, dites prébiotiques, on trouve en particulier HCN, H_2CO, HC_3N, CH_3CN et C_2N_2.
Dans le milieu interstellaire, on a découvert plus de 150 molécules gazeuses, la plupart à base de carbone; la plus complexe est $HC_{11}N$. On a aussi découvert un grand nombre d'hydrocarbures aromatiques polycycliques (PAHs), plus complexes encore (ci-contre), mais dont la relation avec les molécules vivantes est très lointaine, sinon inexistante. L'atome de carbone, qui est susceptible de former jusqu'à quatre liaisons avec des atomes voisins, est le seul capable de former des molécules interstellaires complexes (la chimie du silicium, qui est aussi tétravalent, est beaucoup moins riche). Encore mieux, on a découvert des acides aminés dans certaines météorites primitives dites chondrites carbonées (ainsi nommées parce qu'elles contiennent encore les éléments relativement légers comme le carbone), telles que les météorites de Murchison (voir p. 159) et de Murray; parmi ces acides aminés, on retrouve ceux formés dans l'expérience de Miller et Urey... Ces découvertes illustrent l'omniprésence de la chimie du carbone dans l'Univers et son rôle sans doute incontournable dans l'apparition de la vie.

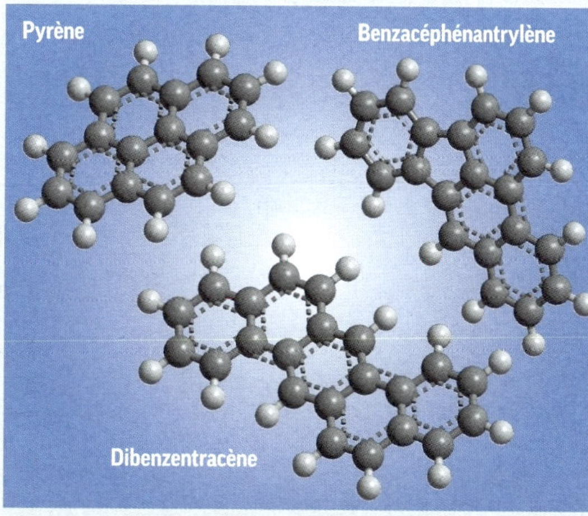

▸ **Exemples d'hydrocarbures polycyliques aromatiques** (*Polycyclic Aromatic Hydrocarbons*, ou PAH). Ces molécules sont constituées de structures annulaires formées de six atomes de carbone (en noir), autour desquelles viennent se fixer un certain nombre d'atomes d'hydrogène (en blanc). On reconnaît le benzacéphénantrylène ($C_{20}H_{12}$), le pyrène ($C_{16}H_{10}$) et le dibenzentracène ($C_{22}H_{14}$).

de carbone gazeux, de l'eau et des poussières) qui régissent le comportement et l'évolution de l'atmosphère. Si la recherche d'une activité biologique sur Mars s'est finalement avérée infructueuse, la mission a accumulé une base de données qui fait encore référence aujourd'hui, tant sur la composition de l'atmosphère que sur celle du sol martien. L'absence de trace de vie à la surface de Mars aura tout de même une conséquence négative sur la poursuite du programme spatial martien : celui-ci, du côté américain, ne redémarrera que vingt ans plus tard.

Dernière mission du programme *Mariner* de la Nasa, *Mariner 10* occupe une place à part. Lancée en 1973 en direction de Vénus, la sonde a mis à profit l'assistance gravitationnelle de la planète pour un premier survol de Mercure en 1974 (voir encadré p. 104), suivi de deux autres au cours de l'année suivante. Cette mission a été un succès remarquable, tant du point de vue de la prouesse technique – liée notamment à son orbite complexe et à la première utilisation de panneaux solaires – que du point de vue des résultats scientifiques, avec la première cartographie partielle de la surface de Mercure et la découverte inattendue de son champ magnétique intrinsèque.

Du côté de l'Union soviétique, l'exploration planétaire est aussi une forte priorité, et la compétition est vive contre les Américains en vue de la conquête de Vénus

L'assistance gravitationnelle, ou comment réussir un voyage interplanétaire

Comment réussir un voyage interplanétaire ? Pour éviter que la sonde retombe sur le sol terrestre, il faut d'abord atteindre la vitesse de libération : c'est le rôle du lanceur, qui consomme une énergie considérable pour la placer sur orbite. Il est illusoire d'imaginer la sonde poursuivre son chemin en ligne droite jusqu'à la planète visée, ou allumer en continu son système de propulsion. En pratique, pour économiser du carburant, on va accélérer la sonde en la faisant passer à proximité d'un objet massif, par exemple une planète : c'est l'assistance gravitationnelle, ou « effet de fronde ». Cette méthode lui permet d'acquérir de l'énergie au passage de la planète grâce à son champ de gravité, et de modifier ainsi vitesse et trajectoire.

La trajectoire de *Voyager 2* en donne un exemple (ci-contre). Lancée en 1977, la sonde est arrivée à proximité de Jupiter en 1979 et l'a contournée pour repartir en direction de Saturne, en acquérant au passage une infime fraction de l'énergie gravitationnelle de la planète. Le même scénario s'est reproduit au passage à proximité de Saturne en 1981, puis d'Uranus en 1986. Seule une configuration particulièrement favorable des planètes géantes, entre 1979 et 1986, a rendu la manœuvre possible.

Un autre exemple est la trajectoire de la sonde *Cassini*, lancée en 1997 (ci-dessous) : elle a utilisé l'assistance gravitationnelle de Vénus (deux fois), de la Terre puis de Jupiter avant de parvenir à proximité de Saturne. Une série de manœuvres a ensuite assuré sa mise en orbite autour de la planète.

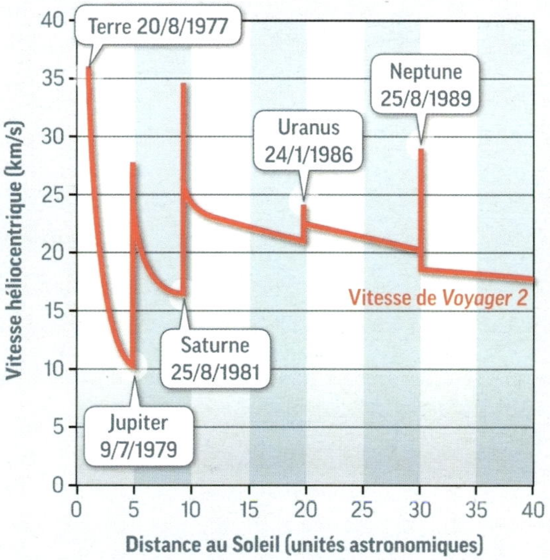

▸ **Cette figure montre la vitesse relative de la sonde *Voyager 2* par rapport au Soleil depuis son lancement, en fonction de la distance héliocentrique.** La vitesse décroît à mesure que la sonde s'éloigne, jusqu'à son passage à proximité de Jupiter, où sa vitesse est multipliée par un facteur 2,5 par l'effet de fronde dû au champ de gravité de Jupiter. Le même phénomène se reproduit à proximité de Saturne puis d'Uranus.

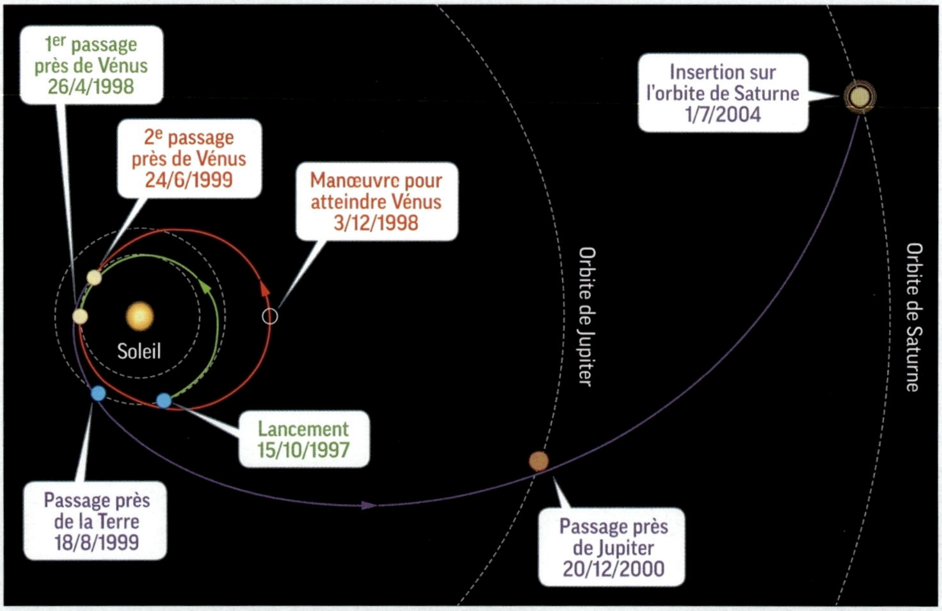

▸ Trajectoire de la sonde *Cassini* par rapport au Soleil, à partir de son lancement et jusqu'à son insertion sur l'orbite de Saturne.

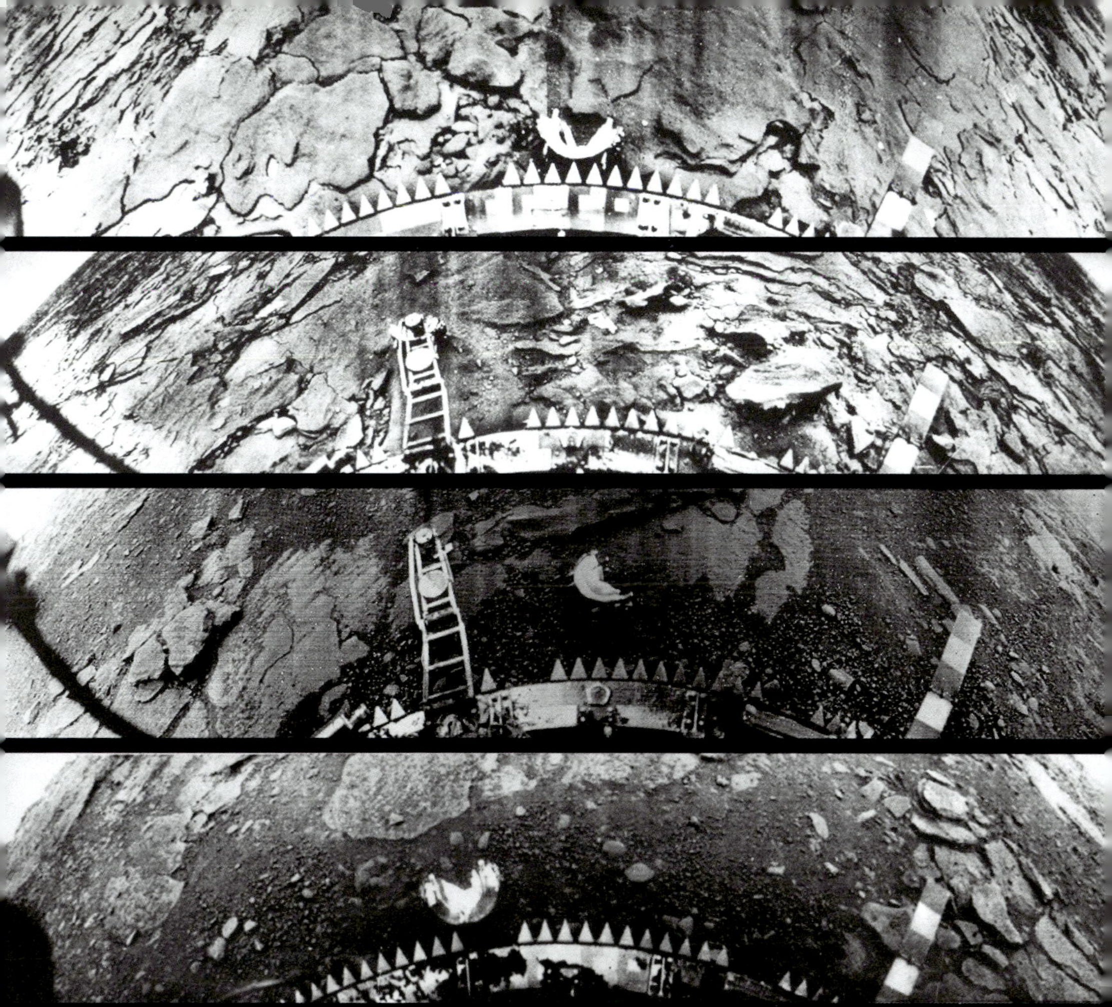

8 La surface de Vénus ›hotographiée par les sondes de lescente *Venera 13* (images du ıaut) et *Venera 14* (en bas) en nars et mai 1982. On voit, en bas le l'image, le rebord circulaire de a sonde et les pieds qui reposent ur le sol. Le sol de Vénus apparaît elativement plat et recouvert le blocs rocheux. La mission *Aagellan* nous a révélé leur origine olcanique.

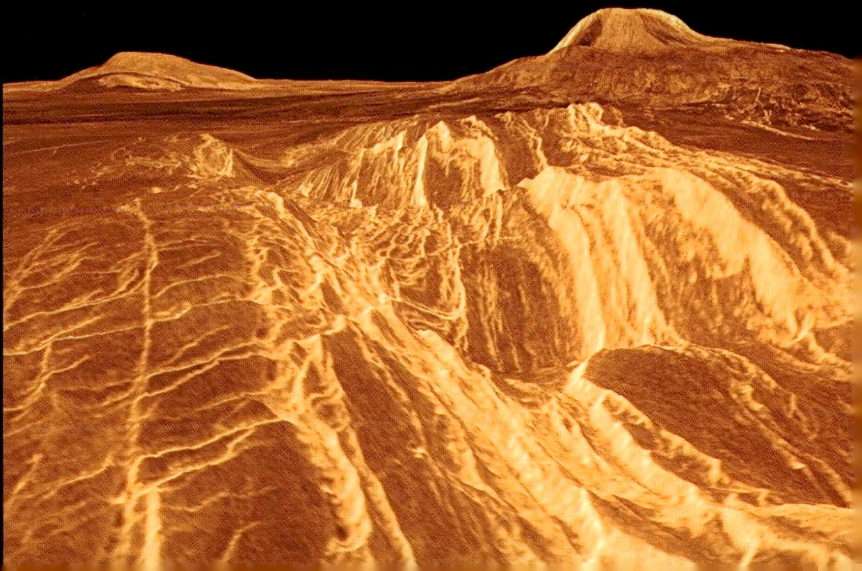

9 La surface de Vénus econstituée par cartographie adar à partir des données de la onde *Magellan* (fausses couleurs). Elle est recouverte de volcans elativement récents ; l'âge de la urface est inférieur au milliard l'années.

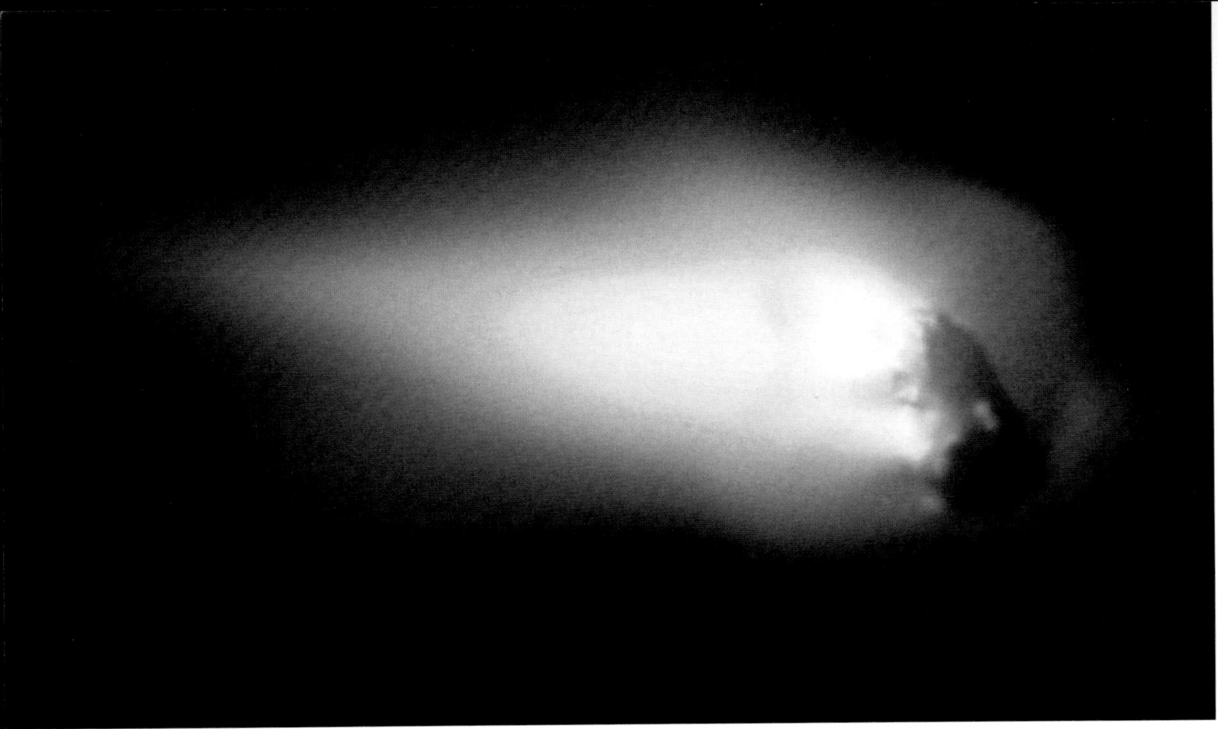

10 **Le noyau de la comète de Halley,** photographié par la caméra de la sonde *Giotto* lors du survol de la comète par la sonde en mars 1986. Cette image, la première d'un noyau cométaire, a montré que le noyau était de forme allongée, très sombre et inhomogène, avec quelques régions actives localisées.

et de Mars. Alors que la campagne d'exploration de Mars – avec *Mars 2* et *3* lancées en 1971, puis *Mars 4, 5* et *6* lancées deux ans plus tard – connaît un succès très limité au regard des performances des sondes américaines, les sondes soviétiques feront nombre de découvertes sur Vénus. *Venera 4*, lancée en 1967, réalise les premières mesures de la composition de l'atmosphère avant de se désintégrer sous l'effet de la pression, à 23 km du sol. En 1970, *Venera* 7 réalise le premier atterrissage en douceur dans un milieu particulièrement hostile : la pression y est proche de 100 bars, la température supérieure à 450 °C et une épaisse couche nuageuse d'acide sulfurique est présente en permanence ! Les sondes *Venera 13* et *14* envoient à la Terre les premières images du sol de Vénus en 1982 (Figure 8). Un peu plus tard, *Venera 15* et *16* réalisent par altimétrie radar une cartographie partielle de la surface de la planète, qui est dominée par de grandes plaines volcaniques ; la résolution spatiale des données est meilleure que celle de *Pioneer Venus*, lancée en 1979 par la Nasa, mais sera dépassée dans les années 1990 par la cartographie radar réalisée par la sonde américaine *Magellan* (Figure 9). De nombreux autres résultats sont collectés par les orbiteurs et les sondes de descente sur la composition et la structure thermique de l'atmosphère, sa dynamique et la composition du sol.

Une étape décisive : l'exploration de la comète de Halley

La décennie 1980 marque une nouvelle étape : l'Union soviétique profite de l'opportunité que présente la nouvelle apparition, en 1986, de la célèbre comète de Halley pour lancer les deux sondes *Vega 1* et *2* : d'abord en direction de Vénus, puis à la rencontre de la comète à proximité de son passage au périhélie. De nombreux pays européens, dont la France, sont associés à cette aventure. Les missions *Vega* ont l'originalité d'emporter non seulement des sondes de descente, mais aussi des ballons destinés à flotter au niveau de la couche nuageuse de Vénus au gré des vents. Quant à l'exploration de la comète de Halley, elle constitue un événement mémorable dans l'histoire de l'exploration spatiale du Système solaire. En mars 1986, date de passage de la comète dans le plan de l'écliptique, cinq sondes effectuent, à quelques jours d'intervalle, le survol de la comète : aux deux sondes soviétiques s'ajoutent *Giotto*, la première sonde planétaire de l'Agence spatiale européenne (Esa), et les deux sondes japonaises *Suisei* et *Sakigake*. La moisson est riche. La caméra de *Giotto* retransmet les premières images d'un noyau cométaire, qui est bien différent de ce que l'on imaginait : très irrégulier, il est sombre et recouvert de matériau carboné (Figure 10). Les spectromètres analysent les molécules issues du noyau, et les spectromètres de masse (qui identifient les molécules par une mesure de leur masse molaire) analysent *in situ* sa composition chimique. Une nouvelle image des comètes se dessine : celle de corps primitifs, témoins des premiers âges du Système solaire, dont la composition est proche de celle de la matière interstellaire (voir chapitre 8 p. 155).

Au-delà de ses implications scientifiques, l'exploration de la comète de Halley marque une étape décisive pour l'Europe : celle de son entrée dans l'exploration planétaire. La mission *Giotto*, réalisée dans des délais très courts, a été un plein succès. La sonde s'est approchée à moins de 600 km du noyau cométaire et a réalisé l'une des plus belles images d'un noyau cométaire à ce jour. De plus, les équipes européennes ont été très fortement impliquées dans les missions soviétiques *Vega*. C'est particulièrement vrai pour la France qui entretient, depuis les années soixante, des relations privilégiées avec l'Union soviétique.

La Nasa à l'assaut des planètes géantes

Dès le début des années 1970, la Nasa a le projet d'envoyer des sondes à la rencontre des planètes géantes. Dans un premier temps il s'agira de survols, l'idée étant de profiter de configurations géométriques favorables entre planètes pour en survoler plusieurs avec une seule sonde. Première étape de ce programme, les deux sondes identiques *Pioneer 10* et *11*, lancées en 1972 et 1973 respectivement, survolent Jupiter vingt mois plus tard ; grâce à l'assistance gravitationnelle de la planète, *Pioneer 11* part ensuite en direction de Saturne qu'elle survole en 1979. L'un des objectifs principaux de la mission est d'étudier l'espace interplanétaire au-delà de Mars, pour évaluer les risques potentiels de destruction au passage dans la ceinture astéroïdale. Parmi les résultats les plus spectaculaires des sondes *Pioneer*, il faut citer les premières images détaillées de la Grande Tache rouge de Jupiter (Figure 11)

11 **Jupiter photographiée par la sonde *Pioneer 10* en 1974.** La Grande Tache rouge, visible au centre, en bas (zone sombre), est un phénomène météorologique analogue à un anticyclone géant. Sa stabilité est remarquable : elle était déjà présente il y a trois siècles, comme en témoignent les dessins de Cassini conservés à l'Observatoire de Paris (voir p. 25). Elle apparaît particulièrement contrastée par rapport aux nuages blancs d'ammoniac qui l'entourent.

Une variété de magnétosphères

Le Soleil éjecte en permanence des particules chargées électriquement, à des vitesses de plusieurs centaines de kilomètres par seconde : le « vent solaire ». Lorsqu'une planète possède un champ magnétique, celui-ci fait obstacle au vent solaire et tend à le dévier de sa trajectoire. Le résultat de cette interaction, la magnétosphère, se présente comme un bouclier qui protège l'atmosphère planétaire du vent solaire, sous la forme d'une cavité hémisphérique du côté du Soleil et d'une queue allongée dans la direction opposée (ci-contre).

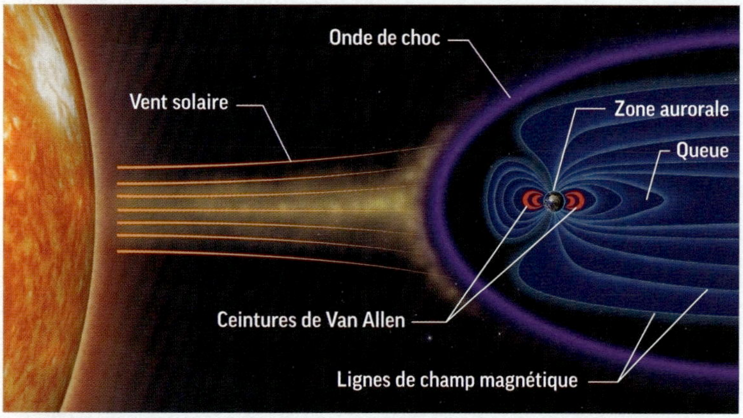

▸ **La magnétosphère terrestre** (les échelles ne sont pas respectées), en bleu sur la figure. Elle résulte de l'interaction entre le vent solaire et la partie supérieure de l'atmosphère de la Terre, l'ionosphère, qui est constituée d'atomes ionisés par le rayonnement ultraviolet du Soleil. Ces ions interagissent avec les particules énergétiques du vent solaire pour produire les aurores polaires. Sur la figure, les courbes en bleu foncé représentent les lignes de champ magnétique, qui sont déformées par le vent solaire. Elle rejoignent l'ionosphère terrestre aux pôles, au niveau des zones aurorales. À quelques rayons terrestres se trouvent les *ceintures de Van Allen* (en rouge), des zones où des particules chargées sont piégées par le champ magnétique. Avant que le vent solaire ne se heurte à la magnétosphère, il est brutalement ralenti et crée une onde de choc.

Toutes les planètes telluriques présentent-elles une magnétosphère ? La Terre est dotée d'un champ magnétique fort, et possède donc une magnétosphère. Vénus est dénuée de champ magnétique propre. Mars n'en a pas non plus aujourd'hui, mais en a présenté un au début de son histoire. En revanche, Mercure a un champ magnétique dont l'origine est mal comprise.

Les planètes géantes, quant à elles, ont toutes un champ magnétique propre, donc une magnétosphère. C'est la magnétosphère de Jupiter qui ressemble le plus à celle

et des anneaux de Saturne, ainsi que l'exploration de leur magnétosphère (voir encadré ci-dessus).

Forte de ce premier succès, l'agence américaine envisage cette fois une mission de survol des quatre planètes géantes, au moyen de deux sondes, toujours identiques : c'est la mission *Voyager*, qui restera dans les annales de la planétologie comme un extraordinaire succès scientifique et technologique (Figure 12). La palette instrumentale (que l'on appelle aussi charge utile) est nettement plus élaborée que celle des sondes *Pioneer* : on y trouve une caméra, bien sûr, mais aussi des

12 La sonde *Voyager*. Lancées en 1977, deux sondes identiques *Voyager 1* et *2*, ont exploré successivement les quatre planètes géantes entre 1979 et 1989. On distingue au centre l'antenne parabolique destinée aux télécommunications avec la Terre, en bas à droite le mât de 13 mètres de long du magnétomètre, et en haut la plateforme orientable qui porte la caméra et les spectromètres.

de la Terre (ci-contre). Son existence fut mise en évidence indirectement en 1955 par la détection d'un intense rayonnement radio (voir p. 64), dû au rayonnement dit « synchrotron » d'électrons piégés dans le champ magnétique au niveau des *ceintures de Van Allen*. Ce dernier possède une particularité : les lignes de champ sont fortement perturbées par la présence des satellites galiléens les plus proches. Dans les régions polaires, l'interaction des particules énergétiques du vent solaire avec la magnétosphère de Jupiter produit, comme sur la Terre, des aurores modulées par les perturbations provenant des satellites (voir p. 128).

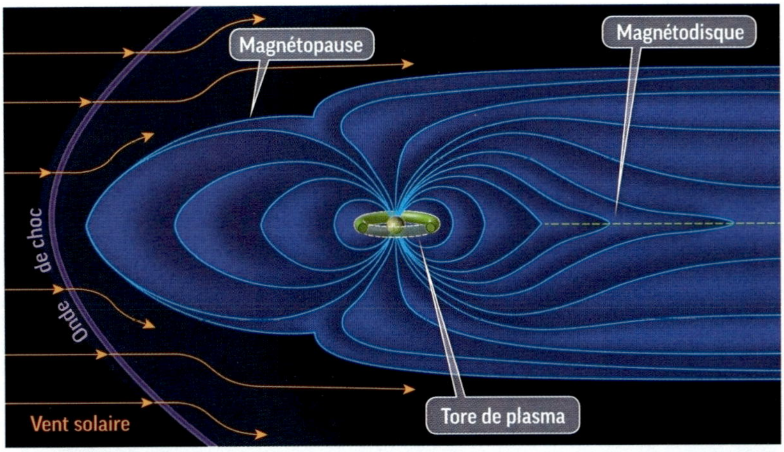

▸ **La magnétosphère de Jupiter.** Sa structure est très voisine de celle de la magnétosphère terrestre. La magnétopause est l'enveloppe de la magnétosphère qui confine le champ magnétique. Le magnétodisque est une région où le champ magnétique est particulièrement intense. À la différence de la magnétosphère terrestre, celle de Jupiter est perturbée par le tore de gaz ionisé (plasma) qui entoure l'orbite de Io, le satellite galiléen le plus proche de la planète. Elle comprend aussi des ceintures de Van Allen (non représentées) qui se trouvent près de la planète, bien à l'intérieur du tore.

La magnétosphère de Saturne ressemble à celle de Jupiter avec deux différences notables : d'une part, elle est perturbée par le satellite Titan qui promène autour de son orbite un anneau de gaz constitué d'hydrogène atomique ; d'autre part, les ceintures de Van Allen sont absentes, car le système d'anneaux de Saturne empêche le piégeage des particules le long des lignes de champ magnétique.

Enfin, les magnétosphères d'Uranus et de Neptune ont une structure très complexe, en particulier celle d'Uranus en raison du fait que l'axe de rotation de la planète est pratiquement situé dans le plan de l'écliptique.

Chaque magnétosphère planétaire est ainsi unique en son genre, et constitue, pour les spécialistes de physique des plasmas, un laboratoire exceptionnel.

spectromètres à toutes les longueurs d'onde, des instruments de physique des plasmas, un détecteur de particules, un magnétomètre et un émetteur d'ondes radio pour réaliser des mesures d'occultation. La sonde *Voyager 1* rencontre Jupiter en 1979 (Figure 13), Saturne et Titan en 1980. La sonde *Voyager 2* survole Jupiter en 1979, Saturne en 1981, Uranus en 1986 et Neptune en 1989 (Figure 14). L'ensemble des observations va permettre de constituer une

13 La Grande Tache rouge de Jupiter observée par la sonde *Voyager 1* en 1979. On note l'évolution de sa structure par rapport à l'image prise en 1973 par *Pioneer 10* (Fig. 11).

14 La planète Neptune photographiée par la sonde *Voyager 2* en août 1989. La couleur bleue s'explique probablement par la présence de méthane gazeux en abondance. Les taches blanches sont sans doute dues à des nuages de méthane à haute altitude (des cirrus). Quant à la grande tache sombre, elle pourrait être un phénomène météorologique, peut-être analogue à la Grande Tache rouge de Jupiter.

base de données unique, encore utilisée aujourd'hui. Dans le cas d'Uranus, de Neptune et de leurs satellites, les données de *Voyager* serviront encore de référence pendant plusieurs décennies, car il n'existe pas actuellement de projet d'exploration spatiale de ces planètes lointaines.

Parmi les résultats spectaculaires de la mission *Voyager*, l'exploration des satellites galiléens a marqué les esprits. Elle a notamment révélé que Io, le satellite galiléen le plus proche de Jupiter, est le siège d'un volcanisme actif : c'est le premier (et à ce jour le seul) objet extérieur à la Terre où ce phénomène a été découvert. Le satellite Europe, quant à lui, présente une surface striée et morcelée en plaques qui laisse supposer la présence possible d'un océan sous sa surface. Ces découvertes vont servir de point de départ à la définition d'une nouvelle mission beaucoup plus ambitieuse d'exploration de Jupiter et de ses satellites : la mission *Galileo*.

Prévue initialement pour un lancement en 1982 par la navette spatiale américaine, *Galileo* comprend un orbiteur doté d'une panoplie complète d'instruments de sondage à distance, et une sonde qui doit pénétrer dans l'atmosphère de Jupiter pour y réaliser des mesures *in situ*. Au début des années 1980, la mission, confrontée à des problèmes techniques et budgétaires, voit son calendrier glisser dans le temps. La perte de la navette *Challenger* et de son équipage, le 28 janvier 1986, a un impact majeur sur la mission. De nouveaux protocoles de sécurité sont instaurés : ils imposent l'utilisation d'un étage supérieur de propulsion de faible puissance. Le booster étant moins puissant, la trajectoire du vaisseau spatial doit être revue : elle inclut désormais plusieurs assistances gravitationnelles par Vénus et la Terre, de sorte à économiser du carburant (voir encadré p. 104).

La mission *Galileo* est finalement lancée le 18 octobre 1989. Quelques mois après un survol de Vénus et de la Terre, alors que la sonde s'approche de la ceinture astéroïdale principale, à 2,7 unités astronomiques du Soleil, c'est la catastrophe : l'antenne à grand gain en forme de parapluie, qui doit fournir un débit dix mille fois plus puissant que la petite antenne utilisée à proximité de la Terre, refuse de se déployer. Il faudra s'accommoder d'un débit de seulement 10 bits par seconde ! Des algorithmes de compression de données sont rapidement définis pour limiter la quantité de données à transférer, et toutes les grandes antennes de réception sur Terre sont mobilisées. Après un périple de six ans, *Galileo* s'approche

15 La surface striée du satellite galiléen Europe, photographiée par *Galileo*. Elle montre la présence de plaques qui semblent flotter sur un milieu visqueux, voire liquide. Il existe vraisemblablement un océan d'eau liquide salée sous sa surface. L'épaisseur de la couche de glace pourrait être d'une dizaine de kilomètres.

16 Le satellite galiléen Io, photographié par *Galileo*, est le seul objet du Système solaire où l'on ait découvert avec certitude un volcanisme actif aujourd'hui. L'évolution de l'activité volcanique a pu être étudiée à partir de la comparaison entre les images de *Voyager* (1979) et celles de *Galileo* (1995).

enfin de Jupiter en juillet 1995 et largue une sonde de descente. Celle-ci pénètre dans l'atmosphère de Jupiter le 7 décembre : elle s'y enfonce progressivement et renvoie des signaux pendant une heure avant de céder aux conditions extrêmes. Elle a alors atteint une profondeur de 200 km, bien au-delà des espérances : il y règne une pression considérable (22 bars). Les mesures *in situ* de la composition chimique de l'atmosphère donneront un nouvel éclairage sur l'origine de Jupiter : la planète se serait formée à partir de matériaux à basse température, ce qui confirmerait en outre le modèle de formation des planètes géantes par accrétion autour d'un noyau de glace (voir chapitre 5 p. 90). L'orbiteur de *Galileo*, quant à lui, explorera le système de Jupiter jusqu'en 2003, au moyen d'une palette instrumentale comparable à celle de *Voyager*. Les satellites galiléens vont bénéficier pendant huit ans d'une étude approfondie, avec en particulier le suivi du volcanisme actif de Io (Figure 16) et l'observation des plaques de glace recouvrant Europe (Figure 15). En dépit de la défection de l'ouverture de la grande antenne, la mission *Galileo* aura été un grand succès.

17 Le sol de Titan, le plus gros satellite de Saturne, photographié par la sonde de descente *Huygens* le 14 janvier 2005 (fausses couleurs). Le sol, relativement plat, est recouvert d'un dépôt sans doute constitué d'hydrocarbures. Les galets, fortement érodés, sont très vraisemblablement constitués de glace d'eau.

Une coopération internationale exemplaire : la mission *Cassini-Huygens*

Un autre satellite a fait l'objet de découvertes spectaculaires par la mission *Voyager* : il s'agit de Titan, le plus gros satellite de Saturne. Avant les survols, son atmosphère était mal connue et sa surface encore moins, car le satellite est en permanence entouré d'une épaisse couche de brumes. Les observations de *Voyager* ont montré que l'atmosphère de Titan est principalement constituée d'azote, avec une pression de surface de 1,5 bars : le satellite présente ainsi une certaine analogie avec la Terre (la température y étant bien sûr beaucoup plus basse). De plus, les spectres infrarouges transmis par *Voyager* ont révélé la présence de nombreux hydrocarbures et de nitriles, issus de la dissociation du méthane et de l'azote. Or ces nitriles figurent justement parmi les molécules qui sont formées en laboratoire à partir de molécules simples dans les expériences de chimie prébiotique (voir encadré p. 102). Titan pourrait-il être un analogue de la Terre primitive, et peut-être un laboratoire de chimie prébiotique ?

Il fallait apporter un élément de réponse à cette question passionnante : ce fut la mission *Cassini-Huygens*, menée en partenariat entre la Nasa et l'Esa. Cette ambitieuse mission, menée dans le cadre d'une étroite collaboration scientifique internationale, était constituée d'un orbiteur (*Cassini*), sous responsabilité américaine, et d'une sonde de descente (*Huygens*) sous responsabilité européenne. Lancée en 1997, la mission est arrivée en 2004 à proximité de Saturne. Elle a largué la sonde *Huygens* qui s'est posée avec succès à la surface de Titan le 14 janvier 2005, transmettant au monde les premières images du sol du satellite (Figure 17). L'orbiteur *Cassini* a entrepris l'exploration de

Titan et la chimie prébiotique

L'atmosphère de Titan, le plus gros satellite de Saturne, apparaît comme un milieu favorable au développement d'une chimie prébiotique. La première découverte d'hydrocarbures et de nitriles dans son atmosphère est due aux sondes *Voyager* au début des années 1980. Plus récemment, le spectromètre de masse *INMS* de l'orbiteur *Cassini* a identifié dans l'ionosphère du satellite un grand nombre d'ions négatifs complexes, à base d'hydrocarbures et de nitriles, dont la masse atomique dépasse la dizaine de milliers d'unités de masse atomique. Ces ions « lourds » pourraient être les précurseurs des aérosols appelés tholins, responsables de la brume de couleur orange qui masque en permanence la surface du satellite. La composition de cette brume a été étudiée par des expériences de simulation en laboratoire, créant des réactions photochimiques au sein d'un mélange d'azote et de méthane dans des conditions aussi proches que possible de celles de la stratosphère de Titan. Les produits de dissociation résultant de ces expériences contiennent des composés aliphatiques et aromatiques, des polymères et des précurseurs d'acides aminés. Une nouvelle mission vers Titan sera nécessaire pour mieux comprendre la nature de la brume qui le couvre, et pour explorer plus en détail la chimie prébiotique dont elle est le siège. Mais du fait de la très basse température du milieu, qui induit des temps de réactions chimiques extrêmement longs, la présence de vie sur Titan, même sous ses formes les plus primitives, est des plus improbables.

▸ **Le bord de Titan, photographié par la sonde *Voyager 1* en 1980.** Elle révèle la brume épaisse, située à une altitude de 100 à 200 km et formée d'hydrocarbures et de nitriles, qui cache intégralement la surface du satellite.

Saturne, de Titan, des autres satellites et des anneaux. L'aventure se poursuivra jusqu'en 2017.

De nombreuses découvertes spectaculaires sont à mettre à l'actif de la mission *Cassini-Huygens*. Dans le cas de Titan, les images de la sonde *Huygens* ont mis en évidence une surface à faible relief, couverte d'un dépôt d'hydrocarbures, parsemée de galets de glace d'eau et sillonnée de vallées ramifiées, suggérant la présence d'un « cryo-volcanisme » peut-être actif aujourd'hui. Ce phénomène, que l'on observe aujourd'hui sur plusieurs objets du Système solaire extérieur, correspond à l'éjection de gaz qui se condensent immédiatement après l'éruption du fait de la très basse température extérieure. Les observations radar

18 En haut, le lac d'hydrocarbures Ligeia Mare à la surface de Titan, mis en évidence par le radar de la sonde *Cassini*. La plupart des lacs ont été détectés à haute latitude et leur évolution semble corrélée au cycle saisonnier de Titan. En bas, le Lac supérieur en Amérique du Nord, de plus de 500 km de large, représenté à la même échelle.

à partir de l'orbiteur *Cassini*, confirmées par les mesures infrarouge, ont détecté la présence de lacs d'hydrocarbures liquides, surtout dans l'hémisphère nord (Figure 18) ; il semble qu'il s'agisse d'un effet saisonnier, les lacs se déplaçant d'un hémisphère à l'autre tous les seize ans. Autre résultat très inattendu de l'orbiteur : la découverte, dans l'ionosphère, d'une multitude de composés complexes, à base d'hydrocarbures et de nitriles (voir encadré p. 113).

Parmi les satellites de Saturne, tous survolés par l'orbiteur de *Cassini*, c'est Encelade qui a créé la surprise. Plusieurs instruments ont montré que ce satellite est le siège d'un cryo-volcanisme actif autour de son pôle Sud, dont la surface est plus jeune et plus chaude que son environnement (ou plutôt moins froide de quelques 10 °C, pour atteindre une température d'environ -170°C !), et qui dégage des panaches de vapeur d'eau et de composés organiques. Ce dégazage explique probablement l'existence de l'anneau E de Saturne, situé à la même distance de la planète qu'Encelade. L'origine de ce phénomène reste obscure pour un satellite de si petite dimension.

La Nasa à nouveau vers Mars

Après l'aventure de *Viking*, l'exploration spatiale de Mars marque un temps d'arrêt. L'initiative est d'abord reprise par l'Union soviétique – puis la Russie – avec d'abord, en 1988, la mission *Phobos*. Celle-ci est constituée de deux véhicules identiques, destinés, après une phase d'observation en orbite de Mars, à déposer un module de descente à la surface de Phobos, un des deux petits satellites de Mars. La première sonde est malheureusement perdue pendant la période de croisière ; la seconde fonctionne avec succès en orbite martienne pendant

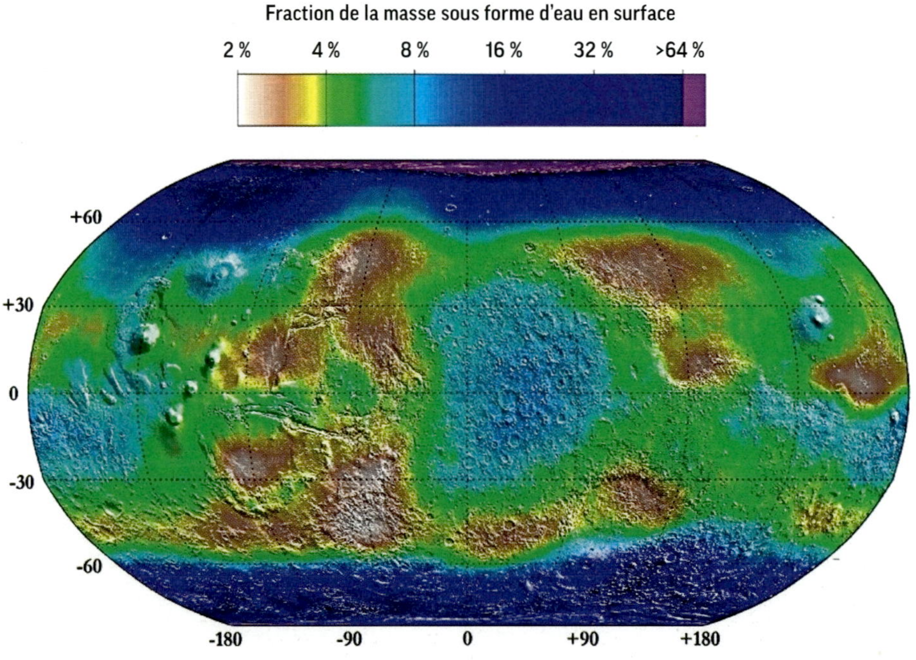

19 La carte de la teneur en eau du sous-sol martien, enregistrée par le spectromètre gamma de la sonde *Mars Odyssey*. L'eau est présente en abondance sous les pôles et aux latitudes supérieures à 60° (d'après Boynton et *al.*, 2002).

20 **Autoportrait du rover *Curiosity/Mars Science Laboratory* de la NASA**, recomposé à partir d'une mosaïque de photographies prises en février et mai 2013. Le rover est doté de toute une panoplie d'instruments d'analyse *in situ* de la composition de l'atmosphère et du sol de Mars, pour en étudier la minéralogie et la composition chimique. On aperçoit, à gauche, deux trous de forage réalisé dans la roche.

quelques semaines, puis est perdue en mars 1989 alors qu'elle s'approche de la surface de Phobos.

Quelques années plus tard, la Nasa se lance à nouveau dans l'exploration de Mars ; elle va y connaître plusieurs échecs mais aussi de remarquables succès. C'est d'abord *Mars Observer*, lancé en 1992 mais dont on perd le contact un an plus tard, trois jours avant son insertion en orbite martienne. Le programme suivant, *Mars Surveyor 98*, tourne au désastre : les deux véhicules qui la constituent sont successivement perdus avant d'accomplir leur mission (voir encadré).

Heureusement, la perte de la mission *Mars Observer* en 1993 avait déjà conduit la Nasa à réorienter sa politique vers des objectifs plus modestes (« *better, faster, cheaper* » : mieux, plus vite, à moindre coût) ; et malgré ce lourd tribut à l'aventure spatiale, l'exploration spatiale de Mars va connaître, fort heureusement, une série de succès spectaculaires. C'est d'abord la sonde *Pathfinder* qui, en 1997, dépose sur le sol martien un petit robot, *Sojourner*, à des fins surtout technologiques ; cette fois, le pari est réussi. C'est aussi l'orbiteur *Mars Global Surveyor*, lancé en 1996, qui restera en opération jusqu'en 2003. L'un de ses plus beaux succès est la découverte d'un champ magnétique fossile dans les terrains les plus anciens de l'hémisphère Sud. Ce champ est le résidu d'un champ magnétique propre qui existait lors du premier milliard d'années de l'histoire de la planète ; celle-ci en est aujourd'hui dépourvue (voir encadré p. 108). Lancé en 2001, l'orbiteur *Mars Odyssey* poursuit la reconquête par la Nasa de la planète rouge. Il découvrira une quantité importante d'eau sous les calottes polaires grâce à son spectromètre à rayons gamma (Figure 19). La présence d'eau avait été suspectée par de multiples indices, tels que certains reliefs caractéristiques (réseaux de vallées ramifiées, vallées de débâcle) déjà observés dans les années 1970 par les sondes *Mariner 9* et *Viking* ; mais l'eau n'avait jamais été formellement identifiée, et son abondance n'avait pas encore été quantifiée. L'exploration américaine se poursuit avec l'envoi de deux robots, *Spirit* et *Opportunity*, lancés en 2003 en même temps que la mission européenne *Mars Express*. La complémentarité des mesures orbitales et *in situ* s'avèrera précieuse pour notre compréhension de la minéralogie martienne et de l'histoire de l'eau sur Mars.

Les deux étapes suivantes du programme martien de la Nasa sont l'orbiteur *Mars Reconnaissance Orbiter*, lancé en 2005 et toujours en fonctionnement, avec à son actif la cartographie de l'eau sous la surface par radar et des photographies très détaillées de cette surface ; puis le module *Phoenix*, posé à proximité du pôle Nord en mai 2008 et qui est resté en opération pendant dix-huit mois. Les données de *Phoenix* ont mis en évidence la présence probable d'eau liquide sous la surface dans un passé récent, l'existence en faible quantité de carbonates, et enfin des précipitations neigeuses. La composition chimique de la surface a montré la présence d'un oxydant puissant, le perchlorate ; celui-ci, mélangé à l'eau, en abaisse la température de condensation, ce qui pourrait peut-être permettre la présence de l'eau liquide dans certaines conditions.

Le rover *Curiosity* de la mission américaine *Mars Science Laboratory* (Figure 20), en opération à la surface de Mars depuis août 2012, mène actuellement une campagne de caractérisation du sol et de l'atmosphère, avec l'espoir pour les scientifiques de détecter des composés organiques, ou les traces éventuelles d'un environnement passé favorable à la vie.

L'échec des missions Mars Surveyor 98

Plus de vingt ans après le spectaculaire succès des sondes *Viking*, l'échec de la mission *Mars Surveyor 98* a rappelé que rien n'est jamais gagné en matière de recherche spatiale. Le programme comportait un orbiteur, *Mars Climate Orbiter*, destiné à étudier les cycles atmosphériques et la climatologie, et un module de descente, *Mars Polar Lander*, destiné à sonder le sol de la planète à haute latitude.

La Nasa lança *Mars Climate Orbiter* le 11 décembre 1998, mais le signal de la sonde fut perdu lors de l'insertion en orbite martienne, le 23 septembre 1999 :

« *Nous avions prévu d'approcher la planète à une altitude de 150 km environ (93 miles). Nous pensions être à cette altitude, mais les données reçues par la sonde au cours des dernières heures ont montré que l'altitude réelle était beaucoup plus faible* », raconte Richard Cook, responsable de la mission au Jet Propulsion Laboratory (JPL). « *La sonde ne pouvait pas survivre à une altitude inférieure à 85 km (53 miles).* »

Le 30 septembre, un communiqué officiel de la Nasa donnait l'explication de la perte de la sonde : une erreur de communication entre l'équipe construisant le satellite au Colorado et les responsables de la navigation au JPL. L'une des équipes utilisait les unités américaines (inches, feet, pounds) et l'autre le système métrique… Ces informations étaient bien sûr capitales pour amener la sonde sur son orbite finale.

Quant à la sonde *Mars Polar Lander*, elle fut lancée le 3 janvier 1999. Le 3 décembre 1999, alors que le module de descente effectuait sa rentrée dans l'atmosphère de Mars, les contacts furent perdus. La cause de cet échec pourrait être une erreur informatique : il est possible que les vibrations entraînées par le déploiement des pieds du module aient été interprétées par le logiciel de bord comme l'arrivée sur le sol même. Les moteurs destinés au freinage du module auraient alors été coupés, alors que celui-ci se trouvait encore à 40 mètres au dessus de la surface…

L'exploration spatiale planétaire : un programme européen soutenu

En parallèle à l'exploration de Saturne avec la mission *Cassini-Huygens*, l'Agence spatiale européenne (l'Esa) s'est investie dans d'autres programmes planétaires. Le premier, décidé dès le début des années 1980, est la mission *Rosetta*, dédiée à l'exploration *in situ* d'un noyau cométaire. L'objectif qui, au départ, incluait un retour d'échantillon cométaire, a été revu à la baisse pour des raisons de faisabilité, mais reste ambitieux. La mission *Rosetta*, lancée en 2004, rencontrera en 2014 la comète Churyumov-Gerasimenko. Elle y déposera un module de descente et accompagnera la comète pendant un an, en observant le démarrage de son activité à mesure qu'elle se rapprochera du Soleil. Les instruments, par sondage à distance depuis l'orbiteur et par analyse *in situ* depuis l'orbiteur et le module, caractériseront la surface du noyau et son intérieur, analyseront les molécules et les grains libérés du noyau sous l'effet du rayon-

21 L'orbiteur *Mars Express*, lancé par l'Agence spatiale européenne en 2003. La sonde spatiale, dont la mission cessera fin 2014, a apporté des résultats décisifs sur la composition minéralogique du sol martien et l'histoire passée de l'eau à sa surface.

22 **Le canyon Valles Marineris photographié par la sonde *Mars Express*** (image en fausses couleurs). La caméra HRSC (High Resolution Stereo Camera) de *Mars Express* a fourni des images du sol de Mars d'une qualité inégalée. Situé à proximité de l'équateur, ce canyon a une longueur supérieure à 3700 km et une largeur pouvant atteindre 600 km. Il atteint une profondeur de 5 km au-dessous du niveau moyen du sol, alors que ses flancs s'élèvent jusqu'à 5 km au-dessus de ce niveau.

nement solaire, et étudieront leur interaction avec le vent solaire. L'objectif de la mission est ainsi de comprendre la nature du noyau cométaire, d'élucider le lien entre matière cométaire et matière interstellaire, et de rechercher des molécules complexes, voire prébiotiques, comme les acides aminés qui ont été découverts dans certaines météorites primitives. L'exemple de la mission *Rosetta* illustre bien que des délais de plus en plus longs séparent le moment où une mission spatiale est sélectionnée de la date de son achèvement : on atteint la trentaine d'années, ce qui n'est pas loin de la durée d'activité d'un chercheur… Entre temps, de façon fort profitable, la sonde *Rosetta* a rencontré deux astéroïdes, Steins en septembre 2008 et Lutetia en juillet 2010 : ce fut une façon relativement peu onéreuse d'examiner de près deux représentants de la ceinture principale d'astéroïdes.

D'autres missions spatiales européennes, heureusement, se développent sur des calendriers plus courts. C'est le cas de *Mars Express*, un orbiteur martien lancé par l'Esa en 2003, quelques années seulement après l'acceptation de la mission. Son objectif : engager l'Europe dans l'aventure de l'exploration martienne en réutilisant pour partie un double de la charge utile de la mission soviétique *Mars-96*, perdue au décollage en novembre 1996. La mission *Mars Express* emporte un orbiteur mais aussi un module de descente, *Beagle II*, sous maîtrise d'œuvre du Royaume-Uni. Le lancement a lieu en juin 2003, à quelques jours du lancement de deux véhicules américains, *Spirit* et *Opportunity*, qui fonctionneront avec succès pendant plusieurs années. Du côté de *Beagle II*, c'est l'échec : largué de la sonde en décembre 2003, le module ne donnera jamais signe de vie… En revanche, la mise en opération de l'orbiteur *Mars Express* est un succès (Figures 21 et 22). Plusieurs spectrographes, depuis l'ultraviolet jusqu'à l'infrarouge lointain, étudient à distance la composition de l'atmosphère, la structure thermique et nuageuse et la minéralogie de la surface. En particulier, *Mars Express* dressera une carte minéralogique de la surface, encore

23 La sonde *Venus Express*, mise en orbite autour de Vénus en avril 2006. Sa charge utile comprend une caméra, des spectromètres ultraviolet et infrarouge, un sondeur radio, un magnétomètre et un analyseur de particules énergétiques.

mal connue malgré les missions américaines qui se sont succédées en orbite autour de Mars. Autre fait marquant : les mesures du spectromètre infrarouge *Omega* offriront une nouvelle compréhension de l'histoire de l'eau. Cet instrument a détecté la présence d'argiles dans les terrains les plus anciens, mais aussi des sulfates dans certaines régions chaotiques plus récentes. Alors que la présence d'argile nécessite la présence continue d'eau liquide abondante, les sulfates, en revanche, se forment préférentiellement lors d'épisodes catastrophiques relativement brefs. Grâce à ces données minéralogiques, il apparaît donc que l'eau liquide a dû couler en abondance sur Mars au cours du premier milliard d'années suivant sa formation, mais qu'elle n'a été présente ensuite que sous forme sporadique et temporaire lors d'épisodes volcaniques ou tectoniques limités dans le temps. Si nous voulons trouver des traces de vie sur Mars, c'est donc dans les terrains anciens, vestiges des premiers âges, qu'il nous faut les rechercher.

24 L'orbiteur planétaire de la mission *Bepi Colombo*, dont le lancement est prévu pour 2016. Cette sonde spatiale, construite par l'Esa, explorera la planète Mercure. Sa charge utile comprend un altimètre laser, un radar, un accéléromètre, plusieurs spectromètres et un imageur.

Après le succès de *Mars Express*, l'Esa n'en reste pas là. Elle décide d'utiliser l'héritage de *Mars Express*, tant pour la plateforme que pour les instruments, en vue d'une nouvelle mission planétaire. Cette fois, direction Vénus ! La sonde sera placée en orbite : pas question de déposer un module de surface, les conditions sont trop inhospitalières… Trois ans seulement séparent la date de sélection de *Venus Express* de sa date de lancement, ce qui constitue un record (Figure 23). Jamais mission n'a si bien porté son nom. Les instruments reprennent ceux de *Mars Express* mais aussi, dans certains cas, ceux de *Rosetta*. La mission *Venus Express* portera essentiellement sur la physique de l'atmosphère de la planète : étude de sa composition, de son évolution dynamique, des processus conduisant à l'échappement de certaines molécules atmosphériques, etc. Les données recueillies nous informent sur le passé de cette planète-sœur qui a pu, elle aussi, héberger un océan au tout début de son histoire, lorsque le rayonnement solaire était moins intense qu'aujourd'hui.

25 L'orbiteur *Maven* (Mars Atmosphere and Volatile EvolutioN), développé par la Nasa et lancé en novembre 2013. La mise en orbite martienne est prévue en septembre 2014. La charge utile comprend un spectromètre de masse, un spectromètre ultraviolet, un magnétomètre et divers instruments de physique des plasmas.

Une autre mission planétaire est actuellement en préparation. Il s'agit de *Bepi-Colombo*, dont le lancement est prévu pour 2016, et qui sera destinée à l'exploration de Mercure au moyen de deux orbiteurs (Figure 24). Le premier, sous responsabilité de l'Esa, sera dédié à l'étude de la surface et de l'intérieur du satellite ; l'objectif, en particulier, est de comprendre l'origine du champ magnétique de Mercure, dont la présence est inattendue sur un objet de si petite taille et, qui plus est, se trouve en rotation lente. Le second orbiteur, sous la responsabilité de l'agence japonaise Jaxa, étudiera l'interaction du vent solaire avec la surface de Mercure. La sonde *Messenger*, lancée par la Nasa en 2004, a déjà fortement déblayé le terrain en effectuant plusieurs survols de Mercure, puis en se plaçant en orbite autour de la planète en mars 2011. *Messenger* a mis en évidence des signes d'une activité tectonique passée mais aussi, de manière beaucoup plus surprenante, des signes d'une possible activité volcanique récente. Mercure nous pose encore bien des énigmes !

Le futur de l'exploration spatiale planétaire

S'il est vrai que toutes les familles d'objets planétaires ont été visitées par des sondes spatiales, certaines cibles demeurent privilégiées. La principale est la planète Mars. Cinquante ans après les premières tentatives, l'exploration spatiale de Mars est plus que jamais d'actualité. Pourquoi la planète Mars intéresse-t-elle tant les astronomes ? Tout d'abord, sa similitude avec la Terre : avec sa période de rotation de près de 24 heures, et une obliquité de son axe de rotation par rapport au plan de l'écliptique très voisine de la nôtre, Mars ressemble à la Terre, aussi bien dans ses paysages désertiques, ses volcans, ses canyons et ses calottes polaires, que dans sa circulation atmosphérique ponctuée de tempêtes de poussières et de précipitations neigeuses. En outre, Mars a gardé à sa surface les traces de son évolution passée. Ce n'est pas le cas de la Terre, dont les fonds marins sont renouvelés tous les 200 millions d'années environ par la tectonique des plaques, ni celui de Vénus dont la surface, affectée par un volcanisme récent, date de moins d'un milliard d'années. Enfin et surtout, nous savons désormais que de l'eau liquide a coulé sur Mars au début de son histoire, et nous ne pouvons pas exclure que la vie ait pu y apparaître et s'y développer. Même si la recherche de traces de vie fossile (voire de vie actuelle !) soulève un défi d'une extrême difficulté, l'enjeu est suffisant pour mobiliser les efforts de toute la communauté internationale et faire de Mars la cible première de l'exploration planétaire future. Fin 2013, la Nasa a ainsi lancé l'orbiteur *Maven* qui devrait, en 2014, mesurer le taux d'échappement de l'atmosphère actuelle de Mars, afin de mieux comprendre ce qu'elle a pu être au début de son histoire. À l'horizon 2020, elle planifie en outre l'envoi d'un nouveau rover pour succéder à *Curiosity*. Avec la mission *ExoMars*, l'Esa, appuyée par la Russie, ne sera pas en reste. La mission, prévue pour 2016, comportera deux volets : un orbiteur destiné à l'étude des gaz à l'état de trace dans l'atmosphère, et un rover pour la caractérisation de la surface et du sous-sol.

Cependant l'exploration planétaire ne se cantonnera pas à Mars. En 2012, l'Esa a sélectionné une ambitieuse mission, *Juice (Jupiter and Icy Satellite Explorer)* destinée à l'exploration de Jupiter et de ses satellites, dont le lancement est prévu à l'horizon 2022 (Figure 26 ; voir p. 196). Pourquoi le système de Jupiter ? Parce que, parmi les satellites galiléens, Europe nous intrigue particulièrement. Soumis aux effets de marée de Jupiter, il possède une énergie interne suffisante pour maintenir sous sa surface un océan d'eau liquide. De plus, cet océan pourrait être directement en contact avec la surface silicatée qu'il surmonte, ce qui pourrait constituer un environnement propice au développement de la vie… Ganymède, le plus gros satellite du Système solaire, présente quant à lui la particularité inattendue de posséder un champ magnétique propre. Quelle en est l'origine ? Mystère… Voici donc deux cibles de choix qui seront visitées par *Juice* à partir de 2030. Et n'oublions pas le système de Saturne avec ses satellites Titan et Encelade, actuellement étudié par la sonde *Cassini*, mais qui pourrait aussi, après Jupiter, faire l'objet d'une nouvelle exploration spatiale. On le voit, les planétologues ne manquent pas d'idées ni de projets. Quatre siècles après Galilée, l'exploration planétaire n'a pas fini de nous faire rêver…

26 La sonde spatiale *Juice* (Jupiter Icy Moon Explorer), destinée à l'exploration des satellites galiléens de Jupiter, en particulier dans la perspective d'une recherche de vie. La charge utile inclura un altimètre laser, des spectromètres UV, visible et IR, un sondeur millimétrique, un radar, un magnétomètre et des sondeurs d'ondes radio et plasma.

CHAPITRE 7

L'observation au sol et en orbite terrestre

Face au déploiement de moyens spatiaux mis en œuvre pour explorer les planètes du Système solaire, nous pourrions nous interroger sur l'utilité des télescopes qui nous ont, jusqu'aux années 1960, apporté la totalité de nos connaissances. Sont-ils à présents obsolètes ? Disons d'emblée que la réponse est non : encore aujourd'hui, les observations depuis le sol restent un complément indispensable de l'exploration spatiale, et elles le resteront dans les décennies à venir.

Le sol et l'espace : des moyens d'étude complémentaires

Pourquoi les télescopes restent-ils nécessaires ? Tout d'abord, l'exploration spatiale ne peut concerner qu'un nombre limité d'objets, même parmi les planètes elles-mêmes. Rappelons qu'Uranus et Neptune, explorées par *Voyager 2* lors des survols de la sonde en 1986 et 1989 respectivement (voir p. 109), ne seront sans doute plus visitées par des véhicules spatiaux avant deux décennies, voire plus : en effet, les projets actuels s'orientent plutôt vers une exploration plus approfondie des systèmes de Jupiter et de Saturne. Dans le cas des comètes et des astéroïdes, les campagnes d'observation depuis le sol sont l'unique moyen d'obtenir des données statistiques sur les différentes familles qui les constituent : seules quelques rares comètes (en particulier Halley en 1986, Borrelli en 2001, Wild 2 en 2004, Tempel 1 en 2005 et 2011, et Hartley 2 en 2010) ont fait l'objet d'une exploration particulière ; ce sera aussi le cas de la comète Churyumov-Gerasimenko, qui sera visitée en 2014 par la sonde *Rosetta*. Quelques astéroïdes ont été approchés par des sondes à l'occasion de leur voyage vers un objectif plus lointain : c'est le cas de Gaspra et Ida par la sonde *Galileo*, Masursky par la sonde *Cassini*, Steins et Lutetia par *Rosetta*. D'autres astéroïdes ont eu droit à une mission spéciale : c'est le cas de Mathilde et Éros, survolés par la sonde *NEAR* en 1997 et 2000 respectivement ; plus tard, l'astéroïde Itokawa a fait l'objet, en 2005, d'une exploration dédiée par la sonde japonaise *Hayabusa*. À chaque

◄ Le Very Large Telescope (VLT) de l'Observatoire européen austral sur le site de Cerro Paranal, au Chili. Au premier plan, un des quatre télescopes principaux de 8 m qui constituent, avec quatre télescopes auxiliaires de 1,8 m, le VLT. Le faisceau laser pointé sur la Voie lactée fait partie d'un système d'optique adaptative qui améliore la qualité des images obtenues (voir encadré p. 130).

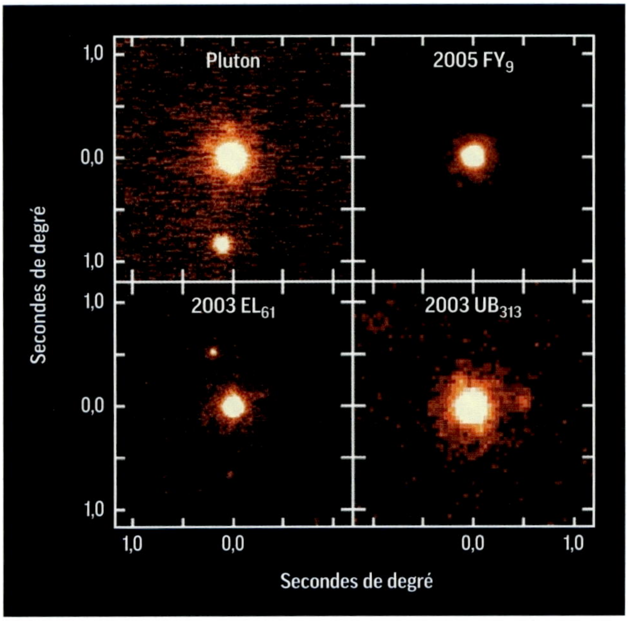

1 Images de quatre objets transneptuniens obtenues au télescope de 10 m Keck-2. Par ordre de brillance décroissante : Pluton (2 300 km de diamètre) et son satellite Charon (1 200 km de diamètre), Easter Bunny (2005 FY9, 1 500 km de diamètre), Santa (2003 EL61, environ 1 500 km de diamètre, très asphérique) et Eris (2003 UB313, 2 300 km de diamètre).

survol, les données des sondes spatiales ont créé la surprise, nous dévoilant des surfaces et des compositions toujours différentes. Il est impossible de déduire des propriétés globales concernant ces populations à partir d'informations aussi parcellaires. Les télescopes au sol (et également, dans une moindre mesure, en orbite terrestre) sont indispensables pour réaliser l'observation systématique d'un grand nombre d'objets afin d'en identifier les différentes classes.

Leur rôle est notamment crucial dans l'étude du Système solaire lointain. La mise en évidence observationnelle des astres glacés se situant au-delà de l'orbite de Neptune, appelés *objets transneptuniens*, n'a été possible qu'à la suite de patientes campagnes au sol avec les instruments d'imagerie les plus sensibles. La recherche systématique de ces objets s'est organisée à partir des années 1980, mais le premier d'entre eux, 1992QB, ne fut détecté qu'en 1992 par les astronomes américains David Jewitt et Jane Luu (voir encadré ci-contre). Dès lors, les découvertes se sont accumulées (Figure 1). Aujourd'hui, deux décennies plus tard, plus de 1600 objets ont été détectés, ce qui a permis de les classer en fonction de leurs propriétés dynamiques (voir chapitre 10 p. 189).

Quant aux planètes telluriques, qui ont été abondamment visitées par les sondes spatiales, il reste indispensable de les observer depuis le sol, cette fois en raison de la complexité des instruments de mesure qui sont nécessaires à la résolution de certains problèmes. La planète Mars, par exemple, a une atmosphère très ténue qui rend l'analyse spectroscopique de ses constituants particulièrement difficile. Pour la même raison, à partir des années 1970, c'est depuis le sol, par des observations spectroscopiques dans l'infrarouge, que la plupart des constituants mineurs des planètes géantes ont été détectés, avant même le survol par les sondes *Voyager*.

Autre raison de poursuivre l'observation des planètes depuis la Terre : l'obtention d'une image globale et instantanée du disque planétaire, afin d'étudier des phénomènes diurnes ou transitoires (Figure 2). Une sonde en orbite planétaire ne peut réaliser ce type d'observation puisqu'elle n'observe qu'une petite fraction de la surface à un instant donné, et qu'elle met un certain temps (généralement plusieurs heures) à couvrir une orbite entière.

En outre, il ne faut pas oublier les observations qui sont effectuées depuis l'orbite terrestre. Plusieurs observatoires (*IUE* dans l'ultraviolet, le télescope spatial *Hubble* dans le visible et l'ultraviolet (Figure 3), *ISO* et *Spitzer* dans l'infrarouge, puis *Herschel* dans le domaine submillimétrique) ont été et sont encore largement utilisés pour des observations de planétologie. Ils offrent à la fois une couverture en longueur d'onde inaccessible depuis le sol, à cause de l'opacité de l'atmosphère terrestre à certains domaines du spectre électromagnétique, et

Comment sont désignés les petits corps du Système solaire ?

La désignation des objets nouvellement découverts (astéroïdes, comètes ou objets transneptuniens) est confiée à une commission spécifique de l'Union astronomique internationale (UAI) qui leur donne d'abord une appellation provisoire. Celle-ci est constituée de l'année de découverte, suivie de deux lettres majuscules, puis éventuellement un chiffre. La première lettre indique la quinzaine du mois de découverte par ordre chronologique (A correspondant à la première quinzaine de janvier et Y à la seconde quinzaine de décembre, la lettre I n'étant pas utilisée). La seconde lettre (et éventuellement le chiffre qui le suit) indique le numéro d'ordre de la découverte, également par ordre chronologique. Ainsi le premier objet transneptunien répertorié, 1992QB, est le deuxième objet astronomique découvert pendant la seconde quinzaine du mois d'août 1992.
Lorsque la nature de l'objet est confirmée (par exemple astéroïde ou comète), le découvreur est invité à proposer un nom, soumis à l'approbation de l'UAI. Celle-ci devient officielle après publication dans le *Minor Planet Catalog*.

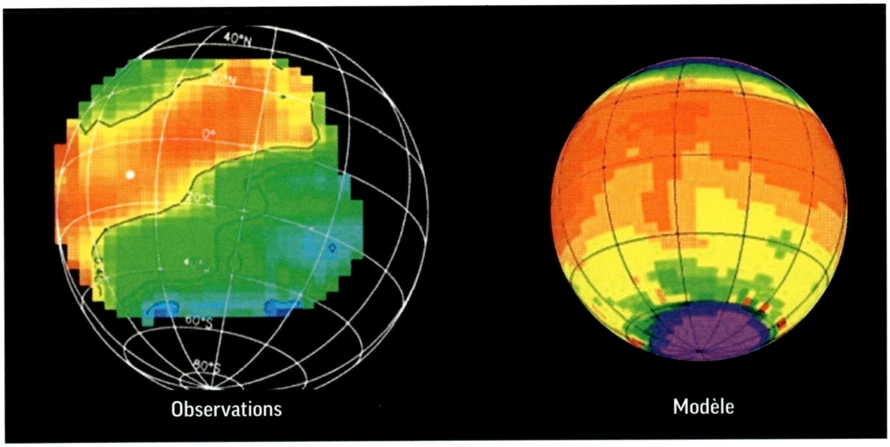

2 Cartographie de la quantité de vapeur d'eau dans l'atmosphère martienne réalisée par spectroscopie à haute résolution depuis le télescope IRTF (Observatoire de Mauna Kea, sur l'île d'Hawaii) avec le spectro-imageur TEXES. À gauche : observations ; à droite : prédictions à partir d'un modèle de circulation globale. L'accord avec l'observation est assez bon dans la partie commune aux deux images (T. Encrenaz, *Ann. Rev. Astron. Astrophys.* 46, 57, 2008).

une instrumentation plus sophistiquée que celle des sondes planétaires dédiées. L'observation coordonnée des objets du Système solaire, depuis les télescopes au sol, les observatoires en orbite et par les sondes spatiales dédiées, reste donc indispensable.

Les grands télescopes du XXe siècle

Le XIXe siècle a été, on l'a vu, celui des grandes lunettes astronomiques. Bien des lunettes de plus en plus perfectionnées continuent à être installées à la fin de ce siècle, notamment celles des observatoires Lick et Yerkes aux États-Unis, ainsi que celles des observatoires de Meudon et de Nice. L'heure est à la construction des grands télescopes dont le diamètre des miroirs peut largement dépasser le mètre. Après la mise en service du télescope Crossley de 1 m de diamètre à l'Observatoire de Lick, en 1896, deux nouveaux instruments, de taille considérable pour l'époque, sont construits aux États-Unis : le télescope du Mont Wilson d'un diamètre de 2,5 m, en 1918, puis celui du Mont Palomar de 5 mètres de

3 Observation d'une aurore polaire (voir p. 109) sur Jupiter, dans l'ultraviolet, avec le télescope spatial Hubble (*HST*). Dans le cas de Jupiter, les satellites galiléens, relativement proches de la planète, affectent le champ magnétique. Les traînées et les points brillants suivent les lignes de champ connectant Jupiter et les satellites galiléens ; la tache brillante à gauche correspond au pied de la ligne de champ connectée à Io, et les deux taches au centre et à droite à ceux des lignes reliées à Ganymède et à Europe.

diamètre, en 1948. En 1976, ils sont tous deux dépassés par le télescope de 6 mètres de Zelentchuk dans le Caucase. En France, un télescope de 1,93 m de diamètre, installé en 1958 à l'Observatoire de Haute-Provence, rendra possible la découverte de la première planète extrasolaire (exoplanète) autour d'une étoile de type solaire, en 1995. En partenariat avec le Canada et Hawaii, la France participe à la construction d'un télescope de 3,60 m à l'Observatoire de Mauna Kea, situé à 4 200 m au sommet de l'île de Hawaii (Figure 4). Il est mis en service en 1979.

Pour l'observation du ciel austral, l'Europe s'organise au sein de l'Observatoire européen austral (Eso, pour European Southern Observatory). Fondé en 1962, l'Eso installe, sur le site de La Silla au Chili, des télescopes de divers diamètres, dont le télescope de 3,6 m aujourd'hui spécialisé dans la détection des exoplanètes (Figure 5). Depuis le début des années 2000, l'Eso opère également le Very Large Telescope (VLT), un ensemble de quatre télescopes de 8 mètres de diamètre qui est aujourd'hui l'instrument le plus grand au monde (p. 124). En parallèle, des télescopes comportant des miroirs de 10 mètres de diamètre, segmentés en petits miroirs hexagonaux, se sont développés dans les deux hémisphères : c'est le cas notamment des deux télescopes Keck à Mauna Kea, et du télescope espagnol Grantecan aux Canaries. Pour obtenir les meilleures images, c'est-à-dire les plus proches possibles de la limite de diffraction, ces télescopes de nouvelle génération utilisent tous l'optique active (qui compense les déformations du miroir du télescope sous l'effet de son poids et de la température) et l'optique adaptative (pour corriger les défauts liés à la turbulence atmosphérique) (voir encadré p. 130). Des clichothèques de grande qualité ont ainsi été constituées : grâce à celles-ci, nous sommes en mesure d'étudier l'évolution des conditions climatiques sur les planètes du Système solaire, ou encore de suivre l'activité des comètes.

Dans les meilleures conditions, un télescope de 1 mètre de diamètre résout des détails de 0,5 secondes de degré. Comme le diamètre apparent de Jupiter est d'environ 40 à 44 secondes de degré, on distingue alors près d'une centaine de points le long d'un diamètre du disque de Jupiter. Mais encore faut-il que

4 Le sommet du Mauna Kea, sur l'île de Hawaii. On voit au premier plan, au centre, la coupole du télescope Canada-France-Hawaii de 3,60 m de diamètre. Les deux coupoles jumelles des télescopes Keck de 10 mètres de diamètre sont visibles à la droite de l'image.

5 Le télescope de 3,6 m de l'Eso, sur le site de La Silla. Il renferme le spectromètre de haute précision HARPS (voir p. 167) dédié à la détection d'exoplanètes.

L'optique adaptative

En principe, un télescope de 1 mètre de diamètre permet de distinguer des détails de 0,12 seconde de degré à une longueur d'onde de 0,5 μm, ce qui correspond à la limite théorique de diffraction. Cependant, même dans les meilleurs sites astronomiques, la qualité optique de l'image – que les astronomes nomment le « seeing » – est rarement meilleure que 0,5 seconde de degré, car elle est continuellement perturbée par les vents et les inhomogénéités du milieu atmosphérique. C'est pourquoi les astronomes ont mis au point une méthode de correction des images qui consiste à compenser, en temps réel, les déformations du front d'onde émis par la source lors de son passage dans l'atmosphère : l'optique adaptative. La technique est la suivante : un analyseur de front d'onde enregistre en permanence l'image d'une étoile, prise comme référence dans le champ d'observation. Cette image est déformée par la turbulence atmosphérique : on en tire, après des calculs très rapides, la déformation correspondante du front d'onde. Un signal résultant de cette analyse commande alors les moteurs d'actuateurs (ou pistons) qui viennent déformer en temps réel un miroir plan placé sur le trajet de la lumière dans

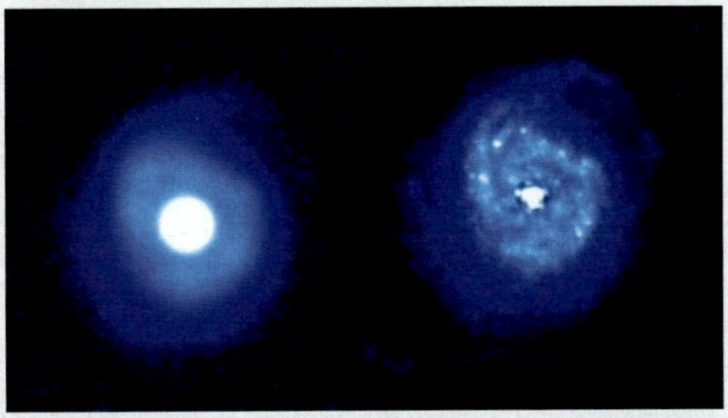

▸ La galaxie NGC 7469, photographie au Télescope Canada-France-Hawaii sans optique adaptative (à gauche) et avec le système d'optique adaptative PUEO (à droite). Grâce à l'optique adaptative, on distingue le bulbe central et les bras de la galaxie.

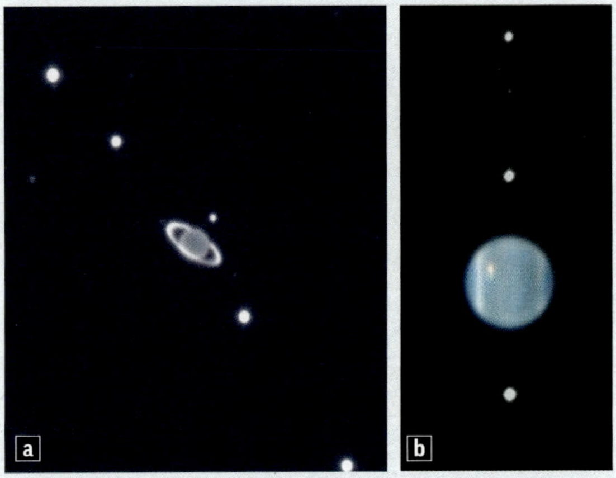

▸ **a. Une image du système d'Uranus dans l'infrarouge proche** (λ = 2,2 μm) obtenue avec l'instrument ISAAC du VLT à l'ESO, le 19 novembre 2002. Sur cette image, le contraste des anneaux et des satellites par rapport à la planète est considérablement renforcé car, pour cette longueur d'onde, le flux solaire réfléchi par la planète est absorbé par le méthane de l'atmosphère. Le Nord est en bas à droite. Les satellites d'Uranus sont, de gauche à droite, Titania, Umbriel, Miranda, Ariel et Obéron.
b. Image obtenue le 16 août 2007, à la même longueur d'onde, avec le système d'optique adaptative NAOS-CONICA du VLT. La Terre est exactement dans le plan de l'anneau, si mince qu'il n'est pas visible. Du haut en bas, les satellites sont Umbriel, Miranda, Ariel et Titania. L'amélioration de l'image est spectaculaire.

les conditions d'observation soient favorables... En pratique, la qualité des images prises par un télescope dépend beaucoup du site d'observation. Premier problème : la pollution lumineuse liée à l'activité humaine. Les turbulences de l'atmosphère et les vents sont aussi susceptibles de perturber les observations. Enfin, la présence de vapeur d'eau dans l'atmosphère en limite la transmission. C'est pourquoi on trouve de nombreux télescopes dans des endroits désertiques, à haute altitude, par exemple à l'Observatoire du Mauna Kea sur l'île de Hawaii, à une altitude de 4 200 mètres, ou encore sur les hauts plateaux du désert d'Atacama au Chili. En Europe, le site de l'Observatoire du Pic du Midi (Figure 6), installé il y a plus d'un siècle, bénéficie par intermittences d'une qualité du ciel exceptionnelle, pendant des durées malheureusement souvent courtes ; sa base de clichés planétaires et cométaires, avec celles du Mont Wilson et du Mont Palomar, constituent une référence. Mauna Kea, le nord du Chili et la calotte le télescope, de façon à compenser les perturbations de cette image, et du même coup des images d'objets proches de l'étoile de référence (figures page de gauche).

Dans les premiers systèmes, mis en place dans le courant des années 1980, les miroirs déformables ne comptaient que quelques dizaines d'actuateurs; le concept de l'E-ELT (Extremely Large Telescope) en développement à l'ESO en prévoit plus de 6000.

Pour s'affranchir de la nécessité d'étoiles de référence brillantes très proches de la région observée, les astronomes ont aussi développé un autre type de source de référence: l'étoile laser. Il s'agit d'une «étoile artificielle» créée par un rayonnement laser émis depuis le télescope dans la direction de la source que l'on veut observer (ci-contre): la longueur d'onde du laser est choisie pour provoquer une rétrodiffusion de la couche de sodium qui se trouve à une altitude de 90 km, formant ainsi l'étoile. Les développements les plus récents de l'optique adaptative conjuguent étoiles naturelles et étoiles lasers dans le but de corriger la turbulence non seulement sur l'axe de visée, mais aussi sur la totalité du champ observé, soit plusieurs minutes de degré.

▸ **Cette image prise à l'observatoire du Paranal** (*European Southern Observatory*) montre le faisceau laser utilisé pour créer une «étoile artificielle» en excitant des atomes de sodium présents dans la mésosphère terrestre. Le faisceau présente la couleur jaune-orangée caractéristique des lampes à vapeur de sodium. On aperçoit les quatre télescopes de 8 m du VLT, dans leur immense structure protectrice.

polaire australe sont les meilleurs sites connus à ce jour pour l'observation astronomique.

Au début du XXe siècle, les premiers détecteurs utilisés pour l'imagerie planétaire sont la plaque photographique, puis le film photographique. À partir des années 1960, la caméra électronique entre en service: sa sensibilité est notablement supérieure à celle de la plaque photographique, mais son emploi est délicat. Elle est détrônée, à partir des années 1980, par la caméra numérique à transfert de charge, dite «CCD», qui a une sensibilité encore meilleure. Une telle caméra produit des données directement numérisées et manipulables par ordinateur, ce qui est un avantage immense. C'est à l'aide d'une caméra CCD, couplée au télescope de 5 m du mont Palomar, que des astronomes du California Institute of Technology ont les premiers «redécouvert» la comète de Halley, en octobre 1982: alors située à 11 UA du Soleil, la comète est alors en

6 L'observatoire du Pic du Midi, dans les Pyrénées. Situé à 2872 mètres d'altitude, sur un sommet bien dégagé, il peut échapper aux turbulences issues du dégagement de chaleur par le sol et bénéficie d'une excellente qualité d'image.

train de se rapprocher de son périhélie qu'elle atteindra en février 1986. Auparavant, la comète était trop peu lumineuse pour être observable, et il a fallu calculer sa position avec une grande précision pour identifier le champ stellaire où elle devait se trouver puis la repérer. Quinze ans plus tard, le noyau de la comète sera à nouveau identifié sur un cliché pris par une caméra CCD, alors que celle-ci se trouve à 28 UA du Soleil (Figure 7). La comète restera sans doute détectable jusqu'en 2023, date à laquelle elle atteindra son aphélie, à 35 UA du Soleil. Les astronomes des décennies à venir n'auront plus à redécouvrir cette comète mythique.

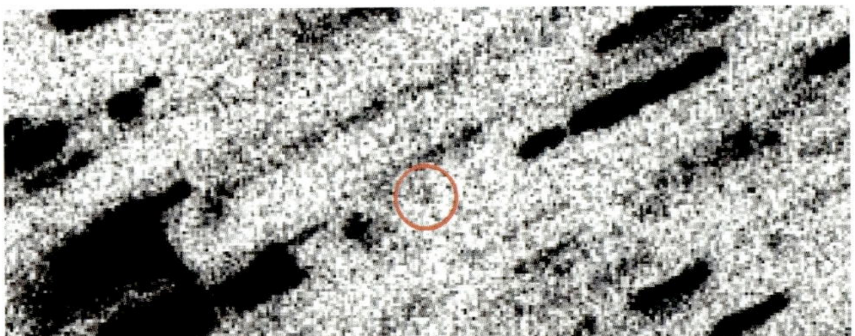

7 Une image composite du noyau de la comète de Halley photographié en mars 2003 par les instruments de trois télescopes de 8 mètres de diamètre du VLT (FORS1, VIMOS et FORS2) munis de caméras CCD. Ce cliché illustre la sensibilité atteinte aujourd'hui par les instruments au sol. L'image est en négatif (les étoiles apparaissant en noir), et les télescopes sont fixés sur la comète (qui présente un mouvement relatif connu, déterminé par sa trajectoire, par rapport aux étoiles du champ) pendant le temps de l'exposition. Les traits allongés correspondent à des étoiles plus brillantes, fixes, par rapport auxquelles la comète s'est déplacée.

L'observation des planètes lors d'occultations stellaires

Lorsque une planète, d'aventure, passe devant la ligne de visée d'une étoile, il est particulièrement intéressant d'étudier l'évolution de l'intensité lumineuse qui nous parvient en effectuant des mesures photométriques en continu. Si la planète ne possédait pas d'atmosphère, la lumière de l'étoile disparaîtrait subitement pour réapparaître après son passage. Cependant, avec la présence d'une atmosphère, on observe une diminution puis une remontée progressives de l'intensité lumineuse pendant l'événement, les rayons lumineux issus de l'étoile étant d'autant plus réfractés que ceux-ci traversent de plus grandes épaisseurs de gaz (Figure 8.a). La courbe de lumière obtenue nous informe sur les propriétés de l'atmosphère de la planète, en particulier sa température et, dans une certaine mesure, sa composition chimique. Dans le cas d'un objet dénué d'atmosphère, on obtient une information sur sa taille. En combinant des mesures prises à différentes latitudes, on peut même reconstituer la forme de l'objet, ou déterminer sa composition atmosphérique en différents endroits.

Cette méthode d'occultation stellaire a été appliquée avec succès à Jupiter en 1960 puis en 1971 (Figure 8.b). Dans le cas de Pluton, la méthode s'est révélée particulièrement fructueuse dans le courant des années 1980 : les astronomes ont mis à profit les occultations mutuelles de la planète et de son satellite Charon pour déterminer le diamètre des deux objets ainsi que la masse du système, et, en 1988, le passage de Pluton devant une étoile a dévoilé la présence de son atmosphère, ténue, mais stable. De nos jours, avec l'amélioration des techniques de détection et des calculs d'éphémérides, les observations d'occultation sont aussi bien appliquées à des planètes qu'à des satellites ou à des astéroïdes. Elles donnent lieu à des campagnes régulières, coordonnées sur plusieurs sites.

L'apport de la spectroscopie infrarouge et millimétrique

À partir des années 1970, de nouvelles techniques d'observation vont voir le jour. Il ne s'agit plus seulement de photographier les planètes et les comètes, ou d'étudier leur spectre dans le domaine visible, à des longueurs d'ondes entre 0,4 et

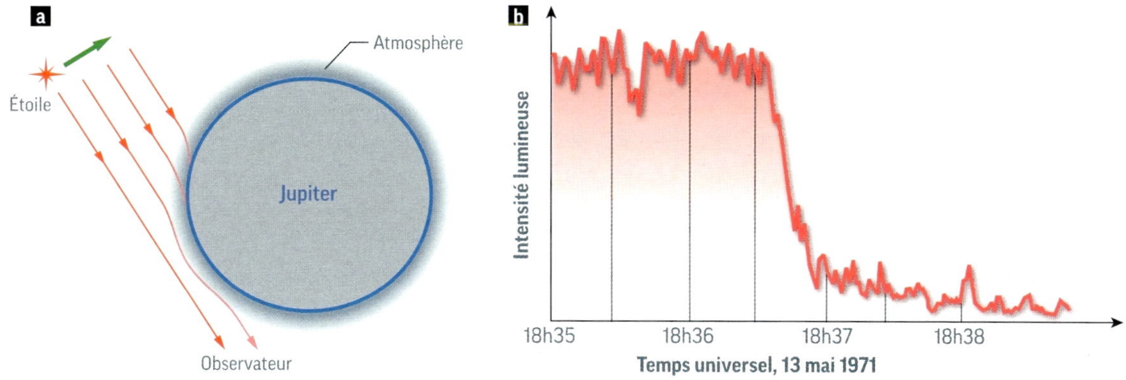

8 a. Occultation d'une étoile lors de son passage derrière Jupiter (phase d'immersion). Le rayon lumineux est progressivement dévié et affaibli dans l'atmosphère de la planète.
b. Évolution de l'intensité lumineuse de l'étoile β Scorpi A lors de son occultation par Jupiter, le 13 mai 1971, pendant la phase d'immersion. Au fur et à mesure que les rayons lumineux traversent des couches de plus en plus denses de l'atmosphère planétaire, l'intensité du signal décroît jusqu'à son extinction totale. Les fluctuations de signal avant l'immersion sont dues au bruit des mesures. D'après Vapillon et al. 1973, *Astronomy & Astrophysics* 29, 134.

9 Saturne observée dans le visible (à gauche), dans l'infrarouge moyen à 18,7 µm (au centre) et 8,6 µm (à droite). Ces deux dernières images sont en fausses couleurs : les nuances du rouge sombre au blanc traduisent l'intensité du rayonnement émis à la longueur d'onde d'étude, du moins intense au plus intense. Dans le visible, le rayonnement qui nous parvient est la lumière solaire réfléchie au niveau des nuages d'ammoniac qui entourent Saturne, à une altitude où la pression est d'environ 1 bar. Dans l'infrarouge, le rayonnement provient de différentes couches de l'atmosphère selon la longueur d'onde considérée, ce qui traduit les différentes propriétés d'absorption de ses constituants. À 18,7 µm, il est issu d'une couche correspondant à un niveau de pression de 0,1 bar environ. À 8,6 µm, l'absorption par le méthane est très forte, et le rayonnement provient donc de couches plus élevées, de pression encore plus faible. Dans les deux images infrarouges, les régions blanches correspondent aux zones de températures les plus élevées. Un orage est mis en évidence sur les régions brillantes de l'image de droite. Noter l'aspect très différent des anneaux, dont l'émission thermique est bien visible dans l'image centrale, tandis qu'ils sont trop froids pour apparaître dans celle de droite : ils ressortent alors en noir.

0,7 µm : de nouveaux détecteurs, sensibles à des rayonnements de plus grandes longueurs d'onde, sont progressivement mis en service. Nous avons vu les astronomes Edison Pettit et Seith Nicholson mesurer pour la première fois, en 1924, le rayonnement thermique de Vénus dans l'infrarouge moyen, à des longueurs d'onde comprises entre 7 et 13 µm (voir p. 63). Mais le plus souvent, on n'observait à cette époque que dans le proche infrarouge : dans ce domaine, on ne détecte que le rayonnement solaire réfléchi par les astres, et non leur émission thermique propre (voir encadré p. 64). Une étape remarquable a été, à la fin des années 1960, la constitution des atlas spectroscopiques, avec une résolution spectrale inégalée, des planètes Vénus, Mars, Jupiter et Saturne, réalisés au Mont Palomar par l'équipe de Pierre Connes au moyen d'un spectromètre à transformée de Fourier dans l'infrarouge proche.

C'est à l'astronome américain Frank Low (1933-2009) que l'on doit l'invention, au début des années 1960, de bolomètres refroidis à l'hélium liquide. Associés aux télescopes optiques, ils permettent la mesure du rayonnement thermique des astres dans l'infrarouge moyen et lointain. À plus grande longueur d'onde, dans le domaine millimétrique, d'autres techniques se développent pour réaliser des récepteurs de plus en plus sensibles. Les détecteurs seront associés à des antennes de grand diamètre, pouvant atteindre plusieurs dizaines de mètres, puis à des interféromètres reliant en réseau plusieurs antennes de grande taille.

Qu'apporte l'accès à ces nouveaux domaines de longueurs d'onde ? Alors que les astres dont la température est élevée, comme les étoiles, émettent principalement dans le domaine visible, les objets de plus basse température, comme les planètes et les comètes, émettent plutôt dans les domaines infrarouge ou millimétrique. Par exemple, les planètes émettent un rayonnement d'origine thermique dont l'intensité est maximale dans l'infrarouge moyen ou lointain (vers des longueurs d'onde de 10 µm dans le cas de la Terre, 25 µm dans le cas de Jupiter, et vers 60 µm pour Uranus ou Neptune). En étudiant ce rayonnement, les astronomes sondent donc la structure thermique des atmosphères planétaires, ainsi que la distribution verticale de leurs constituants (Figure 9) (voir encadré p. 64).

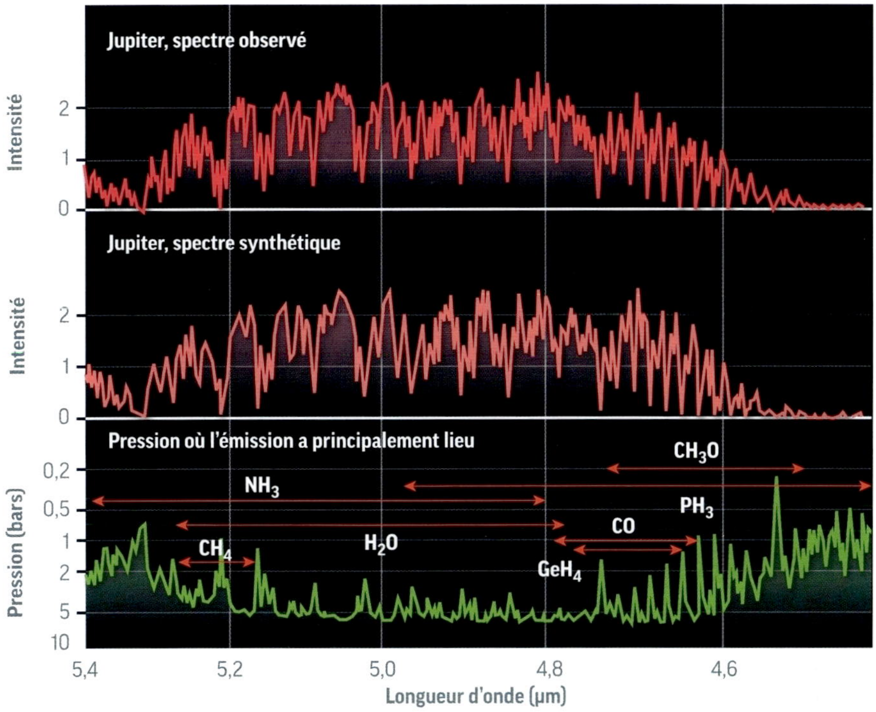

10 Le spectre de Jupiter, enregistré depuis le Kuiper Airborne Observatory entre 4,5 et 5,4 µm. Le spectre observé (en haut) est comparé au spectre calculé à partir d'un modèle dont les paramètres (c'est-à-dire les abondances des constituants atmosphériques, la pression et la température) sont ajustés pour obtenir le meilleur accord (au milieu). La figure du bas indique la pression de la couche de la troposphère qui émet le rayonnement observé à la longueur d'onde d'étude, et repère la contribution des différentes molécules détectées. D'après G. Bjoraker et al. 1986, Icarus 66, 579.

À partir de 1974, l'atmosphère de Jupiter commence à dévoiler ses secrets grâce à la spectroscopie infrarouge. En 1932, on avait déjà mis en évidence la présence de méthane CH_4, d'ammoniac NH_3 puis, en 1960, de dihydrogène H_2. Viennent s'ajouter à la liste les hydrocarbures C_2H_2 et C_2H_6, la phosphine PH_3, le monoxyde de carbone CO, la vapeur d'eau H_2O, puis d'autres espèces plus exotiques telles que le germane GeH_4 et plus tard l'arsine AsH_3. Toutes ces molécules sont détectées dans la basse atmosphère de Jupiter, la troposphère, à des niveaux de pression de l'ordre du bar ou de quelques bars (Figure 10). Les mêmes succès sont enregistrés, un peu plus tard, dans le cas de Saturne. En revanche, la situation est différente sur Uranus et Neptune. Plus éloignées du Soleil, les deux planètes sont sensiblement plus froides et de nombreux composés atmosphériques y sont condensés sous forme de brumes, devenant ainsi indétectables en phase gazeuse. Toujours est-il qu'à la fin des années 1970, à la veille de l'exploration des planètes géantes par la mission *Voyager*, nous avions déjà une bonne connaissance de la composition chimique de l'atmosphère de Jupiter et de Saturne, ainsi que de leur structure thermique.

Les années 1980 vont voir le triomphe de l'astronomie millimétrique. Ce domaine inclut les ondes submillimétriques (entre 100 µm et 1 mm de longueur d'onde) et les ondes millimétriques (de 1 mm à 1 cm de longueur d'onde). Les techniques de spectroscopie dite « hétérodyne » pratiquées sur ces domaines ont un pouvoir de résolution en fréquence très élevé (supérieur à 10^6), ce qui est précieux pour observer les signatures spectrales très étroites des comètes ou des stratosphères planétaires. C'est en 1985 qu'entre en opération l'antenne de 30 m de diamètre de l'Institut de radioastronomie millimétrique franco-allemand-espagnol (Iram), sur le site de Pico Veleta au sud de l'Espagne (Figure 11). Premier résultat spectaculaire, l'acide cyanhydrique HCN est découvert dans la *coma* (enveloppe) de la comète de

11 Le radiotélescope de 30 mètres de l'Institut de radioastronomie millimétrique (Iram) à Pico Veleta (Espagne). Cet instrument a beaucoup servi pour les observations des comètes, de Mars et des planètes géantes.

12 Les six antennes de 15 mètres de l'interféromètre millimétrique de l'Iram, sur le Plateau de Bure (France). La résolution spatiale atteint 0,4 seconde de degré à une fréquence de 230 GHz, typique des observations millimétriques. Un agrandissement du réseau est en cours de réalisation (projet Noema), visant à doubler le nombre d'antennes et la distance maximale entre elles.

Halley. Il s'agit de la toute première détection d'une molécule directement issue d'un noyau cométaire : toutes les observations précédentes portaient sur des radicaux (OH, CO, CN, etc.), des atomes ou des ions produits par la dissociation de ces molécules. Ainsi se trouve résolu un vieux problème rencontré dans l'exploration des comètes : comment remonter à la composition de leur noyau ? En effet, loin du Soleil, les comètes ne sont constituées que de leur noyau, qui est alors trop petit et trop froid pour être observable. Lorsqu'elles s'approchent du Soleil, la glace de leur

surface (surtout constituée d'eau) s'évapore, libérant en même temps des jets de poussière (voir p. 92). Le noyau cométaire est alors caché par la poussière contenue dans la coma, qui réfléchit la lumière solaire. C'est ici que les spectres obtenus par l'astronomie millimétrique apportent un atout décisif : les raies en émission ou en absorption des espèces gazeuses y sont particulièrement intenses. Dans ce domaine, les spectres cométaires révélent donc la présence des molécules éjectées par dégazage à mesure que la comète se rapproche du Soleil.

13 **Une partie des antennes de 12 mètres de l'interféromètre en ondes millimétriques et submillimétriques Alma,** à 5 200 m d'altitude dans le désert d'Atacama, au nord du Chili. On remarque, à droite des antennes, le transporteur orange qui sert à déplacer les antennes.

Après la détection de l'acide cyanhydrique, les découvertes vont se multiplier au fil des décennies. Lors de l'apparition de la comète Hale-Bopp, en 1997, une vingtaine de molécules seront détectées autour de cette comète exceptionnellement brillante et volumineuse (voir p. 192).

L'avènement de l'interférométrie

L'observation millimétrique présente un avantage certain pour la détection d'espèces gazeuses peu abondantes, du fait de la forte signature spectrale des molécules dans le domaine millimétrique. Cependant, elle a aussi une limitation majeure : la faible résolution spatiale. Prenons l'exemple d'une fréquence de 230 GHz (correspondant à une longueur d'onde de 1,3 mm), souvent étudiée car elle correspond à une raie d'absorption bien connue de la molécule CO : à cette fréquence, les plus petits détails observables par une antenne de 30 mètres ne sont que de 10 secondes de degré, à cause de la diffraction. Il

L'interférométrie

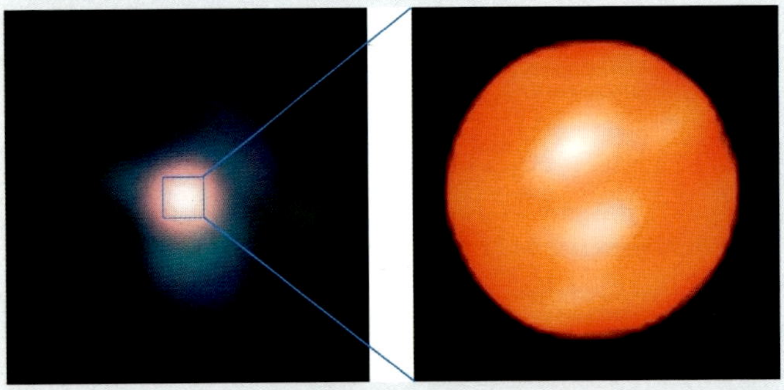

▸ **À gauche**, l'étoile Bételgeuse (α Orionis) observée dans l'infrarouge avec le VLT de l'Eso en optique adaptative. L'étoile nest pas résolue, mais on observe le gaz qu'elle a éjecté. **À droite**, cette même étoile observée par interférométrie avec l'Infrared Optical Telescope Array (IOTA) en Arizona, avec une résolution angulaire de 0,009 seconde de degré. C'est la première image existante d'une étoile autre que le Soleil (D'après Haubois, X. et al. (2009) *Astronomy & Astrophysics*, 508, 923-932, avec l'autorisation de l'Eso).

L'interférométrie est une technique d'observation fondée sur l'utilisation de plusieurs télescopes observant tous la même source. Considérons d'abord le cas le plus simple de deux antennes pointées vers le même astre. En combinant les deux signaux reçus par les deux antennes, on observe des interférences constructives ou destructives, selon que les signaux sont en phase ou non. L'examen des franges d'interférence fournit sur la source observée une résolution angulaire bien supérieure à celle correspondant à une antenne unique ; elle est équivalente à ce que produirait une antenne ayant pour diamètre la distance entre les deux télescopes. Ainsi, par interférométrie, la résolution angulaire obtenue par deux antennes de 10 mètres et séparées de 100 mètres est dix fois meilleure que celle obtenue par une antenne seule.

L'interférométrie s'est d'abord développée dans le domaine radio, car il est plus facile d'ajuster précisément le déphasage entre les signaux à plus grande longueur d'onde. Le nombre d'antennes s'est multiplié jusqu'à atteindre 66 antennes pour le réseau Alma.

Il existe aussi des interféromètres fonctionnant dans l'infrarouge : c'est le cas par exemple du réseau Chara installé au Mont Wilson. Il est composé de 6 télescopes de 1 mètre de diamètre, qui peuvent être éloignés de plus de 300 mètres. La résolution angulaire correspondante est alors de 0,001 seconde de degré dans l'infrarouge proche (λ = 2,5 μm). Le Very Large Telescope Interferometer (VLTI) de l'Eso comporte 4 télescopes mobiles de 1,5 m que l'on peut associer entre eux et éventuellement avec les grands télescopes fixes de 8 m du VLT.

existe un moyen de lever cet obstacle : c'est l'interférométrie, une technique qui consiste à combiner les signaux de plusieurs radiotélescopes pointés sur une même source. En disposant les antennes de manière adéquate, il est possible de reconstituer l'image de la source observée, avec une résolution spatiale qui est fonction de la distance maximale entre les antennes ; ainsi, un réseau d'antennes séparées de 500 m permet d'obtenir, à 230 GHz, un pouvoir de résolution de 0,5 seconde de degré, comparable à celui des télescopes optiques (voir encadré ci-dessus).

Après quelques essais dans le domaine visible, où les difficultés sont grandes, l'interférométrie a été développée avec succès pour la radioastronomie. Dans les années 1960, de grands instruments ont été construits comme l'interféromètre de Westerbork aux Pays-Bas, et surtout le Very Large Array (VLA, constitué de 27 antennes de 25 mètres) dans le Nouveau Mexique aux États-Unis. Dans le domaine millimétrique, les techniques d'interférométrie ont été développées simultanément aux États-Unis, avec les interféromètres de Hat Creek et de Owens Valley (aujourd'hui regroupés au sein de l'instrument Carma) et en France avec l'interféromètre de l'Iram au Plateau de Bure près de Gap. Ce dernier comporte 6 antennes de 15 mètres (Figure 12), et son extension à

12 antennes est actuellement en cours. Grâce au gain en résolution spatiale apporté par ces techniques, les planétologues sont notamment en mesure de cartographier les jets cométaires et d'étudier l'environnement des noyaux.

L'avenir de l'interférométrie millimétrique et submillimétrique repose sur l'interféromètre international Alma (pour Atacama Large Millimeter-subillimeter Array), construit par l'Europe, les États-Unis et le Japon sur les hauts plateaux du désert d'Atacama au Chili, où la teneur atmosphérique en vapeur d'eau est l'une des plus faibles au monde. L'interféromètre, récemment terminé, est constitué par un réseau de 54 antennes de 12 mètres de diamètre et de 12 antennes de 7 mètres, et travaille à des fréquences allant de 100 à 800 GHz (soit des longueurs d'onde comprises entre 375 µm et 3 mm) (Figure 13).

14 Le télescope spatial *Hubble*. Ce télescope doté d'un miroir de 2,4 mètres opère en orbite terrestre à une altitude d'environ 600 km. Il connut des débuts difficiles, suite à une erreur de conception du système optique, qui fut compensée en 1993 par la pose d'un ensemble correcteur. Le *HST* avait la particularité d'être accessible depuis la navette spatiale (qui n'est plus en service aujourd'hui), ce qui a permis la correction de l'optique défaillante et le remplacement des instruments. L'image montre les astronautes Musgrave et Hoffman installant le système d'optique correctrice. Les premières images astronomiques d'excellente qualité furent obtenues en janvier 1994.

Les observatoires en orbite terrestre

Pour accéder aux domaines ultraviolet ou infrarouge, il faut aller dans l'espace ! En effet, l'atmosphère terrestre limite sévèrement l'accès au rayonnement émis par les astres : la vapeur d'eau et, dans une moindre mesure, le dioxyde de carbone qu'elle contient absorbent des plages importantes du spectre électromagnétique. En dehors du domaine visible, entre 400 et 700 nanomètres, qui correspond à la plage où l'intensité du rayonnement solaire est maximale (et à laquelle l'œil humain s'est adapté), il n'existe que quelques fenêtres de transparence dans les domaines infrarouge, millimétrique et radio. Tout le rayonnement ultraviolet est bloqué par la couche d'ozone – fort heureusement pour nous, car s'il parvenait jusqu'à la surface de la Terre, il détruirait les molécules complexes et toute forme de vie.

Que nous apportent les fenêtres du spectre électromagnétique ouvertes par les observatoires spatiaux ? Le domaine des courtes longueurs d'onde, avec le rayonnement ultraviolet et au-delà les rayonnements X et γ, est propice à l'étude des objets de haute température : par exemple les étoiles les plus chaudes, dont la température de surface peut atteindre 30 000 K, ou les objets compacts et chauds comme les naines blanches ; il est aussi propice à l'étude des phénomènes de haute énergie tels que les trous noirs qui se trouvent au centre des galaxies.

Mais ce domaine intéresse aussi la planétologie : les produits de dissociation des molécules cométaires, par exemple, peuvent être mis en évidence dans l'ultraviolet. Enfin, nous l'avons vu, les rayonnements infrarouge et millimétrique nous renseignent sur les milieux froids de l'Univers, à commencer par le milieu interstellaire, mais aussi sur l'atmosphère neutre (c'est-à-dire non chargée électriquement, contrairement à l'ionosphère) des planètes et des comètes. Depuis les années 1970, la planétologie tire donc le meilleur parti des observatoires spatiaux développés par les astronomes.

L'un des premiers d'entre eux est *IUE (International Ultraviolet Explorer)*, issu d'un partenariat entre la Nasa, le Royaume-Uni et l'Esa. Lancé en 1978, il engrange des résultats exceptionnels et ne sera arrêté qu'en 1996, non pas à la suite d'une défaillance technique, mais en raison de restrictions budgétaires. La physique cométaire a largement bénéficié des données d'*IUE*, avec la constitution d'un catalogue de spectres de comètes montrant les signatures d'ions, d'atomes et de radicaux. *IUE* a aussi permis l'étude du spectre des aurores des planètes géantes et de leur stratosphère.

Vient ensuite le télescope spatial *Hubble* (*HST* pour *Hubble Space Telescope*), lancé en 1990 et toujours en fonctionnement (Figure 14). Doté d'un miroir de 2,4 mètres de diamètre, il a pour objectif initial l'observation des astres dans le visible à la limite de diffraction (soit 0,05 seconde de degré à 0,5 µm) et l'enregistrement de spectres dans l'ultraviolet ; plus tard, il sera aussi équipé d'un spectro-imageur dans l'infrarouge proche, permettant à la fois d'obtenir des images et d'enregistrer des spectres. À la différence des autres véhicules automatiques placés sur des orbites plus éloignées, il est situé en orbite terrestre basse, à 600 km d'altitude environ, et peut être visité par des astronautes pour des opérations de maintenance ou de renouvellement de l'instrumentation. En 1994, le *HST* observe la collision de la comète Shoemaker-Levy 9 avec Jupiter (voir encadré ci-contre). En coordination avec les télescopes au sol et la sonde *Galileo*, le *HST* reconstruit la séquence des impacts de nombreux fragments de la comète, en mesurant en particulier l'altitude des éjecta, projetés jusqu'à 3000 km de hauteur. Pendant les années qui suivent, le *HST* réalise des images spectaculaires des disques planétaires. En particulier, les images d'Uranus prises au moment de l'équinoxe de la planète, autour de 2006, montrent des structures nuageuses variables avec le temps ; celles-ci étaient quasiment invisibles au moment du solstice, lors du survol de *Voyager 2* vingt ans plus tôt, alors que l'axe de rotation de la planète était tourné vers le Soleil. Les images de Neptune prises périodiquement par le *HST* depuis les années 1990 jusqu'à nos jours témoignent, elles aussi, de l'intense activité dynamique de l'atmosphère de la planète, ainsi que de ses variations temporelles (Figure 15).

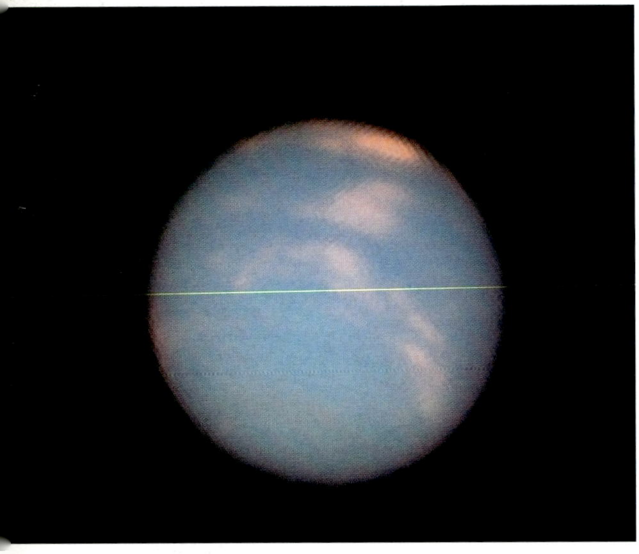

15 La planète Neptune photographiée par le *HST* le 25 juin 2011. Elle est à comparer avec l'image de droite p. 130, prise du sol, qui grâce à l'optique adaptative a une qualité semblable.

En 1995, l'ESA lance le satellite *ISO* (*Infrared Space Observatory*). Il s'agit d'un télescope de 60 cm de diamètre refroidi à l'hélium liquide : sa durée de vie est

La collision de la comète Shoemaker-Levy 9 avec Jupiter

Devant l'immensité du cosmos, il est tentant de penser que la probabilité de collision entre deux objets du Système solaire est nulle. Elle est certes très faible, mais de tels événements existent. Nous connaissons ainsi plusieurs exemples de collisions entre Jupiter et une comète happée par son champ de gravité. Les archives de l'Observatoire de Paris mentionnent l'observation par Jean-Dominique Cassini, en décembre 1690, de taches sombres à la surface de Jupiter probablement dues à un impact cométaire (voir p. 27). Un événement similaire s'est reproduit en juillet 1994, suscitant la mobilisation générale de la communauté internationale de planétologie.

▸ **Deux des impacts de la comète Shoemaker-Levy 9** (taches sombres et allongées) lors de sa collision avec Jupiter en juillet 1994, observé par la caméra du télescope spatial *Hubble* à différents moments.

En mars 1993, trois astronomes américains, Eugene Shoemaker, Carolyn Shoemaker et David Levy, découvrent un objet étrange dans le ciel, semblable, selon l'expression utilisée par les auteurs, à un « collier de perles »... Les chercheurs comprennent vite qu'il s'agit d'une comète en orbite autour de Jupiter qui s'est fracturée lors de son passage précédent à proximité de la planète, en juillet 1992. Les calculs d'astrométrie prédisent sans ambiguïté sa chute dans l'atmosphère de Jupiter au passage suivant, en juillet 1994. Dès lors les astronomes se mobilisent pour préparer l'une des plus vastes campagnes internationales d'observation depuis le sol et l'espace (le seul équivalent pour la planétologie est la campagne d'observation de la comète de Halley, *International Halley Watch*, en 1985-86). Les observations depuis le sol sont prévues à toutes les longueurs d'onde, depuis le visible aux ondes radio ; le *HST* et la sonde *Galileo*, qui est justement en route vers Jupiter, sont également mobilisés.

Entre le 16 et le 22 juillet 1994, les astronomes assistent, incrédules, à une vingtaine de collisions, les fragments cométaires plongeant successivement dans l'atmosphère de Jupiter. Du fait de la rotation de la planète, ils se répartissent le long d'un parallèle, à la latitude 44° Sud. L'entrée est difficile à observer depuis la Terre car les événements se situent sur le bord du disque, mais les phases suivantes sont bien visibles. Pour chaque impact, le scénario est le même : une explosion se produit à un niveau de pression compris entre 0,2 et 2 bars ; elle est suivie de l'ascension d'une boule de feu et de l'éjection de matière jusqu'à une altitude de 3000 km. La retombée des éjecta produit ensuite une élévation locale de température jusqu'à plus de 10 000 degrés, ainsi que la formation de nouvelles molécules par chimie de choc (H_2O, CO, HCN, CS, OCS...). Certaines de ces espèces resteront observables pendant plusieurs années. Le corps parent des fragments était une comète de diamètre sans doute inférieur au kilomètre.

Le 19 juillet 2009, une autre collision avec Jupiter fut découverte fortuitement par un astronome amateur, Antony Wesley. L'impact fut ensuite observé par de nombreux télescopes, dans le visible et l'infrarouge, mais sans détection de nouvelles molécules. L'impacteur était cette fois sans doute un astéroïde, de diamètre compris entre 200 et 500 mètres. De telles collisions ne sont donc pas improbables ; elles ont même parfois joué un rôle majeur dans l'histoire du Système solaire. C'est le cas du « grand bombardement tardif », un épisode sans doute intervenu pendant la migration des planètes géantes, environ 800 millions d'années après la formation des planètes (voir encadré p. 176). Ce phénomène s'est manifesté par une forte augmentation de l'inclinaison et de l'excentricité des orbites de très nombreux petits corps du Système solaire, ce qui a entraîné un taux de collisions très élevé. Elles ont laissé leur trace à travers le grand taux de cratérisation des petits objets (astéroïdes, satellites) les plus anciens du Système solaire.

16 Le satellite européen *Herschel*, lancé par l'Esa en mai 2009, et dont l'activité a cessé en juin 2013. Le miroir du télescope visible à droite mesure 3,5 m de diamètre, le plus grand jamais placé en orbite. Les trois instruments du système optique sont refroidis par de l'hélium liquide. *Herschel* a fourni de nombreuses informations sur les comètes, les objets transneptuniens et l'atmosphère des planètes géantes.

donc limitée à deux ans, le temps que la réserve d'hélium s'épuise. Destiné à l'étude du rayonnement des astres entre 2 et 200 µm, *ISO* observe les étoiles et les galaxies, mais aussi les planètes et les comètes. Sa principale découverte est incontestablement la mise en évidence de la présence d'eau partout dans l'Univers, depuis le Système solaire jusqu'aux galaxies éloignées. *ISO* découvre en particulier la présence de vapeur d'eau dans la stratosphère des planètes géantes, ce qui dévoile l'existence d'un flux de particules oxygénées provenant soit du milieu interplanétaire, soit des satellites voisins. Pourquoi ? Cette eau n'est pas issue de l'intérieur des planètes, car si elle était transportée depuis les couches profondes, elle condenserait au niveau de la tropopause, où la température est bien inférieure à la température de condensation de l'eau. Par chance, la comète Hale-Bopp apparaîtra lorsque *ISO* est en opération, et le satellite enregistrera, pour la première fois, le spectre complet d'une comète dans l'infrarouge. Celui-ci révèle la présence d'un minéral, la forstérite, un silicate riche en magnésium, qui est également présent dans les enveloppes d'étoiles évoluées. Ce résultat accrédite l'idée qu'il existe un lien entre la nature des poussières condensées dans l'atmosphère des étoiles géantes et celle des poussières cométaires. *ISO* détermine aussi la température de formation de la comète, qui a été inférieure à 30 K (-243 °C).

Après le satellite *ISO*, qui s'est tu définitivement en mai 1998, voici *Spitzer*, lancé par la Nasa en 2003. À la différence des satellites précédents, il n'est pas placé en orbite autour de la Terre, mais autour du Soleil, en arrière de la Terre. Son miroir de 80 cm de diamètre n'est guère plus grand que celui de *ISO* mais ses instruments, plus sensibles, lui donnent accès à l'observation d'objets de faible luminosité. *Spitzer* apporte une contribution notable à la planétologie avec l'étude de nombreux objets transneptuniens. Par exemple, il mesurera le rayonnement dans l'infrarouge lointain de plusieurs dizaines de ces objets, ce qui fournira une estimation de leur température et aussi, par couplage avec les mesures optiques, une estimation de leur albédo.

Enfin *Herschel*, le dernier-né des satellites de l'Esa, a été lancé en même temps que le satellite cosmologique *Planck* en mai 2009 (Figure 16). Il est placé en un point bien particulier de l'axe Soleil-Terre, le point de Lagrange L2. Celui-ci est localisé à quelque 1,5 million de kilomètres de la Terre, dans la direction opposée au Soleil. En ce point, les valeurs des champs de gravité du Soleil et de la Terre équilibrent la force centrifuge subie par un objet placé en orbite autour du Soleil : un objet de faible masse qui y est situé tourne alors de conserve avec le système Terre-Soleil. *Herschel* est dédié à l'observation des astres dans le domaine de l'infrarouge lointain et le domaine submillimétrique. La planétologie a largement bénéficié de ses observations, notamment pour l'étude des objets transneptuniens et de l'eau au sein des planètes et des comètes (voir chapitre 10 p. 182). Le spectromètre à haute résolution *HIFI* embarqué sur *Herschel* a réalisé, en particulier, des mesures qui relancent le débat sur l'origine des océans terrestres (voir encadré p. 194).

Quel est l'avenir des observatoires spatiaux? Les astronomes attendent beaucoup du successeur du *HST*, le *James Webb Space Telescope* (JWST), dont le lancement est planifié pour 2018. Doté d'un télescope de 6,2 mètres de diamètre et muni d'instruments de spectro-imagerie infrarouge, il devrait apporter à la planétologie les mêmes succès que le *HST*, *ISO* et *Herschel*. Un projet de télescope infrarouge, *SPICA*, est aussi à l'étude à l'agence japonaise Jaxa, avec une participation possible de l'Esa.

CHAPITRE 8

L'apport de la matière extraterrestre

La plupart des résultats qui ont été acquis dans le domaine de l'exploration planétaire ont fait appel à des méthodes de sondage à distance, fondées sur l'étude du rayonnement électromagnétique émis par les astres. Cependant, une autre technique s'est avérée riche d'informations : c'est l'étude directe, en laboratoire, de matière extraterrestre ! Nous l'avons déjà évoquée à l'occasion de la collecte des échantillons lunaires, mais elle concerne aussi, et surtout, ces fragments – roches ou poussières – qui « tombent du ciel » : les météorites et les micrométéorites. Grâce également à des missions spatiales dédiées, nous commençons à collecter des échantillons extraterrestres en provenance de comètes et d'astéroïdes… Dans les décennies à venir, la communauté scientifique caresse aussi l'espoir de rapporter de nouveaux échantillons martiens.

À quelles analyses soumettre la matière extraterrestre ? Les méthodes d'étude en laboratoire sont les mêmes que pour la caractérisation physique, chimique et minéralogique des roches terrestres. Elles font principalement appel à l'imagerie par microscopie optique et électronique pour scruter la morphologie des surfaces (jusqu'à une résolution spatiale de l'ordre du micromètre, et quelquefois encore plus fine), et à la spectrométrie de masse pour déterminer la composition élémentaire et isotopique. Ces recherches sont généralement menées au sein de laboratoires de géophysique interne ; leur essor a favorisé les rapprochements entre planétologues et physiciens du globe.

Ces pierres qui nous « tombent du ciel »

Si les chutes de météorites sont connues depuis l'Antiquité et ont toujours suscité l'effroi, on pensait généralement qu'il s'agissait de la retombée de pierres lancées depuis le sol par la foudre ou les volcans. Leur origine extraterrestre fut invoquée pour la première fois en 1794 par le physicien allemand Ernst Chladni (1756-1827), et confirmée plus tard par l'analyse chimique et minéralogique : le chimiste anglais Edward Howard (1774-1816) et le minéralogiste français Jacques de Bournon (1751-1825) trouvèrent des minéraux inconnus sur Terre dans les différents fragments qu'ils étudièrent. Un

◄ Un bombardement de météorites sur la Terre, quelques centaines de millions d'années après la formation du Système solaire (vue d'artiste).

1 Le Meteor Crater, en Arizona. Il mesure environ 1500 mètres de diamètre et sa profondeur est de 190 mètres. Sa formation est attribuée à la chute, il y a environ 50 000 ans, d'une météorite métallique d'environ 45 mètres de diamètre, pesant quelque 300 000 tonnes.

autre physicien et astronome, Jean-Baptiste Biot (1774-1862), a réalisé une véritable enquête policière sur la chute de nombreux fragments d'une météorite survenue à l'Aigle, dans l'Orne, en 1803, et a prouvé définitivement que ces pierres ne sont pas d'origine terrestre. Mais alors, d'où viennent-elles exactement ? On a d'abord pensé à la Lune, jusqu'à ce que, quelques décennies plus tard, suite à la découverte des premiers astéroïdes, une origine différente leur soit reconnue (voir p. 45) : comme ces derniers, ce sont des corps interplanétaires, circulant dans le Système solaire.

Qu'arrive-t-il aux corps interplanétaires lorsqu'ils parviennent à la Terre ? Lors de leur passage dans l'atmosphère, ils s'échauffent violemment en surface sous l'effet de la friction de l'air et s'évaporent partiellement ou totalement. La température du gaz perturbé est suffisante pour produire son ionisation, suivie d'une recombinaison qui rend visible la traînée de la météorite : c'est une étoile filante. Certaines étoiles filantes, qui apparaissent en nombre à date fixe et viennent d'un point bien défini du ciel, sont des fragments de comètes, comme l'a montré en 1866 Schiaparelli, l'astronome que nous avons déjà rencontré à propos des prétendus canaux de Mars (voir p. 73). L'exemple le plus connu est celui des Perséides, visibles dans le ciel du 11 au 13 août, et qui semblent tomber en pluie de la constellation de Persée. Il s'agit

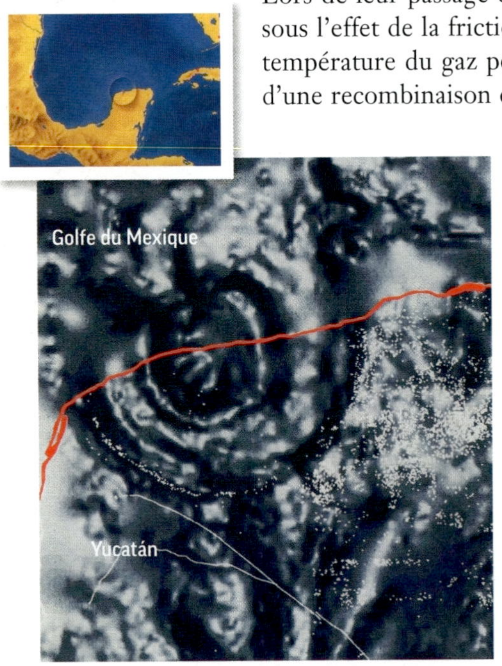

2 Le cratère de Chicxulub (du nom du village le plus proche de son centre), au nord du Yucatán. Cette image est issue de mesures du champ de gravité : celles-ci nous renseignent sur la répartition des masses des matériaux situés dans la croûte terrestre susceptibles de modifier sensiblement le champ gravitationnel. L'image montre clairement une anomalie locale qui dessine une portion de cercle parfait : elle correspond à ce qui reste du bord de l'ancien cratère. Le long de ce cercle sont concentrés des puits d'effondrement, les *cénotes* (points blancs), qui ont sans doute été en partie produits par la chute de la météorite.

❊ La disparition des dinosaures résulte-t-elle de la chute d'une météorite géante ?

La disparition brutale et complète des dinosaures non-aviens, il y a 65 millions d'années, a donné lieu à de nombreuses théories plus ou moins farfelues, dont peu ont résisté à l'analyse. En particulier, de grandes épidémies ne sauraient l'expliquer, car les dinosaures occupaient des niches écologiques très variées et n'auraient pas pu être totalement éliminés. L'hypothèse d'un événement catastrophique qui aurait affecté toutes les formes supérieures de vie reste la plus probable. Il pourrait s'agir d'un épisode cataclysmique d'éruptions volcaniques qui auraient profondément affecté le climat. Une autre possibilité est la chute d'une très grosse météorite.

Cette idée a été lancée par la découverte vers 1980, dans une fine couche terrestre qui sépare celle où l'on trouve des fossiles de dinosaures et celle où il n'y en a plus, d'une quantité importante d'iridium. Cette couche se retrouve dans de nombreux sites répartis sur tout le globe. Les découvreurs, le physicien américain Luis W. Alvarez (1911-1988), prix Nobel 1968, et son fils Walter Alvarez, ont fait remarquer qu'on ne trouve que très peu d'iridium ailleurs dans la croûte terrestre car, comme tous les métaux lourds, cet élément s'est rassemblé dans les régions profondes de la Terre en formation qui sont devenues le manteau, et n'est guère présent dans la croûte : c'est le phénomène de différenciation. L'iridium pourrait avoir été extrait du manteau lors d'un grand épisode volcanique, ce qu'invoquent les tenants de cette thèse, mais il pourrait aussi provenir d'une météorite issue du manteau d'un astéroïde et contenant donc une quantité appréciable d'iridium, ce qui irait à l'appui de l'autre hypothèse. Cette dernière est confirmée par l'existence du gigantesque cratère d'impact de Chicxulub (Figure 2). Mis en évidence en 1978, il contient, comme d'ailleurs la couche riche en iridium, des grains de quartz choqué et des perles de verre qui témoignent d'un événement violent. Suite à la chute de la météorite, une grande quantité de poussières (contenant le fameux iridium) aurait été projetée dans l'atmosphère terrestre, plongeant ainsi toute la Terre dans l'obscurité, ce qui aurait empêché la photosynthèse par les plantes. Les gros animaux auraient alors péri, soit directement, soit par manque de nourriture. À la même époque, un gigantesque phénomène volcanique s'est produit dans ce qui est maintenant le Deccan, en Inde : c'est lui qui est invoqué par les tenants de l'autre hypothèse. Il s'avère que par la tectonique des plaques, cette région se trouvait à l'époque à l'opposé de Chicxulub, si bien que l'éruption aurait pu être déclenchée par la convergence d'ondes sismiques provenant de l'impact. Les deux hypothèses pourraient ainsi se concilier.

▸ **Vues d'artiste de l'impact météoritique du Chicxulub (en haut) et de la gigantesque éruption volcanique du Deccan (en bas),** considérées comme responsables possibles de l'extinction des dinosaures. Les deux phénomènes pourraient d'ailleurs être liés.

de petits morceaux (leur masse est de l'ordre du gramme) éjectés par la comète périodique P/Tuttle découverte en 1862 : ces débris se répartissent le long de son orbite que la Terre croise chaque année à cette date. Les Léonides apparaissent, quant à elles, du 11 au 13 novembre dans la constellation du Lion.

Si le diamètre initial de la météorite dépasse quelques dizaines de centimètres, elle n'a pas le temps de s'évaporer entièrement avant de parvenir jusqu'au sol, fragmentée ou non. Cependant, sa surface a été fondue par l'échauffement produit par le frottement sur l'atmosphère. L'impact sur le sol forme alors un cratère, dont le diamètre est environ vingt fois celui du bolide. Le Meteor Crater, en Arizona, large de 1 200 m, a été identifié en tant que tel en 1905 par Daniel Barringer (1860-1929) (Figure 1); il se serait formé il y a 50 000 ans suite à la chute d'un corps de 45 m de diamètre. Le gigantesque cratère de Chicxulub au Mexique, large d'au moins 180 km (Figure 2), se serait formé suite à la chute d'un projectile d'une bonne dizaine de kilomètres de diamètre. Cette chute, qui s'est produite il y a 65 millions d'années, est susceptible d'avoir modifié temporairement le climat et d'avoir ainsi joué un rôle majeur dans l'extinction des dinosaures (voir encadré p. 147).

En revanche, les plus petites particules, ou micrométéorites, parviennent quelquefois jusqu'au sol sans être très affectées; on peut les récolter sur les glaciers ou sur la neige ou glace polaire, ou, pour les plus petites d'entre elles, à partir d'avions volant à très haute altitude, tels les avions Lockheed U-2 qui atteignent plus de 20 km de haut, dont la Nasa a exploité les capacités entre 1974 et 1981 pour des campagnes de collecte.

On estime à environ 50 tonnes la masse des météorites de plus d'un gramme qui tombent chaque année sur la Terre, tandis que la masse annuelle des chutes de micrométéorites s'élèverait à 7 000 tonnes. Le nombre total des météorites répertoriées dans les différentes collections (dont celle du Muséum d'histoire naturelle, à Paris) est proche de 40 000. Leur masse totale est d'une quarantaine de tonnes. La plus grosse météorite connue a été trouvée en 1920 en Namibie : c'est une météorite métallique qui mesure 2,7 × 2,7 × 0,9 m et pèse 66 tonnes.

Différentes sortes de météorites

D'un point de vue minéralogique et chimique, les météorites présentent une très grande diversité. Trois grandes classes apparaissent cependant : les météorites *pierreuses* (94 % du total), les *métalliques* (5 % du total, à base de fer et de nickel), et les *lithosidériques* (1 %, constituées de métal et de silicates).

Les météorites métalliques, qui sont constituées essentiellement de fer et de nickel, présentent souvent en coupe des structures particulières caractéristiques (Figure 3) : les *figures de Widmanstätten*. Ces structures ont été découvertes en 1808 par l'Autrichien Alois von Beckh Widmanstätten (1754-1849). Elles se

3 Coupe polie d'une météorite métallique trouvée en 1836 en Namibie. On y observe des rubans de ferrite, dont l'orientation est liée à celle des plans cristallins de ce matériau. Les figures géométriques entrecroisées, dites *figures de Widmanstätten*, sont révélées par un traitement par une solution d'acide.

forment lorsqu'un alliage fer-nickel se refroidit très lentement. Aux températures supérieures à 700 °C, la seule phase stable de cet alliage est l'austénite, mais à plus basse température une autre phase se développe : la ferrite, qui forme de longs rubans entrecroisés immergés dans l'austénite. Les transformations à l'état solide étant très lentes, l'existence de ces grands rubans implique que la vitesse du refroidissement n'a pas pu dépasser quelques dizaines de degrés par million d'années, ce qu'il n'est évidemment pas possible de reproduire au laboratoire. On pense que ces météorites proviennent des noyaux métalliques de gros astéroïdes, qui ont été fragmentés à la suite de collisions mutuelles.

4 Un fragment de la météorite Allende, la plus massive connue des chondrites carbonées, et l'une des météorites les plus primitives. La météorite est tombée le 8 février 1969 au-dessus de l'État de Chihuahua au Mexique. Au moment de sa chute, le bolide pesait presque deux tonnes.

Les météorites pierreuses, qui sont surtout constituées de silicates, présentent deux grandes catégories : les *chondrites*, les plus nombreuses, caractérisées par la présence d'inclusions sphériques de taille millimétrique (ou chondres) et les *achondrites* qui n'en présentent pas. Comme toutes les météorites pierreuses, les chondrites proviennent du manteau des planètes et des astéroïdes, fragmentés par des collisions. Parmi les différents types de chondrites, les chondrites carbonées sont les plus intéressantes, car les plus primitives. Elles sont rares, et n'ont été bien étudiées qu'après la chute de l'une d'elles en 1969 près de Pueblo de

5 L'astéroïde Vesta, vu par la sonde *Dawn* de la Nasa en 2012. Ses dimensions sont de 578 × 560 × 458 kilomètres. On y observe de nombreux cratères d'impact. Le plus grand, repérable par des cercles concentriques, occupe presque tout entier l'hémisphère que l'on voit sur cette image. On estime que Vesta a perdu environ le centième de sa masse lors de l'impact de l'énorme météorite ou de l'astéroïde qui a formé ce cratère. La masse éjectée est à l'origine de 5 % des météorites que l'on trouve sur Terre.

Allende, au Mexique. Cette grosse météorite s'est fragmentée en de nombreux morceaux éparpillés sur plus de 300 kilomètres carrés (Figure 4).

Les météorites de la troisième catégorie, les *lithosidérites*, sont des intermédiaires entre les météorites métalliques et les météorites pierreuses, car elles contiennent des inclusions de fer dans une structure rocheuse.

Comment préciser un peu plus l'origine des météorites? Il est possible de retrouver le type du corps parent à partir de leur composition chimique et isotopique, et en analysant le spectre du rayonnement des astéroïdes. Certaines météorites ont pour corps parent la Lune; d'autres proviennent de Mars; la plupart sont issues de différents astéroïdes, notamment de Vesta (Figure 5) qui a subi une collision il y a moins d'un milliard d'années et dont de nombreux fragments atteignent la Terre. Tous ces corps se sont formés relativement vite lors de la contraction de la nébuleuse primitive, il y a 4,56 milliards d'années (voir chapitre 5 p. 88). Mais certaines météorites, nous le verrons plus loin, contiennent des inclusions encore plus anciennes, qui préexistaient au Système solaire et se trouvaient donc déjà incluses dans les astéroïdes. Quant aux micrométéorites, elles sont sans doute d'origine cométaire.

6 Coupe d'un fragment de la météorite d'Allende. On y voit des inclusions blanches très réfractaires qui sont les éléments les plus anciens connus du Système solaire, en fait antérieurs à sa formation, et des chondres sphériques. Les chondres sont des gouttes de silicates fondus qui se sont refroidies rapidement.

La datation du Système solaire par les météorites

L'étude des météorites a entraîné une découverte remarquable: la datation des objets du Système solaire, grâce à l'analyse isotopique de certains atomes. Les différents noyaux représentatifs d'un élément X, ou isotopes, notés ${}^{A}_{Z}X$, contiennent en effet le même nombre de protons Z, mais un nombre $A–Z$ variable de neutrons. Les isotopes peuvent être stables, ou se désintégrer au bout d'un temps plus ou moins long lorsqu'ils sont radioactifs. Certains isotopes radioactifs se désintègrent très lentement: il est donc possible de connaître l'âge où ils ont été inclus dans la météorite en mesurant la quantité d'isotope radioactif restant et celle de son produit de décomposition (voir encadré ci-contre). Cela a été fait pour la première fois en 1956 par le géochimiste américain Clair C. Patterson (1922-1995). Par exemple, le rubidium 87 ${}^{87}Rb$ se désintègre en strontium 87 ${}^{87}Sr$ avec une période radioactive de 48,8 milliards d'années. On peut donc, à partir de la mesure des abondances relatives de ${}^{87}Sr$, ${}^{87}Rb$ et ${}^{86}Sr$ dans différents échantillons d'un même corps, obtenir son âge. D'autres couples utilisés à cet effet sont ${}^{235}U \rightarrow {}^{207}Pb$ et ${}^{238}U \rightarrow {}^{206}Pb$, avec des périodes respectives de 0,7 et 4,5 milliards d'années.

L'étude isotopique de la météorite d'Allende a ainsi fourni des résultats étonnants et spectaculaires. D'abord, Robert N. Clayton,

La méthode isotopique de datation

Comment dater une météorite à partir de sa composition isotopique ? La vitesse de désintégration d'un isotope est caractérisée par sa période radioactive, c'est-à-dire la durée nécessaire pour que la moitié des noyaux d'un échantillon se soient désintégrés. Prenons l'exemple du rubidium 87 ^{87}Rb, qui se désintègre en strontium 87 ^{87}Sr avec une période radioactive T de 48,8 milliards d'années. Si on note τ l'âge de la météorite depuis sa formation, le rubidium 87 qui se trouvait au début dans la météorite a donc formé la quantité de strontium 87 :

$$^{87}Sr_{nouveau} = {}^{87}Rb_{initial}\,[1 - \exp(-\lambda\tau)],$$

avec $\lambda = (\ln 2)/T = 1{,}42\ 10^{-11}\ an^{-1}$.

Mais la météorite pouvait déjà contenir du strontium 87 lors de sa formation. La quantité de strontium 87 $^{87}Sr_{actuel}$ présente à la date τ dans la météorite vérifie donc :

$$^{87}Sr_{actuel} - {}^{87}Sr_{initial} = {}^{87}Rb_{initial}\,[1 - \exp(-\lambda\tau)].$$

Par ailleurs la quantité de rubidium 87 restant à la date τ vérifie : $^{87}Rb_{actuel} = {}^{87}Rb_{initial}\exp(-\lambda\tau)$.

Donc l'équation ci-dessus peut s'écrire :

$$^{87}Sr_{actuel} - {}^{87}Sr_{initial} = {}^{87}Rb_{actuel}\,[\exp(\lambda\tau) - 1].$$

Mais comment déterminer la quantité initiale de strontium 87 ? On peut répondre à cette question en supposant que le rapport d'abondance du ^{87}Sr initial à l'isotope non radioactif ^{86}Sr du strontium, $^{87}Sr_{initial}/^{86}Sr$, est constant dans tous les échantillons que l'on peut prélever dans la météorite, car les processus de tri entre ces deux isotopes par différenciation chimique sont totalement négligeables. En divisant par la quantité ^{86}Sr les deux membres de l'équation ci-dessus, on obtient :

$$(^{87}Sr/^{86}Sr)_{actuel} - (^{87}Sr/^{86}Sr)_{initial} = (^{87}Rb/^{86}Sr)_{actuel}\,[\exp(\lambda\tau) - 1].$$

Lorsqu'on mesure au spectrographe de masse les abondances relatives de ^{87}Sr, ^{87}Rb et ^{86}Sr dans différents échantillons de la même météorite dont la teneur en ^{86}Sr est différente, on obtient en portant $^{87}Sr/^{86}Sr$ en fonction de $^{87}Rb/^{86}Sr$ des points alignés sur une droite dont la pente fournit l'âge τ de la météorite, tandis que l'ordonnée à l'origine est égale à $(^{87}Sr/^{86}Sr)_{initial}$.

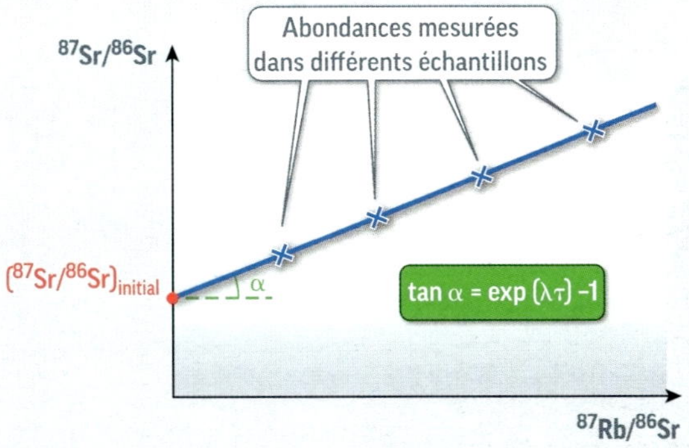

de l'Université de Chicago, a mesuré en 1973, dans les inclusions blanches très réfractaires de cette météorite (Figure 6), le rapport d'abondance des trois isotopes stables du noyau d'oxygène, ^{16}O, ^{17}O et ^{18}O. Ces isotopes se forment par des processus différents au sein des étoiles, et subissent de surcroît des processus de tri en fonction des conditions physiques dans lesquelles ils se trouvent. Or, il a trouvé que ces rapports sont différents de celui des roches terrestres, et aussi de celui des roches lunaires dont des échantillons venaient justement d'être rapportés sur Terre. Elles viennent donc d'ailleurs... En 1976, on a également mis en évidence dans ces inclusions un excès de ^{26}Mg, un isotope rare du magnésium : il provient de la désintégration radioactive de l'isotope ^{26}Al de l'aluminium, dont la période est d'environ 720 000 ans. Plus récemment, d'autres descendants d'isotopes radioactifs ont été trouvés dans la météorite d'Allende. Certains de ces isotopes n'ont pu être formés que lors de l'explosion d'une étoile massive – une supernova – qui a dû avoir lieu il y a 4,56 milliards d'années, à proximité immédiate de la nébuleuse primitive (voir chapitre 5 p. 85). D'autres sont sans doute issus de l'irradiation du disque protoplanétaire par des particules de haute énergie émises par le jeune Soleil. L'étude de la météorite d'Allende fournit ainsi de précieux renseignements sur la formation du Système solaire.

7 Le noyau de la comète P/Wild 2, vu par la sonde *Stardust*. Il s'agit d'un bloc de glace d'eau et d'autres produits, contenant également des poussières. Son diamètre est d'environ 2 km. On y remarque des cratères d'impact par des météorites ou d'autres comètes.

Pour dater le Système solaire à partir des météorites, il faut évidemment savoir quand elles se sont formées. La réponse est simple : les études isotopiques montrent que la Terre, la Lune et les corps parents des météorites se sont tous formés simultanément, il y a 4,56 milliards d'années, à quelques dizaines de millions d'années près. Les roches terrestres et lunaires les plus anciennes que l'on a pu dater ont presque cet âge. Les observations astronomiques d'étoiles en formation indiquent, par analogie avec notre Soleil, que les différents objets du Système solaire ont dû se former au sein d'un disque protoplanétaire issu de l'effondrement d'un nuage interstellaire en rotation rapide. La durée typique de l'effondrement a pu être de 100 000 ans, tandis que la formation des planétésimaux a dû intervenir en moins de dix millions d'années, ce qui est d'ailleurs la durée de vie moyenne des disques protoplanétaires.

Vers la collecte systématique d'échantillons extraterrestres

Plusieurs études *in situ* de matériaux extraterrestres ont été réalisées dans le passé par des missions spatiales (voir chapitre 6 p. 94). Dès 1975, les modules de descente de *Viking* ont étudié l'atmosphère et le sol de Mars par spectrométrie de masse, et les rovers qui se sont succédés sur le sol de la planète ont poursuivi les analyses de la composition élémentaire des roches. À partir de 1978, des mesures *in situ* ont été tentées par les sondes de descente *Pioneer Venus* et *Venera* pour étudier l'atmosphère et le sol de Vénus. En 1986, les sondes *Vega* et *Giotto* ont analysé des gaz et des grains de la comète de Halley par spectrométrie de masse ; cette étude a été reprise par la mission *Stardust* sur la comète périodique P/Wild 2 (Figure 7) et sera à nouveau réalisée par la sonde *Rosetta* en 2014 (Figure 8) sur la comète Churyumov-Gerasimenko. Cependant, aucun des appareils utilisés lors de ces expériences ne peut rivaliser avec les microscopes ou les sondes ioniques de laboratoire, plus performants. Or l'analyse des météorites a

8 **Vue d'artiste de la sonde de la mission européenne** *Rosetta*, en route vers la comète Churyumov-Gerasimenko. Lancée en mars 2004, la sonde a déjà effectué trois survols de la Terre et un survol de Mars, acquérant ainsi assez d'énergie par assistance gravitationnelle pour atteindre son objectif, avec une dépense minimale d'ergols. Au cours de sa croisière, la sonde *Rosetta* a rencontré deux astéroïdes, Steins en septembre 2008 et Lutetia en juillet 2010. La mission est composée d'un orbiteur qui s'approchera de la comète Churyumov-Gerasimenko en 2014 et lâchera un atterrisseur, *Philae*, qui se posera sur la surface du noyau et s'y accrochera pour en analyser la composition. L'orbiteur continuera à accompagner la comète, tournant autour de son noyau pour observer le développement de son activité jusqu'à ce que la comète atteigne son périhélie en 2015.

montré qu'une résolution spatiale de l'ordre du micromètre était nécessaire pour séparer les différentes composantes minéralogiques d'un échantillon et en analyser la composition chimique, élémentaire et isotopique. L'analyse des échantillons lunaires, qui s'est faite de la même manière, est une autre démonstration éclatante de la nécessité des mesures en laboratoire (voir p. 98). C'est pourquoi le retour d'échantillons extraterrestres est un passage obligé pour une meilleure compréhension des processus physico-chimiques qui ont prévalu lors de la formation des planètes et des comètes au sein du disque protoplanétaire.

Plusieurs tentatives, plus ou moins couronnées de succès, ont déjà eu lieu. Nous avons mentionné la mission américaine *Stardust*, qui a rapporté sur Terre des grains cométaires issus de la comète P/Wild 2 (Figure 9). L'examen des échantillons s'est

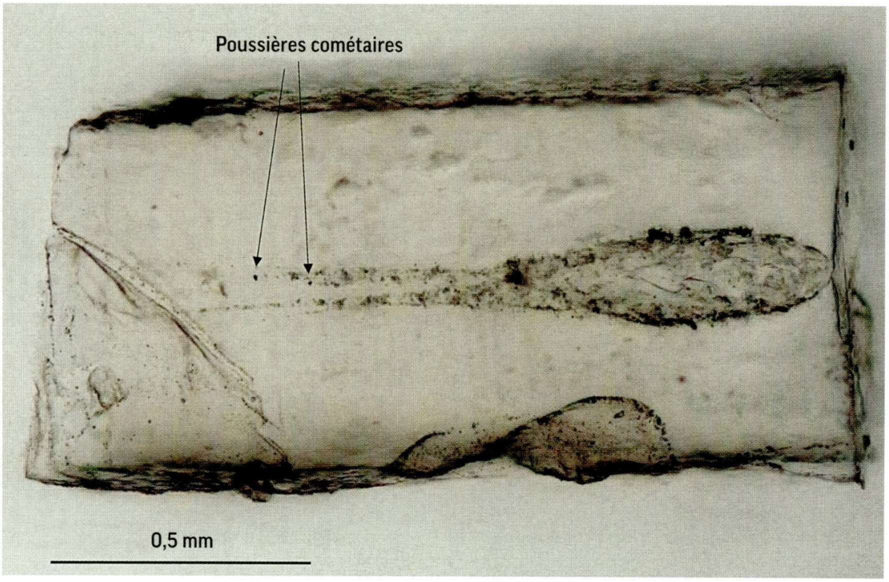

9 Image au microscope électronique de poussières éjectées par la comète P/Wild 2, collectées dans un gel par la sonde *Stardust* de la Nasa et rapportées sur la Terre en janvier 2006. Les particules cométaires ont tracé un sillon dans l'aérogel. Certaines se fragmentent cependant, ou peuvent être modifiées thermiquement pendant l'impact.

avéré difficile, à cause des problèmes potentiels de destruction ou de contamination par l'aérogel dans lequel ils ont été prélevés, mais les résultats sont néanmoins à la hauteur des espérances. Lancée en 2003, la sonde japonaise *Hayabusa* a approché l'astéroïde Itokawa en 2006 et a tenté d'en collecter des échantillons ; après divers déboires, elle est revenue sur Terre en juin 2010 avec à bord un millier de grains de dimension micrométrique (Figure 10). En novembre 2010, l'agence japonaise Jaxa a confirmé leur origine extraterrestre. Le Japon devient ainsi la première nation à avoir réalisé la collecte d'échantillons en provenance d'un astéroïde.

D'autres projets sont à l'étude, avec notamment pour objectif la mise en orbite d'une sonde autour d'un astéroïde dit « géocroiseur » (c'est-à-dire dont l'orbite croise presque celle de notre planète), puis retour sur Terre d'échantillons : c'est le projet *Marco Polo-R*, en phase d'étude à l'Agence spatiale européenne. Enfin, l'ambitieux programme *Mars Sample Return*, développé conjointement par l'Esa et la Nasa, se propose de rapporter des échantillons martiens à l'horizon 2025 ou au-delà. Affiché comme prioritaire par les agences spatiales depuis plus d'une décennie mais différé depuis pour des raisons de faisabilité, ce programme

10 Image au microscope électronique de poussières du sol de l'astéroïde Itokawa collectées par la sonde japonaise *Hayabusa* et rapportées sur la Terre en juin 2010 ; les grains de poussière météoritique sont repérés par des flèches rouges.

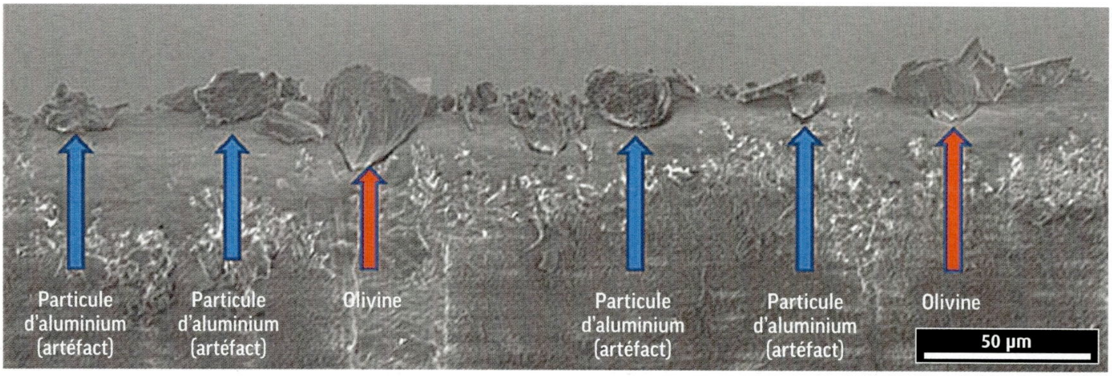

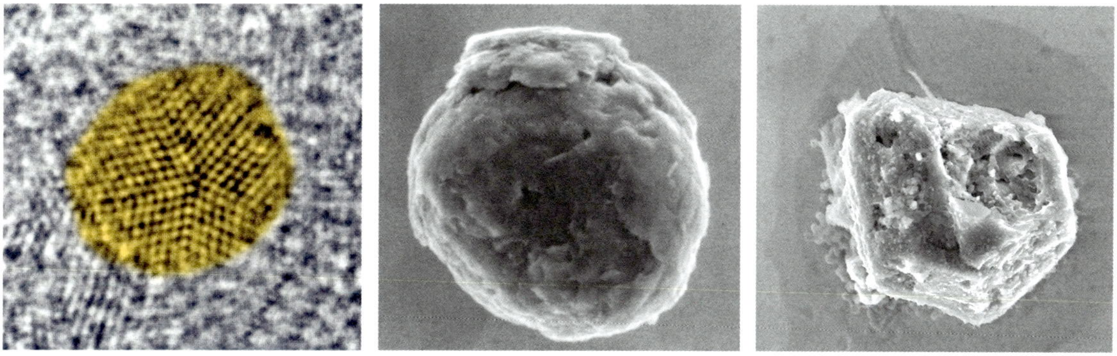

permettra d'effectuer sur les échantillons martiens, au laboratoire, des analyses fines de composition chimique et isotopique jusqu'à présent limitées aux météorites et aux échantillons lunaires.

11 Images au microscope électronique à balayage de quelques grains de poussière d'origine stellaire, présents dans des météorites. Ils se trouvaient dans la nébuleuse primitive à partir de laquelle s'est formé le Système solaire, et se sont trouvés inclus dans les planètes et les astéroïdes qui sont les parents des météorites. À gauche, un grain de diamant inclus dans la coupe fine d'une météorite, et qui s'est probablement formé lors du choc résultant de l'explosion d'une supernova : on le reconnaît à sa structure cristalline géométrique. Au milieu, un grain de graphite. À droite, un grain de carbure de silicium SiC, un peu plus gros que le précédent (diamètre environ 2 µm). Ces deux derniers types de grains proviennent d'étoiles géantes en fin de vie.

Grains de poussière présolaires ou non ?

Certains grains de poussière inclus dans les météorites sont formés de matériaux très réfractaires. Ils sont si résistants qu'il suffit de dissoudre le reste de la météorite dans un acide pour les isoler. Ils sont plus anciens que le Système solaire lui-même, car leur composition isotopique, lorsqu'elle a pu être obtenue, diffère de celle des autres matériaux météoritiques. Appelés « grains présolaires », ils se déclinent en différentes sortes : diamant reconnaissable à sa structure cristalline, graphite, carbure de silicium, etc. (Figure 11). Il est très vraisemblable que ces grains ont été formés par condensation des gaz dans l'enveloppe d'étoiles géantes en fin de vie ou dans des restes de supernovae, et ont survécu dans le milieu interstellaire grâce à leur robustesse.

Que peut-on dire des grains d'origine cométaire ? Avant les missions spatiales *Stardust* et *Hayabusa*, on ne disposait que des grains interplanétaires très petits qui avaient été collectés par des avions U-2 volant à haute altitude. Ces grains, qui sont responsables de la lumière zodiacale (Figure 13), peuvent avoir des origines très variées : météorites fragmentées, astéroïdes ou comètes, et ils peuvent avoir l'âge du Système solaire ou être encore plus anciens. On savait déjà que les comètes contenaient des silicates, ce que montrait sans conteste la spectroscopie infrarouge. *Stardust* nous en apprend davantage : si les grains cométaires sont le plus souvent constitués de silicates comme l'olivine et les pyroxènes, d'autres sont des verres avec des inclusions de métaux et de sulfure de fer, comme d'ailleurs certains grains interplanétaires récoltés par les avions (Figure 12 ; voir aussi p. 192). Les comètes contiennent donc non seulement des glaces qui se sont nécessairement formées à basse température, dans les zones les plus externes du disque protoplanétaire, mais aussi des silicates et des verres qui ont été engendrés à haute température dans les régions internes de ce disque. Cela suggère que le disque était animé de grands mouvements radiaux capables de redistribuer de la matière depuis les zones internes proches du proto-Soleil jusqu'aux régions où se sont formées les comètes, au-delà de

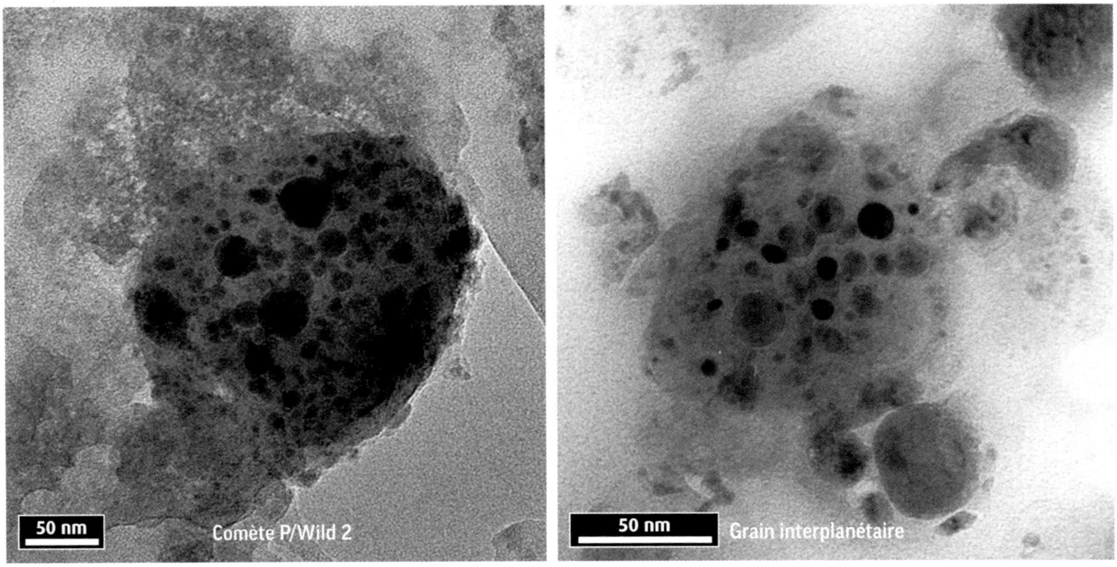

12 Images au microscope électronique à transmission d'un grain de type GEMs (pour « Glass with Embedded Metal and Sulfides ») recueilli autour de la comète P/Wild 2, et d'un grain interplanétaire recueilli par un avion à très haute altitude. La similitude est frappante et confirmée par l'analyse chimique et minéralogique. Mais d'où viennent ces grains, et comment ont-ils été incorporés dans la comète ?

l'orbite actuelle de Neptune. Autre surprise qui n'a pas encore reçu d'explication claire : la comète P/Wild 2 ne semble pas contenir beaucoup de grains présolaires.

Météorites et origine de la vie

Depuis Anaxagore (500-428 av. J.-C.), on s'est parfois demandé si la vie sur Terre avait une origine extraterrestre : c'est la théorie de la *panspermie*, proposée dans sa forme moderne par Hermann von Helmholtz (1821-1894) en 1878. Helmholtz imaginait que des bactéries incluses dans les météorites se soient développées après être arrivées sur Terre. Bien que l'on n'ait pas trouvé de cellules vivantes dans les météorites, on s'est attaché depuis les années 1970 à y rechercher au moins des éléments de base de la vie, en particulier des acides aminés ; on en a fait de même dans le milieu interstellaire.

On connaît aujourd'hui environ 150 molécules dans le milieu interstellaire, dont la plupart sont qualifiées « d'organiques » car elles sont composées d'hydrogène, de carbone, d'azote et d'oxygène (voir p. 103). Mais la plus grosse n'a que 13 atomes. Rechercher par spectroscopie (dans le domaine radio, car c'est impossible dans le visible ou dans l'infrarouge) des molécules plus complexes comme les acides aminés est extrêmement difficile, même si on connaît leur spectre d'absorption par des études au laboratoire : elles sont certainement peu abondantes, leurs raies sont faibles et le spectre radio des nuages moléculaires émissifs est extrêmement encombré. On a cru cependant détecter la glycine (Figure 14), le plus simple des acides aminés, mais cette détection n'a pas été confirmée. En revanche, la glycine a été détectée dans les grains cométaires récupérés par *Stardust*.

La chasse aux acides animés dans les météorites a été beaucoup plus fructueuse. Elle a commencé avec la météorite Murchison (Figure 15), une chon-

13 La lumière zodiacale. Centrée sur l'écliptique, elle est visible par très beau temps et nuit très noire, le soir après le coucher du Soleil ou le matin avant son lever. La lumière zodiacale a été décrite pour la première fois par Cassini en 1683. Le suisse Nicolas Fatio de Duillier (1664-1758) l'a expliquée, l'année suivante, comme la diffusion de la lumière du Soleil par les poussières interplanétaires.

drite carbonée tombée en Australie en 1969, dans laquelle on a isolé plus de 70 acides aminés différents. Au début, les spécialistes étaient sceptiques en raison des risques de contamination par la matière vivante terrestre lors des manipulations, mais il fallut se rendre à l'évidence : cette météorite, et d'autres étudiées depuis, contiennent bien des acides aminés. En outre, certains ne se trouvent pas dans les protéines terrestres, ce qui écarte l'hypothèse d'une contamination.

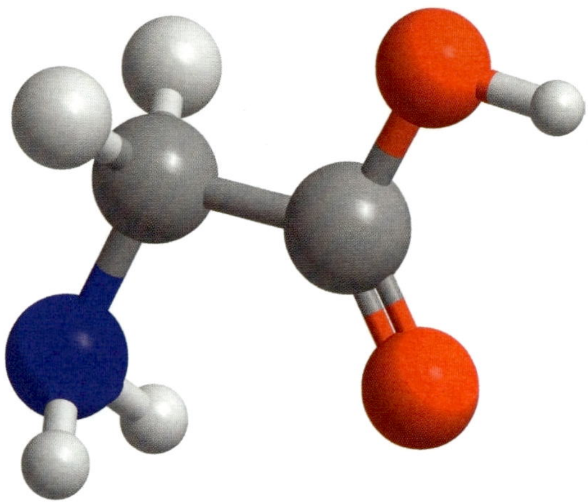

14 La molécule de glycine NH_2CH_2COOH (azote en bleu, oxygène en rouge, carbone en gris et hydrogène en blanc), un acide aminé qui a été détecté dans des grains cométaires. Les acides aminés contiennent un groupe carboxyle -COOH et un groupe amine $-NH_2$. Dans les êtres vivants, les protéines sont formées par l'assemblage de 22 sortes d'acides aminés.

Une propriété de nombreuses molécules organiques biologiques, comme la plupart des acides aminés, est leur caractère chiral. Une molécule chirale existe sous deux formes qui sont l'image l'une de l'autre dans un miroir mais qui ne sont pas superposables, comme les deux chaussures d'une paire. L'une de ces formes, en solution, a la propriété de faire tourner le plan de polarisation d'une lumière qui la traverse dans le sens des aiguilles d'une montre et est dite dextrogyre, tandis que l'autre, dite lévogyre, le fait tourner dans l'autre sens. L'existence de molécules chirales et leurs propriétés optiques ont été découvertes en 1848 par Louis Pasteur (1822-1895). Les acides aminés naturels, lorsqu'ils sont chiraux, sont presque toujours lévogyres. Or les molécules « prébiotiques » synthétisées au laboratoire par des expériences comme celle de 1953 due à Stanley L. Miller (1930-2007) et Harold Urey (1893-1981) (voir encadré p. 102), contiennent, lorsqu'elles sont chirales, les isomères dextrogyres et lévogyres en quantité égale. Ce n'est pas le cas des acides aminés détectés dans les météorites : s'ils sont en gros les mêmes que dans cette célèbre expérience, ils sont en majorité lévogyres. C'est un argument en faveur de la panspermie, même si on ne comprend pas encore très bien ce qui a favorisé la forme lévogyre au détriment de l'autre.

Des expériences de laboratoire récentes, visant à recréer les conditions similaires à celles régnant dans certaines régions de l'espace interstellaire, semblent indiquer que la synthèse d'acides aminés sous irradiation par un flux ultraviolet polarisé conduit à un excès de la forme lévogyre, dans des proportions comparables à ce qui est mesuré dans les météorites. Il s'agit donc d'une nouvelle piste intéressante. Une autre possibilité pour former des acides aminés, mise en évidence au cours des dernières années par des expériences de laboratoire, est le bombardement par un projectile solide d'un astre glacé comme certains satellites de Jupiter ou de Saturne, suivi de l'évaporation éventuelle des produits.

Quand une éventuelle contamination de la Terre se serait-elle produite ? Les premières traces de vie terrestre sont observées relativement tôt, un à deux milliards d'années après la formation de notre planète. Or le bombardement par les météorites a été très intense pendant le premier milliard d'années, et les possibilités de contamination ont donc été grandes à cette époque. Il reste cependant beaucoup de chemin à parcourir entre le simple apport de briques de base de l'édifice de la vie et son apparition, car la vie implique l'auto-reproduction, la possibilité de mutations produisant l'évolution, et l'adaptation à l'environnement.

15 Fragment de la météorite Murchison. Des analyses ont montré qu'elle contient un excès d'environ 1,3 % de la forme lévogyre d'un acide aminé, l'alanine.

Il est évidemment du plus haut intérêt de rechercher des molécules organiques, voire même des traces de vie, sur une de nos planètes voisines, Mars. Parmi les météorites qui tombent sur Terre, certaines proviennent de Mars, comme on peut le savoir par leur analyse minéralogique et isotopique, et par la présence d'inclusions gazeuses dont la composition est identique à celle de l'atmosphère martienne telle qu'elle a été déterminée par les sondes *Viking*. Ces météorites ont été éjectées de Mars lors d'impacts particulièrement violents. Ainsi, on a cru trouver des formes de vie dans une météorite d'origine martienne découverte en Antarctique en 1984 : on y a observé quelques acides aminés ainsi que des structures ressemblant à des bactéries, ce qui a causé un grand émoi. La Nasa l'a d'ailleurs mis à profit pour promouvoir ses programmes d'exploration de Mars. Hélas, il a fallu déchanter : il est vraisemblable que la météorite a été contaminée par des bactéries terrestres, à l'instar de la météorite de Tataouine tombée en 1931, où l'on a découvert une nouvelle espèce de bactérie… qui se trouve aussi dans les sables avoisinants. Une autre météorite, tombée à Tissint au Maroc le 18 juillet 2011, avait moins de chances d'être contaminée car ses morceaux ont été rapidement collectés, mais l'analyse isotopique du carbone organique qu'elle contient laisse à penser qu'elle l'est malgré tout : du matériau du désert marocain a probablement pénétré à l'intérieur des fragments météoritiques par les fissures qu'a révélées leur examen. Il n'en reste pas moins que, jusqu'au retour d'échantillons martiens, ces météorites sont les seuls « morceaux de Mars » que nous puissions étudier au laboratoire.

On voit ici les limites de ce que l'on peut tirer de l'étude des météorites. Certes, des résultats spectaculaires ont été obtenus : ils vont à l'appui de l'hypothèse d'une contamination ancienne de la Terre par des éléments organiques extérieurs, mais il convient de rester très prudent, tant les possibilités de contamination par des molécules organiques terrestres sont importantes.

CHAPITRE 9

La révolution des exoplanètes

La question de la pluralité des mondes habités ne date pas d'hier. Depuis l'Antiquité, elle a agité, voire divisé, les philosophes et les scientifiques (voir chapitre 4 p. 66). Avec l'avènement du système copernicien, le débat prend une tournure plus scientifique. Si des planètes existent autour d'étoiles voisines - on parle « d'exoplanètes » -, comment les détecter ? Il est très difficile de les observer directement : leur rayonnement est en effet noyé dans celui de leur étoile-hôte, environ un milliard de fois plus brillante dans le domaine visible ! Les premières méthodes de détection seront donc indirectes. Mais avant d'identifier les premières exoplanètes au début des années 1990, les astronomes vont explorer de nouveaux objets célestes : les disques de poussière et de gaz qui entourent les étoiles jeunes.

De la nébuleuse protosolaire aux disques protoplanétaires

En 1983, une découverte fait sensation : grâce au satellite *Iras* (*InfraRed Astronomical Satellite*) récemment mis en orbite, un disque de poussière est identifié autour de l'étoile Vega. Celle-ci est plus jeune que le Soleil, sans pour autant être une étoile en formation. C'est par son rayonnement dans l'infrarouge que l'existence du disque a été mise en évidence ; son spectre est très différent de celui du rayonnement de l'étoile elle-même, dont l'intensité est maximale dans l'ultraviolet. Un an plus tard, autre surprise : un disque est identifié, cette fois par un télescope au sol, autour d'une étoile jeune, β Pictoris (Figure 1). Il ne s'agit pas à proprement parler d'un disque protoplanétaire, mais plutôt d'un disque de débris résidu du disque initial (voir encadré p. 89), comparable à la ceinture de Kuiper dans notre système solaire. Les découvertes de disques protoplanétaires vont ensuite se multiplier autour des objets jeunes, en particulier grâce aux observations millimétriques réalisées depuis le sol, et aux mesures spatiales du télescope spatial *Hubble* dans le visible, et de *ISO* et *Spitzer* dans l'infrarouge. Il apparaît aujourd'hui que le rayonnement infrarouge qui nous parvient d'un très grand nombre d'étoiles jeunes (environ la moitié) trahit la présence d'un disque. Ces observations ont aussi mis en évidence l'existence de

◄ Représentation d'artiste de la planète géante HD 189733b, en orbite proche autour de son étoile. Historiquement, les premières exoplanètes détectées furent de telles planètes, leur détection étant facilitée par leur masse élevée et leur courte période de révolution. Il s'agit de la première exoplanète où une molécule organique ait été mise en évidence (en ce cas du méthane, détecté par le télescope spatial *Hubble* en 2007).

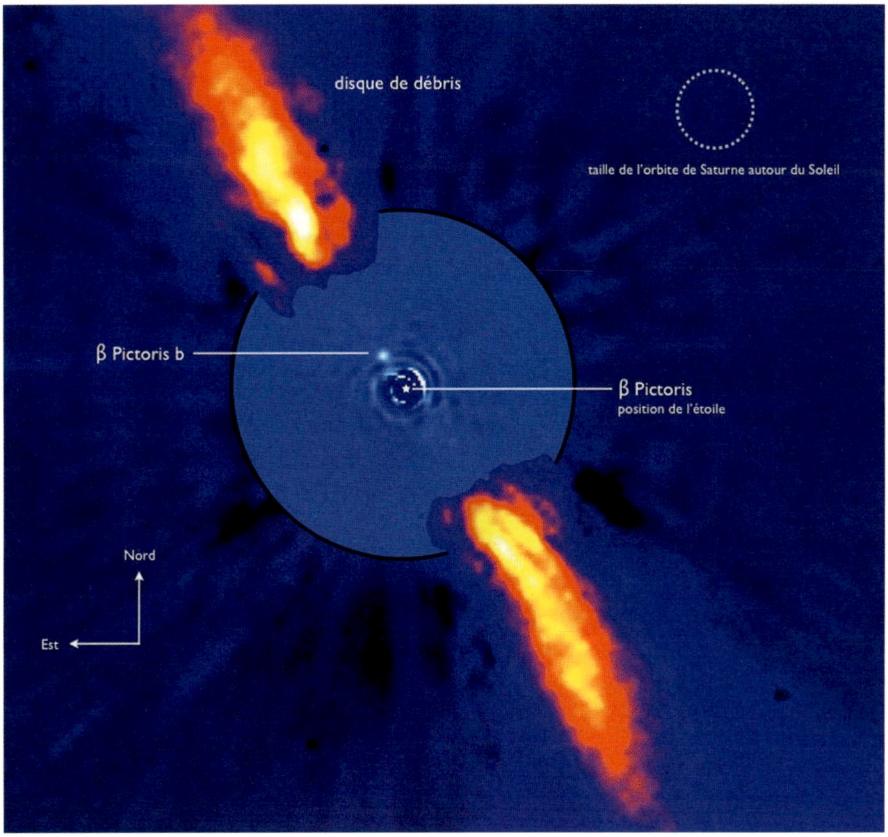

1 L'entourage de l'étoile ß Pictoris observé dans l'infrarouge proche, en fausses couleurs. Le disque de débris a été observé pour la première fois au télescope de Las Campanas (Chili) en 1984 par coronographie. Il s'agissait alors de la première image en lumière visible d'un disque autour d'une étoile jeune. Vingt ans plus tard, une exoplanète, ß Pictoris b, a été découverte à proximité de l'étoile. Au centre, la position de l'étoile (occultée par un coronographe pour obtenir l'image).

jets bipolaires très intenses, perpendiculaires au disque, autour des objets stellaires les plus jeunes (voir Figure 7 p. 87).

À la lumière de ces observations, le modèle de la nébuleuse solaire primitive, et en particulier celui de Safronov, se trouvait conforté (voir chapitre 5 p. 89). Ainsi, au début des années 1990, les astronomes disposaient pour le Système solaire d'un modèle cohérent de formation, qui rendait compte de l'existence des deux grandes classes de planètes : les telluriques proches du Soleil, et les géantes plus éloignées. Avant la découverte des exoplanètes, ils pouvaient légitimement supposer que le même scénario s'appliquerait à tout autre système planétaire entourant une étoile, avec une différenciation entre planètes telluriques et géantes en fonction de leur distance à celle-ci. Nous verrons qu'il n'en est rien : la découverte des premières exoplanètes bouleversera leur façon de concevoir l'évolution du Système solaire.

Des premiers échecs à la découverte

Au début du XXe siècle, la première technique à laquelle pensent les astronomes pour détecter des exoplanètes fait appel à l'astrométrie, c'est-à-dire au suivi de la position et du mouvement des étoiles. Voici son principe : si une étoile est accompagnée d'une planète ou d'une autre étoile, alors son mouvement apparent sur la sphère céleste s'en trouve affecté : l'étoile et son compagnon tournent autour du centre de gravité du système. La période de cette révolution est d'autant plus courte que la planète est massive et proche de son étoile : la méthode est alors d'autant plus susceptible de détecter sa présence.

L'astrométrie avait permis, dès le XIXe siècle, la détection de compagnons stellaires de faible masse autour de certaines étoiles ; c'est le cas de Sirius dont le compagnon, une naine blanche, a été découvert en 1832 par Friedrich Wilhelm Bessel (1784-1846). Cependant, avec la recherche d'exoplanètes, les astronomes se heurtent à un mur. Les découvertes de l'astronome Piet Van de Kamp (1901-1995) (Figure 2), qui croit avoir trouvé un compagnon autour de l'étoile de Barnard, puis autour de ε Eridani, s'avèrent en fin de compte être le fait de problèmes instrumentaux liés au télescope utilisé. Il est clair que les instruments disponibles au XXe siècle n'ont pas la précision nécessaire.

2 L'astronome Piet Van de Kamp (1901-1995). Il annonça en 1965 la découverte d'un compagnon autour de l'étoile de Barnard, mais il apparut ensuite qu'il s'agissait d'un artefact observationnel lié au télescope de l'Observatoire Sproul qu'il utilisait..

Au début des années 1990, une découverte fait grand bruit : après plusieurs annonces non confirmées, les deux premières exoplanètes sont enfin détectées autour d'une étoile très particulière, un pulsar. C'est l'astronome polonais Alexander Wolszczan qui l'a mise en évidence, en étudiant le signal radio émis par l'étoile avec le puissant radiotélescope d'Arecibo, à Porto Rico. Les pulsars sont des astres extraordinairement denses qui ont atteint l'une des phases ultimes de l'évolution stellaire : ce sont les restes compacts de l'explosion d'étoiles massives en fin de vie, les supernovae. Ils émettent un puissant rayonnement radio, périodique, dont la période est celle de la période de rotation de l'objet sur lui-même (environ 6 millièmes de seconde dans ce cas). Ce sont de petites variations de cette période qui ont permis de mettre en évidence la présence d'une première planète, puis de deux autres. Voici une découverte surprenante, très importante du point de vue de l'astrophysique, mais qui ne nous renseignait pas encore sur l'existence ou l'absence, ailleurs dans l'Univers, de planètes semblables à celles que nous connaissions.

Parallèlement aux recherches menées sur les pulsars, une autre méthode s'est imposée depuis les années 1980 pour rechercher, autour des étoiles voisines, des compagnons de faible masse. Il s'agit toujours d'une méthode indirecte, qui vise à détecter le mouvement de l'étoile autour du centre de gravité du système étoile-compagnon. Cette fois, ce n'est plus le mouvement de l'étoile sur la sphère céleste qui est mesuré, mais sa vitesse par rapport à l'observateur : c'est la *vélocimétrie* (Figure 3). La vitesse de l'étoile est mesurée par effet Doppler-Fizeau (voir p. 62) avec une grande précision, grâce à l'observation simultanée du décalage

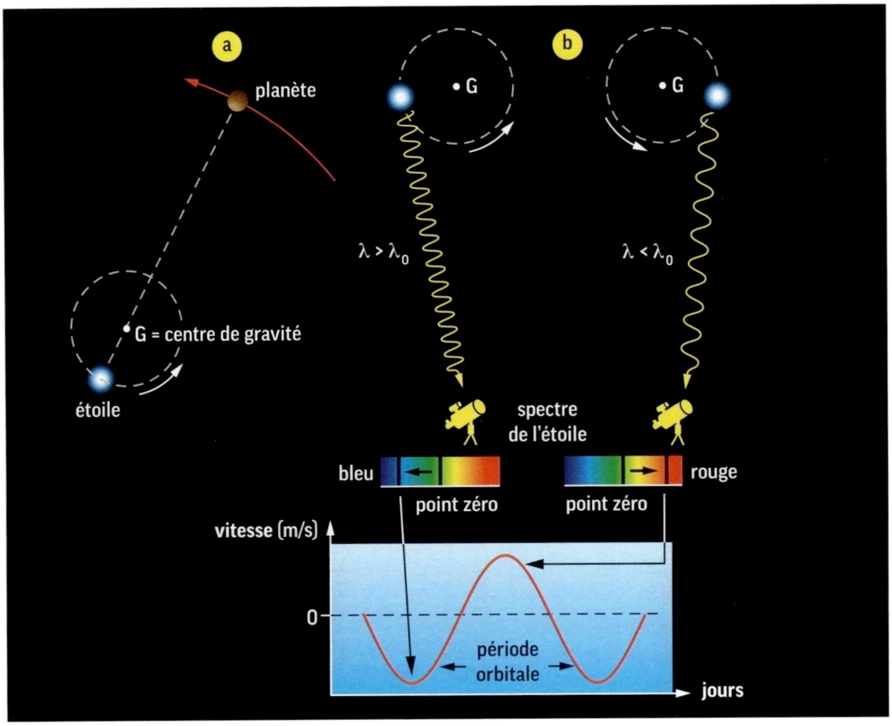

3 Le principe de la vélocimétrie pour la détection de planètes extrasolaires.
a. L'étoile et son compagnon orbitent autour du centre de gravité du système avec une période égale à celle de la planète autour de l'étoile, mais la planète est invisible.
b. La projection de la vitesse de l'étoile sur l'axe astre-observateur est mesurée par effet Doppler-Fizeau. La succession des décalages des raies vers le bleu (lorsque l'étoile se rapproche) et le rouge (lorsque l'étoile s'éloigne) est caractéristique des étoiles influencées par la présence d'un compagnon en orbite. Elle se traduit sur un graphique de vitesse par une courbe sinusoïdale. Cette courbe permet de déterminer la période de rotation de la planète et une limite inférieure de sa masse, l'angle sous lequel le système est observé n'étant pas connu.

spectral d'un grand nombre de raies stellaires. Les spectrographes à très haute résolution permettent, dès le début des années 1990, de mesurer des variations de vitesse de l'ordre de 10 m/s ; ces variations sont comparables à l'écart induit sur la vitesse du Soleil par la présence de Jupiter, ce qui laisse donc espérer la détection de planètes géantes.

En 1995, le résultat tant attendu tombe enfin : Michel Mayor et Didier Queloz, de l'Observatoire de Genève, annoncent la découverte de la première exoplanète autour d'une étoile de type solaire, 51 Pegasi (Figure 4). L'observation a été réalisée à l'Observatoire de Haute-Provence, dans le sud de la France. La masse de l'exoplanète est d'au moins la moitié de celle de Jupiter et, fait extraordinaire, elle tourne autour de son étoile en seulement 4 jours : la distance étoile-planète n'est que de 0,05 unité astronomique (rappelons que l'UA, l'unité astronomique, est égale au demi-grand axe de l'orbite terrestre, soit environ 150 millions de kilomètres) ! La découverte a un retentissement considérable dans le monde scientifique, et bien au-delà. Dans les semaines qui suivent, deux autres exoplanètes sont découvertes par l'équipe de Geoffrey Marcy qui mène un programme de recherche parallèle aux États-Unis. Plusieurs autres objets sont identifiés dans les mois qui suivent, et leur nombre augmente rapidement. Dix ans plus tard, on a trouvé ainsi plus de 150 exoplanètes ; on en compte environ 500 à la fin de 2010, et 1000 en octobre 2013.

L'effet de surprise créé par la découverte de l'exoplanète 51 Pegasi b (appelée plus couramment 51 Peg b) ne fait pas long feu : dès les premières années, dans la plupart des cas, les objets découverts sont des exoplanètes géantes (ce sont en effet les plus faciles à détecter), situées à proximité immédiate de leur étoile. Là réside le caractère révolutionnaire de la découverte des exoplanètes : au-delà de la réponse positive apportée à une question vieille comme le monde – existe-t-il d'autres systèmes planétaires en dehors du Système solaire ? – c'est la nature même de ces nouvelles planètes qui pose un vrai défi aux astronomes. Nous avons pu interpréter la formation et l'évolution de planètes du Système solaire dans le cadre d'un modèle de formation au sein d'un disque à partir de particules solides, les planètes géantes se formant loin du Soleil et les planètes rocheuses à proximité de celui-ci. Or les premières découvertes sont en contradiction totale avec ce modèle : il existe des exoplanètes géantes très proches de leur étoile. Le modèle de formation du Système solaire est donc loin d'être unique, et c'est toute notre compréhension de la formation stellaire et planétaire qui se trouve remise en question.

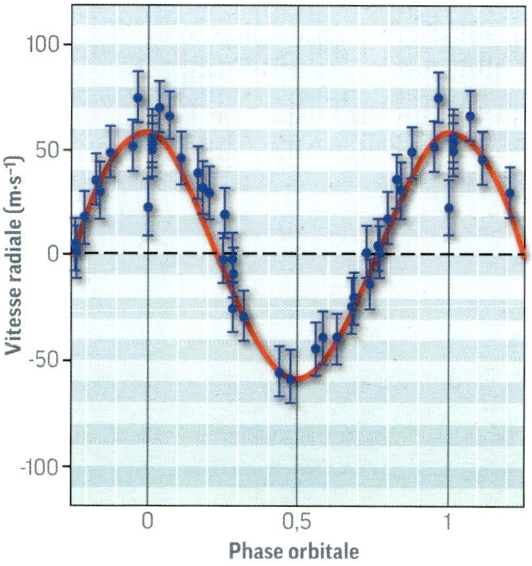

4 Variations périodiques de la vitesse radiale de l'étoile 51 Pegasi en fonction de la position de la planète sur son orbite (repérée par la phase orbitale). Elles sont dues à la présence de la première exoplanète détectée autour d'une étoile de type solaire, 51 Pegasi b, découverte par Michel Mayor et Didier Queloz en 1995. La vitesse de l'étoile par rapport à l'observateur est nulle lorsque la planète passe en avant ou en arrière de l'étoile. Les variations de vitesse radiale induites par la planète sont de l'ordre de 60 m/s, et la période de révolution est de 4 jours (d'après M. Mayor et D. Queloz, *Nature* 378, 355, 1995).

Une nouvelle étape : la détection des transits planétaires

Suite à la détection de 51 Pegasi b, toutes les nouvelles découvertes d'exoplanètes font d'abord appel à la vélocimétrie. L'année 1999 marque une nouvelle étape : l'astronome David Charbonneau annonce la détection, depuis la Terre, d'une exoplanète géante très proche de son étoile, mais cette fois-ci par la méthode des transits.

En quoi consiste cette méthode ? Comme l'astrométrie et la vélocimétrie, il s'agit d'une méthode de détection indirecte. Cette fois, ce n'est pas le mouvement de l'étoile que l'on cherche à mesurer, mais la variation du flux lumineux que nous recevons lorsque, d'aventure, une planète passe entre l'étoile et l'observateur : ce passage est aussi appelé « transit ». Une petite partie de l'étoile se trouve alors occultée : c'est une éclipse (Figure 5). Dans le cas du Système solaire, le passage de Jupiter devant le Soleil provoquerait, pour un observateur lointain situé dans le plan de l'orbite planétaire (c'est-à-dire, pour la Terre, dans le plan de l'écliptique), une baisse du flux d'environ 1 %, et le passage de la Terre devant le Soleil une baisse de 0,01 %. Une limite de la méthode, dans un cas analogue à celui du Système solaire, tient à la nécessité d'observer au moins deux fois le phénomène pour le confirmer. Il faut donc mesurer le flux pendant une durée supérieure à la période de révolution planétaire, soit un an pour la Terre et… douze ans pour Jupiter ! C'est ici que la nature inattendue de certaines exoplanètes en fait des cibles très favorables pour la détection par transit. Elles sont volumineuses, donc vont engendrer une baisse sensible du signal stellaire ; de plus leur période

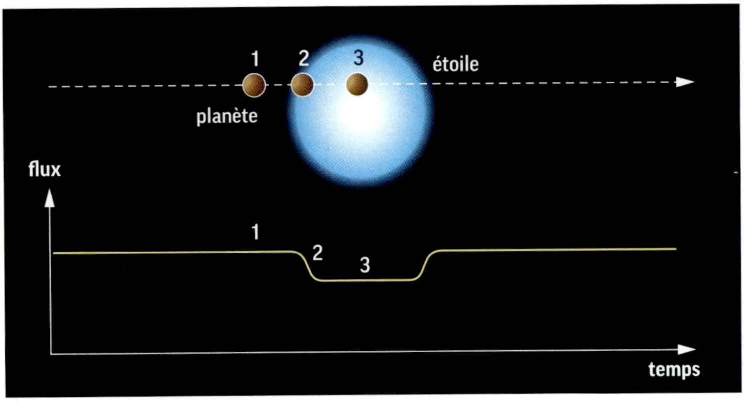

de révolution n'est que de quelques jours, ce qui permet des mesures répétées du phénomène. Ajoutons que la méthode des transits présente, par rapport à la vélocimétrie, un autre avantage notoire : elle fournit une mesure du rayon de la planète, alors que la vélocimétrie ne fournit qu'une limite inférieure de la masse de l'objet. En couplant les deux méthodes, on obtient une estimation de la masse *et* du rayon de l'exoplanète, et donc de sa densité.

5 Le principe de la mesure des transits. Avant passage de la planète entre l'étoile-hôte et l'observateur (1), le flux stellaire reçu est maximal. Le passage de la planète devant l'étoile (positions 2 et 3) induit une baisse du flux : celle-ci est d'autant plus importante que la planète est de grande taille par rapport à son étoile-hôte. Elle est de l'ordre du pour cent dans le cas des planètes géantes.

La première exoplanète détectée par transit provoque une baisse du flux stellaire de 1,5 %. Une telle mesure est accessible avec les moyens photométriques et les télescopes au sol, malgré les turbulences atmosphériques. La découverte de David Charbonneau sera confirmée un peu plus tard, avec une précision bien supérieure, par le télescope spatial *Hubble* (Figure 6). La nouvelle planète porte le nom rébarbatif de HD 209458 b (voir encadré). Suite à ce premier succès, les campagnes de mesure s'enchaînent ; près de quinze ans après la mise en évidence du premier transit, plus de 400 objets ont été découverts par cette méthode ; la plupart ont une courte période de révolution autour de leur étoile-hôte. D'autres découvertes restent dans les tiroirs en attendant confirmation…

À la recherche des exoterres

Si la découverte des exoplanètes géantes constitue une avancée majeure, elle ne répond pas à cette question cruciale : existe-t-il des exoplanètes semblables à la

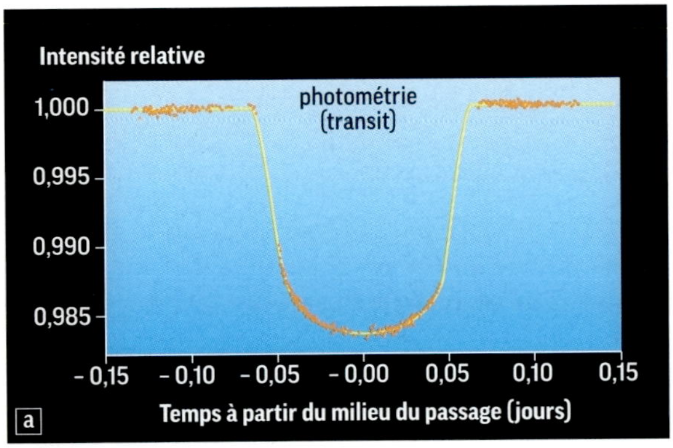

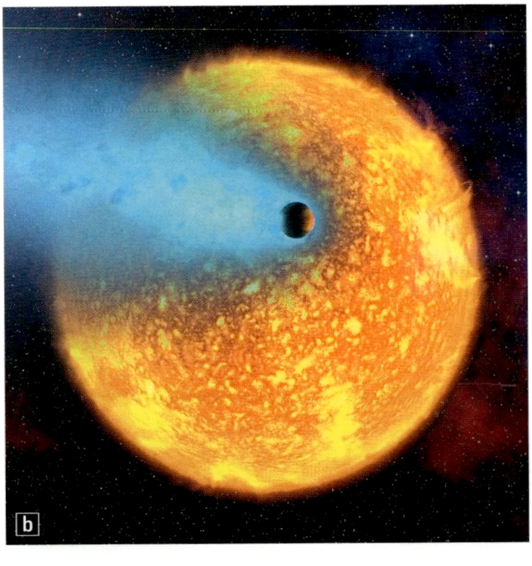

6 a. Intensité lumineuse reçue de l'étoile HD 209458 b lors du passage de la planète devant son disque. Les données proviennent du télescope spatial *Hubble*. **b. Représentation d'artiste de HD 209458 b en orbite devant son étoile.** Il s'agit d'un « Jupiter chaud » : cette classe d'exoplanètes regroupe les planètes géantes très proches de leur étoile, dont l'atmosphère pourrait être soufflée sous l'effet de l'irradiation de l'étoile et de son vent stellaire.

Nomenclature des exoplanètes

Afin de faire face au foisonnement de découvertes des deux dernières décennies, il est devenu rapidement urgent de trouver une nomenclature pour les exoplanètes. Le système utilisé est dérivé de celui mis en place pour les compagnons stellaires. Dans le cas d'une étoile double, on attribue la lettre A à l'objet le plus brillant (ex: Sirius A), puis aux suivants B, C, etc. Par extension, une exoplanète porte le nom de son étoile-hôte suivie, en minuscule, de la lettre, b, c, etc, par ordre chronologique de découverte (ex: 51 Peg b). En cas de découverte simultanée de plusieurs exoplanètes d'un même système, on les nomme par ordre alphabétique en fonction de leur distance à l'étoile, en commençant par les plus proches. Dans le cas d'une planète en orbite autour d'une composante d'un système double, l'objet porte le nom de l'étoile, suivi de la majuscule puis de la minuscule (ex: 16 Cygni B b). Si l'objet est en orbite éloignée autour d'un système stellaire serré, le nom s'écrit alors (AB) b. Les choses se compliquent encore dans le cas d'une planète en orbite autour d'un système binaire, lui-même composante d'un autre système double: c'est le cas du système quadruple Kepler-64...!

Sans aucun doute, d'autres surprises vont surgir et la question de la nomenclature des exoplanètes est loin d'être close.

Terre? Derrière cette interrogation se pose, sous-jacente, celle de l'existence d'une vie extraterrestre... C'est pourquoi, dès les premiers succès de la vélocimétrie, les astronomes se sont organisés pour rechercher des exoplanètes moins massives, avec pour objectif ultime la détection d'une « exoterre ». L'objectif est ambitieux: il y a plus d'un facteur 300 à gagner entre la masse de Jupiter et celle de la Terre.

Les premières années, certains astronomes sont restés sceptiques sur la possibilité d'obtenir une sensibilité suffisante par vélocimétrie. Détecter une exoterre par cette méthode implique en effet de mesurer des écarts de vitesse radiale de l'ordre de 10 cm/s, et il est à craindre que les variations intrinsèques du flux de l'étoile ne permettent pas d'atteindre ce seuil. Pourtant, au fil des années, la masse des objets détectés par vélocimétrie devient de plus en plus faible: l'équipe de Michel Mayor, utilisant le spectromètre de haute précision HARPS à l'Eso, au Chili (Figure 7), a découvert une planète de 5 masses terrestres en 2007, puis une de 2 masses terrestres en 2009. Nous sommes dans le domaine des « superterres », des planètes rocheuses formées à la manière des planètes telluriques, dont la masse est insuffisante pour capturer le gaz protosolaire environnant et qui n'évoluent donc pas en planètes géantes (voir chapitre 5 p. 89). En 2012, une planète dont la masse s'approche de celle de la Terre est découverte par vélocimétrie: il s'agit de α CenB b, en orbite autour d'une des étoiles les plus proches du Soleil, Alpha Centauri B. Mais elle n'est qu'à 0,04 unité astronomique de l'étoile, et bien trop chaude pour abriter la vie.

Entre temps, une aide très importante est venue de l'espace. La méthode des transits, pratiquée depuis le sol, est en effet assez précise pour détecter des exoplanètes

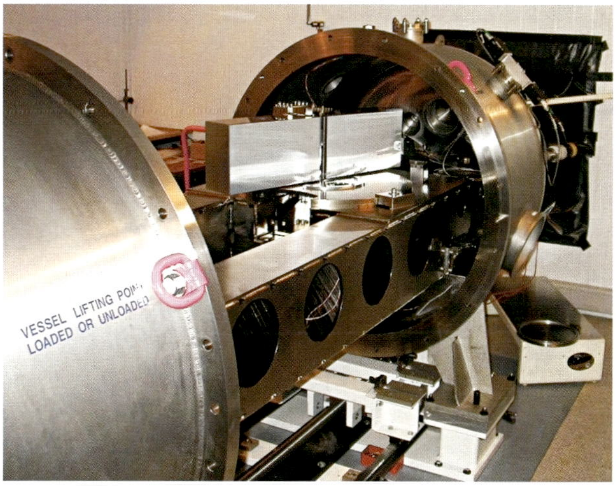

7 Le spectromètre HARPS de l'Eso. Couplé au télescope de 3,60 m de La Silla au Chili, cet instrument permet l'observation simultanée d'un grand nombre de raies stellaires dans le domaine visible, d'où une mesure très précise de leur effet Doppler-Fizeau. Sur cette photographie prise lors de tests en laboratoire, pendant que la cuve à vide du spectrophotographe était ouverte, on aperçoit les deux réseaux de diffraction rectangulaires qui décomposent le rayonnement reçu pour en obtenir le spectre.

8 **Vue d'artiste du satellite *CoRoT***, placé en orbite autour de la Terre le 27 décembre 2006. La méthode consiste à observer des champs stellaires pendant plusieurs semaines, pour rechercher ensuite d'éventuels signaux périodiques liés à des transits planétaires.

9 **La mission *Kepler* de la Nasa**, lancée en 2009 et achevée en 2013, a poursuivi la recherche des exoplanètes par transit initiée par le satellite *CoRoT*, en observant un champ plus grand et des étoiles moins lumineuses, et beaucoup plus nombreuses.

géantes proches de leur étoile (celles que l'on appelle les « Jupiters chauds », voir figure 6), mais insuffisante pour détecter des exoterres, qui provoquent un écart du flux de l'étoile de l'ordre de 0,01 %. Le satellite de la mission spatiale *CoRoT*, lancée par le Cnes en décembre 2006 (Figure 8), arrive donc à point nommé. Il a une longue histoire. La mission a d'abord été conçue, dans les années 1990, pour mesurer les fluctuations périodiques de l'intensité lumineuse des étoiles : celles-ci sont en effet des indicateurs de leur structure interne. Il est ensuite apparu que la méthode utilisée – c'est-à-dire le suivi photométrique de haute précision de champs stellaires, sur de longues périodes de temps – était parfaitement adaptée à la recherche des exoplanètes par transit. *CoRoT* a aujourd'hui à son actif la découverte de plus d'une vingtaine d'exoplanètes. De nombreux autres candidats sont encore dans les cartons, en attendant de les confirmer par des mesures complémentaires de vélocimétrie qui nécessitent un travail de plusieurs mois, voire de plusieurs années. Le satellite *CoRoT* a achevé sa mission en novembre 2012, après six années de fonctionnement en orbite terrestre.

Si la mission *CoRoT* a réalisé un travail de pionnier, un autre satellite, américain celui-là, va engranger d'importants résultats. Il s'agit du satellite *Kepler*, lancé en mars 2009 et qui a opéré en orbite héliocentrique jusqu'en mai 2013 (Figure 9). Comme *CoRoT*, il a observé un champ stellaire fixe, mais avec un champ plus grand et une sensibilité supérieure, ce qui lui permettait d'étudier des étoiles de luminosité plus faible, et en très grand nombre. La moisson est impressionnante : plusieurs centaines d'exoplanètes ont été identifiées, et plusieurs milliers de candidats ont été repérés. Dans la plupart des cas, les étoiles-hôtes sont trop peu brillantes pour qu'un suivi soit possible par vélocimétrie.

Un champ de recherche en ébullition

Près de vingt ans après la découverte de 51 Peg b, la recherche des exoplanètes est en pleine effervescence, et de nouveaux résultats sont annoncés tous les mois, voire toutes les semaines... D'autres méthodes de détection ont vu le jour. L'une d'entre elles est la technique dite des « microlentilles ». Elle repose sur une application de la théorie générale de la relativité d'Einstein : lorsqu'un objet massif comme une étoile passe sur la ligne de visée entre la Terre et un astre éloigné, les rayons lumineux provenant de cet astre sont défléchis à proximité de l'étoile. Ces rayons, comme s'ils passaient à travers une lentille convergente, sont alors focalisés vers l'observateur qui observe une augmentation du flux reçu (Figure 10). Cette augmentation est généralement temporaire, car l'étoile proche se déplace par rapport à la ligne de visée. Si l'étoile proche est, en outre, accompagnée d'une planète, cette dernière induit une modification notable de la courbe de flux observée (Figure 11). On parle de « microlentille » car le phénomène est analogue à celui des lentilles gravitationnelles, pour lequel la déviation des rayons lumineux est provoquée par un astre beaucoup plus massif qu'une étoile, une galaxie ou un amas de galaxies par exemple. Cette méthode des microlentilles est très sensible pour la détection d'objets de masse faible, mais les mesures ne sont pas reproductibles puisqu'elles nécessitent, comme la méthode des transits, une

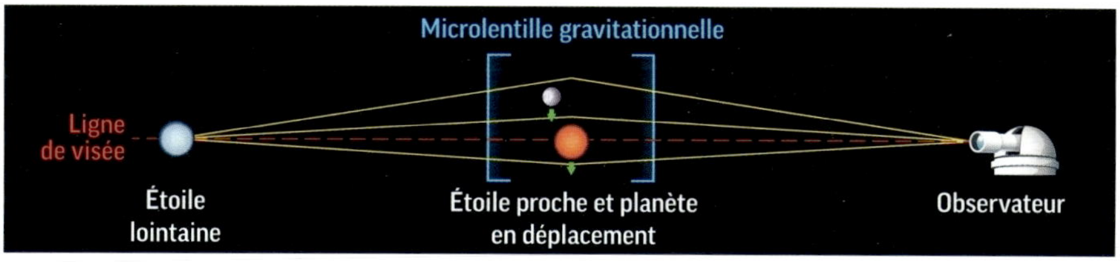

10 Principe de la microlentille gravitationnelle. Lorsqu'un objet massif comme une étoile proche passe devant la ligne de visée d'une étoile lointaine, son champ de gravitation courbe les rayons lumineux de cette dernière : l'observateur constate alors une amplification du flux reçu. Celle-ci est maximale lorsque les deux étoiles sont exactement alignées, et est d'autant plus forte et dure d'autant plus longtemps que la masse de l'étoile proche est plus grande. Comme l'étoile proche se déplace par rapport à la ligne de visée, on obtient une courbe de lumière similaire à la Figure 11. Si une planète gravite autour de l'étoile proche, celle-ci peut également produire une amplification temporaire de la lumière de l'étoile lointaine.

11 Courbe de lumière d'un astre éloigné, enregistrée au cours du passage de l'étoile lentille OGLE-2005-BLG-390 dans la ligne de visée. Les couleurs correspondent à des mesures par différents observatoires. Le passage d'une planète en orbite autour de l'étoile lentille vient perturber brièvement (pendant quelques heures) et spectaculairement la courbe de lumière, en augmentant l'effet d'amplification. Avec une masse estimée à 5,5 masses terrestres, cette exoplanète était, au moment de sa découverte en août 2005, la plus petite exoplanète connue (Beaulieu et *al.*, *Nature* 439, 437, 2006).

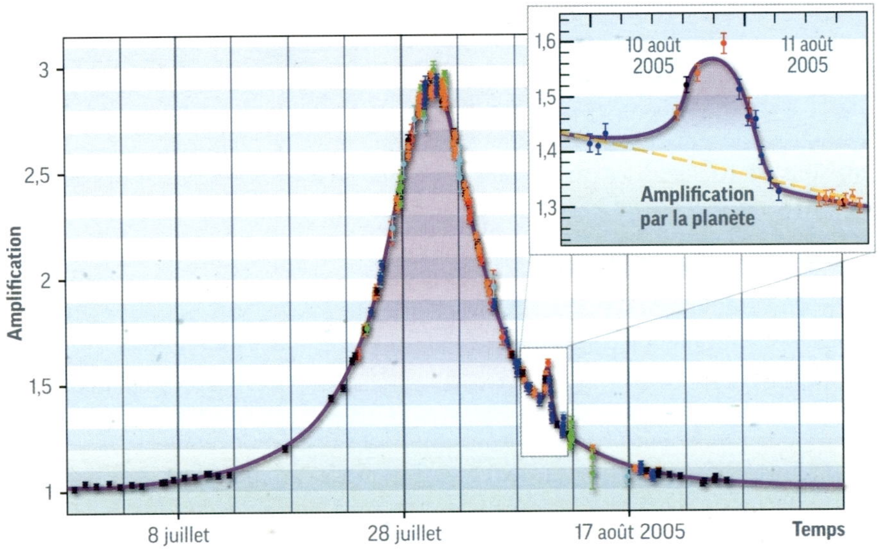

configuration particulière de l'étoile et de son compagnon. Au printemps 2013, une vingtaine d'objets avaient été identifiés par cette méthode : de quoi alimenter une première étude statistique sur les exoplanètes qui gravitent autour d'étoiles situées dans le halo de notre galaxie.

Si les méthodes de détection indirecte des exoplanètes ont connu, depuis 1995, un succès spectaculaire, le développement des techniques d'imagerie ouvre aujourd'hui des possibilités de détection directe. Le défi est de taille : le flux émis par la planète dans le domaine visible est un milliard de fois plus faible que celui de son étoile-hôte. Comment contourner cet obstacle, en apparence infranchissable ? Deux solutions s'offrent aux astronomes, qui vont les exploiter simultanément. La première consiste à effectuer la mesure non pas dans le domaine visible, mais dans l'infrarouge, où le contraste des flux est plus favorable, la planète étant plus froide que l'étoile. À une longueur d'onde de 10 micromètres, le rapport de luminosité entre étoile et planète n'est plus que d'un million. Cela reste beaucoup, mais les techniques récentes d'imagerie à haute dynamique doivent permettre de relever le défi ; elles utilisent d'une part l'optique adaptative qui permet de s'affranchir de la turbulence atmosphérique, et d'autre part la coronographie qui permet d'occulter l'astre brillant central. La seconde solution

12 Première détection d'une exoplanète par imagerie directe, réalisée avec l'instrument NACO du VLT au Chili. Les mesures, présentées ici en fausses couleurs, ont été faites dans l'infrarouge proche. L'étoile est une naine brune de 0,025 masse solaire. La planète a une masse égale à 5 fois celle de Jupiter et est située à 55 unités astronomiques de son étoile (G. Chauvin et *al.*, 2005, *Astronomy & Astrophysics* 438, L29).

Bilan des différentes méthodes de détection d'exoplanètes

De nombreuses méthodes ont été utilisées au cours des vingt dernières années pour détecter les exoplanètes. Voici un bref résumé des succès qu'elles ont rencontrés et de leurs limites.

- Avec plus de 500 planètes découvertes en octobre 2013, la **méthode de vélocimétrie** a été la plus fructueuse à ce jour. Elle est d'autant plus efficace que la planète est massive et proche de son étoile. Principal inconvénient : elle ne donne pas accès à la masse de la planète mais seulement à une limite inférieure de celle-ci, à moins que le système constitué par l'étoile et la planète en orbite ne soit vu par la tranche (ce qui est le cas lors des observations de transit planétaire).

- La **méthode d'astrométrie** relève encore du futur. Elle se propose de détecter le mouvement périodique de l'étoile autour du centre de gravité du système : cette fois, elle est particulièrement efficace lorsque l'orbite de la planète est perpendiculaire à la ligne de visée (l'étoile dessine alors une trajectoire en forme de très petit cercle sur le ciel).

- Avec plus de 400 objets détectés en février 2014, la **méthode des transits** a été, avec la vélocimétrie, la plus fructueuse. Elle doit beaucoup au succès des missions spatiales *CoRoT* et surtout *Kepler*, mais aussi aux programmes de surveillance systématique menés depuis le sol. Elle est particulièrement adaptée aux planètes volumineuses proches de leur étoile. Pour écarter des détections erronées liées à la variabilité de la luminosité de l'étoile, la détection par transit nécessite une confirmation par la technique de vélocimétrie. L'observation d'un transit a l'avantage de fournir le rayon de la planète ; avec la vélocimétrie, qui donne une estimation de la masse, on obtient donc celle de la densité. Le couplage de ces deux méthodes est, à l'heure actuelle, le moyen le plus puissant de caractérisation des exoplanètes.

- La **méthode de chronométrage du signal radio émis par les pulsars** a permis la détection des deux premières exoplanètes, en 1992. Elle peut donner accès à la découverte de planètes de masse très faible (l'un des deux premiers objets détectés ayant une masse proche de celle de Mercure). Malheureusement, la méthode ne s'applique qu'à un nombre très restreint d'exoplanètes, celles qui orbitent autour d'un pulsar. Une quinzaine d'objets ont été ainsi détectés à ce jour.

- La **méthode des microlentilles gravitationnelles** sonde une autre population d'exoplanètes : celles qui gravitent autour des étoiles du halo de la Galaxie. Elle permet la détection d'objets de faible masse éloignés de leur étoile. Elle présente un inconvénient : la mesure est imprévisible et donc fortuite et, à la différence des transits planétaires, ne peut pas être répétée. Une vingtaine d'objets ont été détectés ainsi.

- Enfin, la **méthode de détection directe** est bien adaptée à la détection de planètes massives éloignées de leur étoile. Elle est particulièrement efficace dans le cas de petites étoiles dont la luminosité est intrinsèquement faible, des naines rouges ou des naines brunes : le contraste de flux entre la planète et l'étoile est alors plus favorable. Une quarantaine d'objets ont été détectés à ce jour par cette méthode. De nombreuses découvertes sont attendues avec la mise en service de nouveaux instruments utilisant des techniques appropriées (optique adaptative, coronographie, logiciels spécialisés).

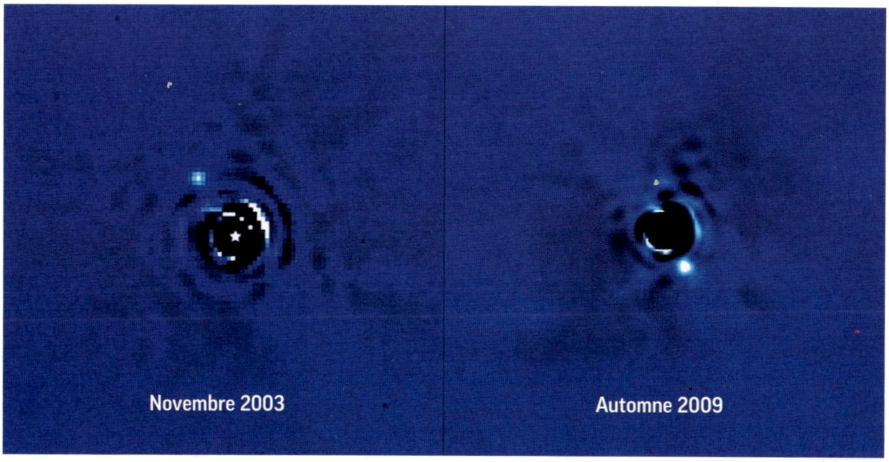

13 La planète β Pictoris b, observée avec linstrument NACO du VLT lors d'observations en octobre 2003 (à gauche) et novembre 2009 (à droite). La distance de la planète à l'étoile centrale très brillante (cachée par un masque coronographique) est de 8 UA. Entre les deux observations, séparées de 6 années, la planète a parcouru environ le tiers de son orbite. (Lagrange, A-M. et *al.*, 2009, *Astronomy & Astrophysics*, 439, L.21 et 2010, *Science* 329, 57)

consiste à sélectionner des étoiles de faible masse, et donc de faible luminosité, et à rechercher des exoplanètes massives et éloignées de leur astre central. En 2005, premier succès : une exoplanète de 5 fois la masse de Jupiter est détectée par imagerie directe autour d'une naine brune, une étoile avortée et très peu brillante, dont la masse n'est que 0,025 masse solaire (Figure 12). C'est la première étape d'une nouvelle filière instrumentale qui connaît d'ores et déjà un brillant avenir : plus de quarante objets ont déjà été identifiés par cette méthode au printemps 2013. Ils sont en général très éloignés de l'étoile-hôte, à plusieurs dizaines, voir plusieurs centaines d'UA. L'un de ces objets est la planète ß Pictoris b, dont la présence était suspectée : on la pensait responsable des propriétés particulières du disque qui entoure l'étoile, le premier détecté en 1984 dans le domaine visible (Figures 1 et 13). Située à une distance de 8 UA de son étoile, la planète, dont la masse est environ 8 fois celle de Jupiter, a une période de révolution d'une vingtaine d'années. C'est en observant ß Pictoris au cours du temps que les astronomes ont pu identifier la planète sans ambiguïté, en suivant son mouvement.

Enfin, les progrès instrumentaux des dernières années, en particulier dans le domaine de l'interférométrie, ouvrent de nouvelles perspectives pour l'astrométrie (voir p. 137) qui s'était avérée inapplicable à la détection d'exoplanètes à la fin du xxe siècle. Le satellite européen *Gaia*, lancé fin 2013, atteint la précision extraordinaire d'un cent-millième de seconde de degré : il devrait inaugurer un renouveau des techniques astrométriques.

Aujourd'hui, les astronomes disposent donc d'une véritable panoplie de méthodes d'exploration. Elles sont très complémentaires, chacune présentant ses avantages et ses limites (voir encadré p. 171).

Les exoplanètes en 2013 : un bref inventaire

Avec plus d'un millier d'exoplanètes identifiées, et grâce aux résultats fournis par la mission *Kepler*, il est maintenant possible d'extraire des propriétés générales de cette nouvelle classe d'objets. Il faut bien sûr tenir compte des biais observationnels qui ont pesé sur cette recherche : la plupart des exoplanètes découvertes ont une courte période, et nombre d'entre elles sont massives, car elles sont les plus faciles à détecter. Cela explique sans doute pourquoi, à ce jour, des systèmes équivalents à notre Système solaire n'aient pas été identifiés.

Première question : quelle est la probabilité pour une étoile d'être accompagnée par une planète ? Si l'on considère les résultats les plus récents de la mission *Kepler*, il semble que la probabilité pour une étoile de notre galaxie de posséder une planète d'au moins une masse terrestre soit supérieure à 50 %. En extrapolant ces résultats, le nombre potentiel d'exoplanètes dans notre galaxie atteindrait ainsi plusieurs milliards. Bien que les mesures privilégient, pour des raisons de faisabilité, les exoplanètes géantes ayant une période de révolution de l'ordre de la centaine de jours (donc séparées de leur étoile par une distance de l'ordre de l'UA), les résultats statistiques semblent montrer que les planètes éloignées de leur étoile sont plus nombreuses que les proches, et que les petites planètes sont plus nombreuses que les grandes. Le nombre d'exoplanètes géantes semble aussi augmenter en fonction du taux d'éléments « lourds » (c'est-à-dire de masse atomique plus grande que celle de l'hélium) contenus dans leur étoile. Cela n'est pas surprenant compte tenu du modèle de formation décrit p. 90, dans lequel les planètes géantes se forment par accrétion autour d'un noyau de glace et de matériaux réfractaires, qui capture ensuite le gaz environnant. En effet, plus les éléments lourds sont abondants dans le disque protoplanétaire, plus la masse disponible pour former les noyaux initiaux est importante, et plus le mécanisme de formation des planètes géantes est susceptible d'être efficace.

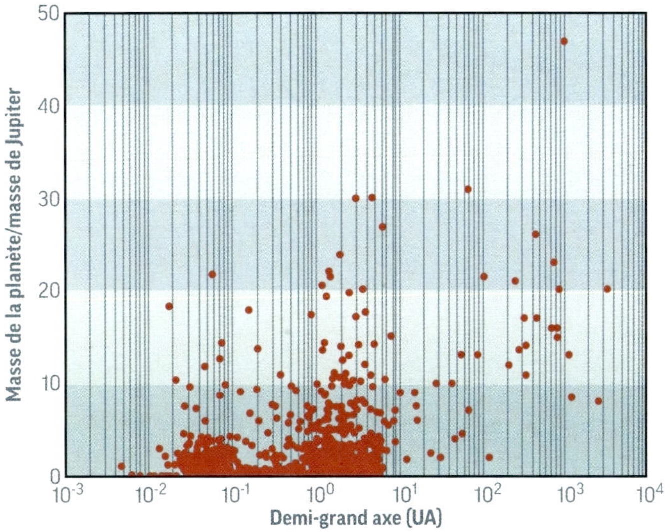

14 Masse des exoplanètes connues (rapportée à celle de Jupiter) en fonction de la distance à leur étoile-hôte. On remarque que les planètes peu massives (en bas du diagramme) sont les plus nombreuses. On voit aussi apparaître deux zones où le nombre d'exoplanètes détectées est plus important. Le premier nuage de points, autour de 0,04 UA, inclut les « Jupiters chauds » détectés au cours des premières années par vélocimétrie. Le second, à quelques UA de l'étoile-hôte, est peut-être lié à un biais observationnel. Il est probable que nous découvrirons d'autres exoplanètes plus éloignées de leur étoile, en particulier avec le développement des techniques d'imagerie, plus adaptées à ce type d'objets.

Avec les toutes premières découvertes, on a cru que la plupart des exoplanètes géantes étaient proches de leur étoile, à environ 0,05 UA ; il s'agissait d'un biais observationnel. Aujourd'hui la plupart des objets détectés se trouvent à quelques UA de leur étoile, mais peut-être s'agit-il là d'un autre biais ; d'autres pourraient bien rester à découvrir à de plus grandes distances.

Les astronomes ont été frappés, en outre, par la forte excentricité (c'est-à-dire l'ellipticité) de l'orbite de bon nombre d'exoplanètes. En ce sens, la plupart des systèmes exoplanétaires sont très différents du Système solaire, où les orbites des planètes sont quasi-circulaires. Les objets les plus proches de leur étoile (ceux qui gravitent en quelques jours) ont en revanche une orbite circulaire qui peut s'expliquer comme une conséquence des forts effets de marée auxquels sont soumises les planètes directement soumises au champ gravitationnel de leur étoile-hôte.

La distribution en masse des exoplanètes a été aussi fortement affectée par les biais observationnels. Elle continue à évoluer à mesure que les études statistiques se font plus précises : alors que les premiers résultats montraient une forte proportion d'objets massifs, il apparaît aujourd'hui que les planètes de faible masse sont les plus nombreuses (Figure 14).

Le zoo des exoplanètes : une extraordinaire diversité

Au fur et à mesure que les astronomes progressaient dans l'exploration des objets du Système solaire, ils ont été frappés par leur diversité. Aucune planète ne ressemble à sa voisine, ni aucun satellite, ni aucun astéroïde, ni aucune comète : chaque objet porte en soi l'histoire de sa formation et de son évolution. Cette remarque s'applique *a fortiori* dans le cas des exoplanètes. Chaque nouvelle découverte apporte son lot de surprises et d'interrogations. En voici quelques exemples.

Avec 51 Peg b, le premier « Jupiter chaud » découvert en 1995 (Figure 4), nous avons d'abord découvert l'existence d'exoplanètes géantes situées à proximité immédiate de leur étoile ; l'énigme de leur formation sera discutée au paragraphe suivant. Avec l'observation par transit d'autres Jupiters chauds, il est apparu que

15 Une vue d'artiste de CoRoT-7b, située à proximité immédiate de son étoile. La planète est 5 fois plus massive que la Terre avec un rayon 2 fois plus faible. Comme elle présente toujours la même face au Soleil, sa température « côté jour » pourrait s'approcher de 2000 °C.

certains d'entre eux avaient une densité anormalement faible, jusqu'à 0,5 g/cm^3. On a appelé cette nouvelle catégorie les *hot inflated Jupiters*, « Jupiters chauds gonflés ». Selon certains astronomes, l'atmosphère de ces planètes s'évaporerait en permanence sous l'effet de l'irradiation de l'étoile voisine. D'autres planètes très proches de leur étoile possèdent la propriété inverse : leur densité est anormalement élevée. Ainsi, la planète CoRoT-7 b (Figure 15), qui tourne autour de son étoile en moins d'une journée, a une masse de 5 fois la masse de la Terre et un rayon deux fois moindre. D'autres planètes présentent des densités encore plus élevées. Des chercheurs formulent l'hypothèse que ces objets sont le résidu d'anciennes planètes géantes, dont les noyaux contiennent des éléments lourds et sont très fortement comprimés sous l'effet de la pression. Des planètes de ce type pourraient avoir migré vers l'intérieur du système planétaire, en perdant leur enveloppe de gaz par évaporation pour ne laisser que le noyau dense.

Nous n'avons encore parlé que de planètes uniques, évoluant autour d'une étoile unique. La réalité est bien plus complexe. Dès 1999, des systèmes multiples sont découverts, à commencer par les deux planètes en orbite autour de l'étoile υ Andromedae : ces deux exoplanètes géantes sont situées respectivement à 0,06 et 0,83 UA de leur étoile (un troisième compagnon a été découvert dix ans plus tard). En 2006, trois planètes de type Neptune – surnommées « trident de Neptune » – sont découvertes à des distances de 0,07, 0,18 et 0,63 UA de leur étoile ; les plus proches pourraient être rocheuses. Depuis, on a découvert plus d'une centaine de tels systèmes. Mais il y a plus étrange encore : certaines planètes évoluent autour de systèmes multiples ! Certaines sont en orbite autour d'une étoile binaire rapprochée (deux étoiles orbitant autour d'un centre de gravité commun) ; d'autres évoluent à proximité d'une des étoiles d'un système double, l'autre étoile étant plus éloignée. Enfin, signalons pour finir un autre type d'objet exotique : les exoplanètes « flottantes », qui ne sont pas liées gravitationnellement à une étoile. Plusieurs objets de masse comparable à celle de Jupiter ont été détectés récemment, mais il en existe vraisemblablement un très grand nombre, et encore davantage de plus petite taille. Il s'agirait d'objets expulsés de leur système planétaire, désormais libres de toute attache gravitationnelle...

L'évolution dynamique des exoplanètes

Pourquoi trouve-t-on des exoplanètes géantes à proximité immédiate de leur étoile ? Il est difficile d'imaginer qu'elles se soient formées sur place, car la masse solide (silicates, métaux) disponible pour former leur noyau initial était sans doute insuffisante. La communauté scientifique s'est accordée sur un autre principe : celle d'une migration provoquée par l'interaction gravitationnelle entre l'exoplanète et le disque protoplanétaire, et qui aurait progressivement rapproché de son étoile l'exoplanète géante depuis le lieu de sa formation. Les modèles numériques prévoient que le temps de migration de l'exoplanète vers l'étoile aille de quelques milliers d'années si la planète est massive, jusqu'à quelques centaines de milliers d'années pour des objets de faible masse. Il reste alors à comprendre pourquoi tant d'exoplanètes géantes sont observées à environ 0,05 UA de leur étoile : si les temps de migration sont si courts face à la durée de vie du disque protoplanétaire, toutes les exoplanètes devraient être englouties par leur étoile et nous ne devrions pas en observer autant. Quel est le mécanisme qui freine leur chute ? Plusieurs hypothèses ont été évoquées pour en rendre compte, mais le problème est encore loin d'être résolu... Cet effet de migration qui a amené des exoplanètes géantes à proximité immédiate de leur étoile a aussi existé dans le Système solaire, mais dans ce cas la migration des planètes géantes est restée limitée, semble-t-il parce qu'il s'est formé en même temps deux planètes massives, Jupiter et Saturne, avec un rapport de masse adéquat (voir encadré p. 176).

L'étude de la migration des planètes illustre l'importance croissante prise par les simulations numériques dans les études portant sur l'évolution dynamique des objets du Système solaire, ainsi que celle des systèmes planétaires. Grâce à l'avènement des gros ordinateurs, cumulant une puissance de calcul et une capacité de stockage toujours plus élevées, il est aujourd'hui possible de simuler la formation et l'évolution des planètes telluriques et géantes lors des premiers âges du Système solaire. Ces simulations numériques nous renseignent en outre sur l'évolution et la stabilité des systèmes planétaires multiples récemment découverts.

De la détection à la caractérisation

Des études ont été menées sur la stabilité des systèmes planétaires à partir des caractéristiques orbitales des exoplanètes, majoritairement détectées par vélocimétrie. Mais on ignore encore la nature de la plupart des exoplanètes. Comment en savoir plus sur leur atmosphère, leur composition et leur structure thermique ?

L'évolution des systèmes planétaires

On a longtemps cru que le Système solaire était immuable, les orbites des planètes restant à peu de chose près telles qu'elles étaient après leur formation. Cependant des doutes ont surgi à la suite des travaux d'Henri Poincaré (1854-1912) et de successeurs comme Michel Hénon (1931-2013). En réalité, le Système solaire a traversé et traversera des situations instables et chaotiques, où d'infimes perturbations gravitationnelles sont susceptibles de produire des effets spectaculaires. Bien que la mécanique céleste puisse prévoir avec précision la position des planètes à l'échelle de quelques milliers d'années, elle est incapable de dire à quoi ressemblait et ressemblera le Système solaire à l'échelle de plusieurs centaines de millions d'années. Il est clair en tout cas que la distance moyenne des planètes au Soleil a dû évoluer au cours du temps.

Cette évolution a commencé dès la phase de formation. L'interaction gravitationnelle entre la planète qui se crée et le disque protoplanétaire entraîne un transfert d'énergie qui peut induire de fortes variations des paramètres orbitaux de la planète. Des modèles numériques développés à l'Observatoire de Nice suggèrent que Jupiter et Saturne se sont stabilisées à l'intérieur du disque de telle façon que le rapport de leurs périodes de révolution soit de 2:3. De même, la période de révolution d'Uranus aurait été dans le rapport 3:2 avec celle de Saturne et dans le rapport 3:4 avec celle de Neptune. Ces rapports traduisent des « résonances », c'est-à-dire une configuration orbitale stable pour les planètes considérées. Cette configuration semble le résultat d'une migration préalable au sein du disque, au cours de laquelle Jupiter, formée à une distance d'environ 3,5 UA, se serait rapprochée vers l'intérieur jusqu'à 1,5 AU, au niveau de l'orbite de Mars (elle aurait de ce fait interrompu la croissance de Mars, qui apparaît aujourd'hui très peu massive compte tenu de sa distance au Soleil, alors que la densité de matière au sein du disque protoplanétaire est de plus en plus importante à mesure qu'on s'approche du Soleil). Saturne se serait alors approchée très rapidement de Jupiter, interrompant ainsi la migration de Jupiter vers l'intérieur, et les deux planètes auraient ensuite migré ensemble vers l'extérieur pour atteindre une configuration stable au moment de la dissipation du disque. La période de révolution de Jupiter valait alors 2/3 de celle de Saturne. Mais cette configuration n'a pas duré. S'il restait, après dissipation du disque gazeux, des planétésimaux à l'extérieur de l'orbite de Neptune (et ceci est très probable puisque nous trouvons encore aujourd'hui des comètes et des astres glacés dans cette région), leur effet gravitationnel a pu modifier considérablement les orbites des planètes extérieures jusqu'à ce qu'elles atteignent les orbites actuelles. Le rapport des périodes de révolution de Jupiter et de Saturne est donc passé de 2:3 à 2:5 aujourd'hui. Ce faisant, il a traversé la résonance 1:2, environ 800 millions d'années après la formation du Soleil et des planètes. Les simulations numériques montrent que ceci a engendré un très grand bouleversement des orbites des petits corps, dont les inclinaisons et les excentricités ont pu prendre des valeurs très élevées, avec pour conséquence une augmentation considérable des collisions: c'est le fameux grand bombardement météoritique (chapitre 5 p. 90). On en trouve la trace

Dans le courant des années 2000, suite aux premières découvertes d'exoplanètes au cours d'un passage devant leur étoile, une nouvelle méthode voit le jour: la spectroscopie des exoplanètes lors du transit. On peut en effet calculer le flux émis par une exoplanète par différence entre le flux global mesuré lorsque la planète est hors du disque stellaire, et ce flux lorsque la planète se trouve devant ou derrière. Quand la planète se situe devant l'étoile, l'atmosphère de l'exoplanète filtre une partie du rayonnement émis par l'étoile : on obtient alors un spectre en transmission qui nous renseigne sur la composition chimique de l'atmosphère dans la zone de transition entre le jour et la nuit (Figure 16). Si la planète passe derrière l'étoile (Figure 17), le spectre du rayonnement émis par l'exoplanète peut être mesuré avant ou après le transit ; celui de l'étoile seule, qu'il faut soustraire du spectre total observé, étant mesuré lorsque que la planète est occultée. On obtient alors le spectre du rayonnement émis par le côté jour de la planète. Les deux observations apportent ainsi des informations complémentaires.

dans les cratères de la Lune et d'autres satellites, dont la plupart remontent à cette époque.
Uranus et Neptune ont probablement aussi connu une forte migration vers l'extérieur du Système solaire. On s'étonne cependant de ce que Neptune, qui est située aujourd'hui à environ 30 unités astronomiques du Soleil, soit plus massive qu'Uranus, alors que celle-ci n'est qu'à environ 20 unités astronomiques.
L'évolution des orbites planétaires a pu être encore plus grande pour les planètes intérieures, avec pour conséquence des variations climatiques très importantes. Les paramètres orbitaux peuvent déjà subir des changements notables en quelques dizaines de millions d'années. Dès qu'il y a résonance entre la période de révolution d'une planète et celle de Jupiter, ces changements deviennent considérables. L'effet est énorme pour Mercure, qui pourrait même tomber sur le Soleil ou être éjectée du Système solaire dans quelques milliards d'années, et important pour Vénus, la Terre et Mars. Des collisions entre ces planètes sont possibles dans un futur lointain, encore qu'elles soient très peu probables, rassurons-nous ! Mais nous sommes bien loin de la stabilité du Système solaire qu'imaginait Laplace.

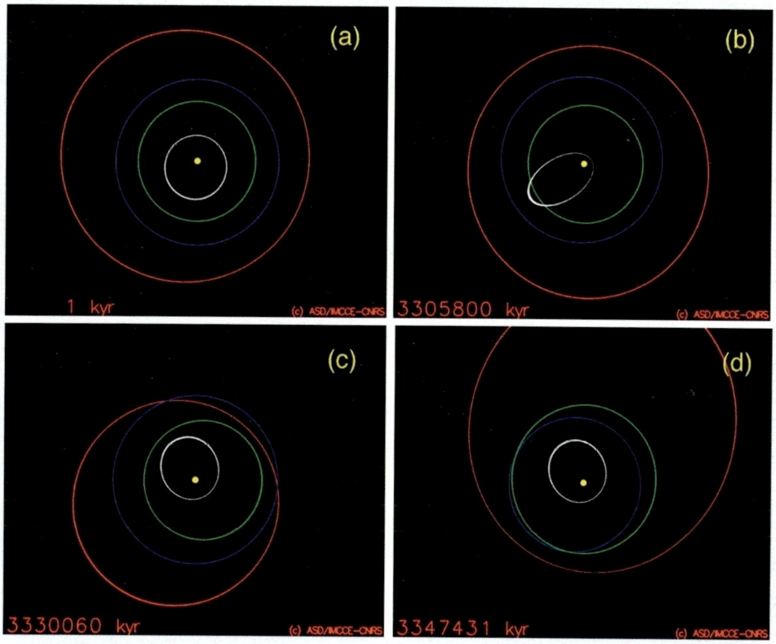

▸ **Quelques orbites futures possibles pour Mercure (blanc), Vénus (vert), la Terre (bleu) et Mars (rouge).** Elles résultent de simulations numériques faites par Jacques Laskar et Mickael Gastineau. Le temps est exprimé en milliers d'années (kyr) après l'époque actuelle. **(a)** Orbites actuelles. **(b)** Un cas où l'orbite de Mercure est suffisamment déformée, après 3,31 milliards d'années, pour entraîner une collision avec Vénus ou avec le Soleil. **(c)** Un autre cas où l'orbite de Mars croise l'orbite terrestre après 3,33 milliards d'années. **(d)** Cela conduit peu après à une déstabilisation des orbites qui peut aussi produire une interaction proche ou une collision entre Vénus et la Terre.

Les premiers spectres d'exoplanètes ont été mesurés par le télescope spatial *Hubble*, dans le visible et l'infrarouge proche, à l'occasion de passages devant leur étoile. Dans le cas de l'exoplanète HD209458 b (le premier « Jupiter chaud » observé par transit, voir p. 166), de l'hydrogène, de l'oxygène, du carbone et du sodium ont ainsi été détectés dans son atmosphère. À partir de 2005, des observations de la même planète réalisées dans l'infrarouge par *Hubble* et le satellite *Spitzer* ont permis la détection de la vapeur d'eau, puis du méthane CH_4, et peut-être aussi de monoxyde de carbone CO et de dioxyde de carbone CO_2. Des mesures comparables ont été aussi réalisées sur l'exoplanète HD189733 b (Figures 16 et 17).

Depuis quelques années, les mesures spectroscopiques par transit de quelques Jupiter chauds se sont multipliées grâce à ces observatoires spatiaux, mais aussi par des mesures au sol dans l'infrarouge proche. La spectroscopie des exoplanètes par transit offre une voie prometteuse pour caractériser l'atmosphère des exoplanètes, leur composition et leur structure thermique.

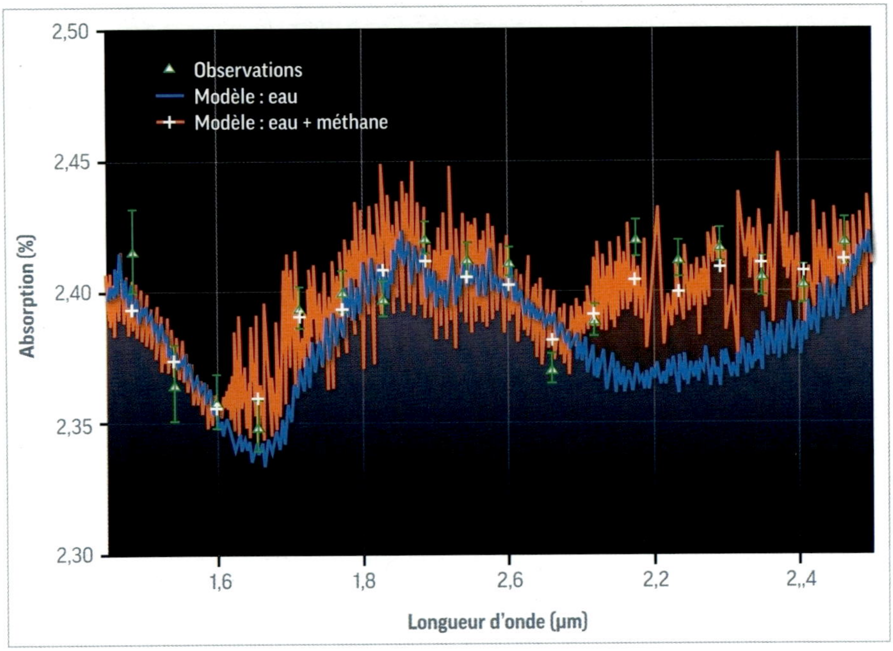

16 Observations spectroscopiques réalisées sur l'exoplanète HD189733 b au cours d'un passage devant son étoile. Les observations (en vert) on été prises par le télescope spatial *Hubble*. La courbe bleue montre un spectre synthétique incluant de la vapeur d'eau ; la courbe orange montre un modèle incluant en outre du méthane. Le bon accord entre ce dernier modèle et les observations suggère fortement la présence des deux molécules dans l'atmosphère de la planète. L'ajout au modèle d'ammoniac ou de monoxyde de carbone ne donne pas de changements détectables. (D'après M. Swain et *al.*, 2008, *Nature*. 452, 329.)

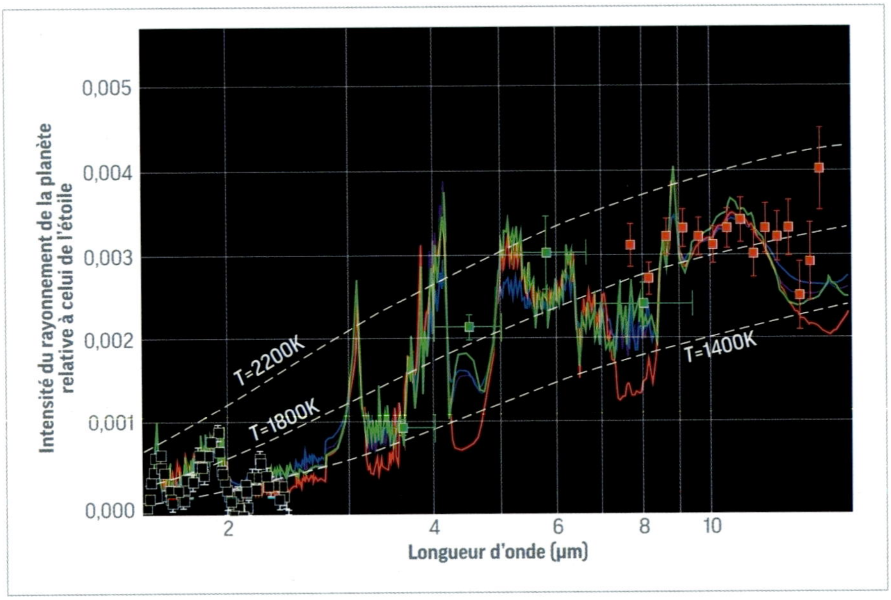

17 Observations spectroscopiques réalisées sur l'exoplanète HD189733 b au moment où elle passe derrière l'étoile. Le rapport entre le flux émis par la planète et celui de l'étoile est donné en fonction de la longeur d'onde. Les données (carrés avec barres d'erreur) proviennent de l'instrument NICMOS de *Hubble* en dessous de 3 µm et du satellite *Spitzer* à plus grande longueur d'onde. Les courbes en couleur sont le résultat de différents modèles où l'on a inclus la vapeur d'eau, le méthane et le dioxyde de carbone. Les trois courbes en traits interrompus donnent l'émission d'un corps noir aux températures indiquées : celles-ci encadrent les températures de l'atmosphère, très chaude, de la planète. L'interprétation des données est plus difficile que dans le cas du transit primaire, car il faut prendre en compte le profil thermique de l'exoplanète. (D'après Swain et *al.*, 2009, *Astrophysical Journal* 704, p. 1616-21, avec l'autorisation de l'AAS.)

La quête du Graal : la vie sur une exoplanète ?

Ces nouveaux progrès ne font que relancer cette question lancinante : sommes-nous seuls dans l'Univers ? Puisque le Soleil n'est qu'une étoile très banale de notre Galaxie, et que l'on estime aujourd'hui en milliards le nombre d'exoplanètes au sein de cette dernière, la vie pourrait-elle exister sur l'une ou plusieurs d'entre elles ? Tant que nous n'aurons pas élucidé les conditions ayant permis l'apparition et le développement de la vie sur Terre, nous ne pourrons pas répondre à cette question. Nous savons cependant que la vie terrestre s'est développée à partir de

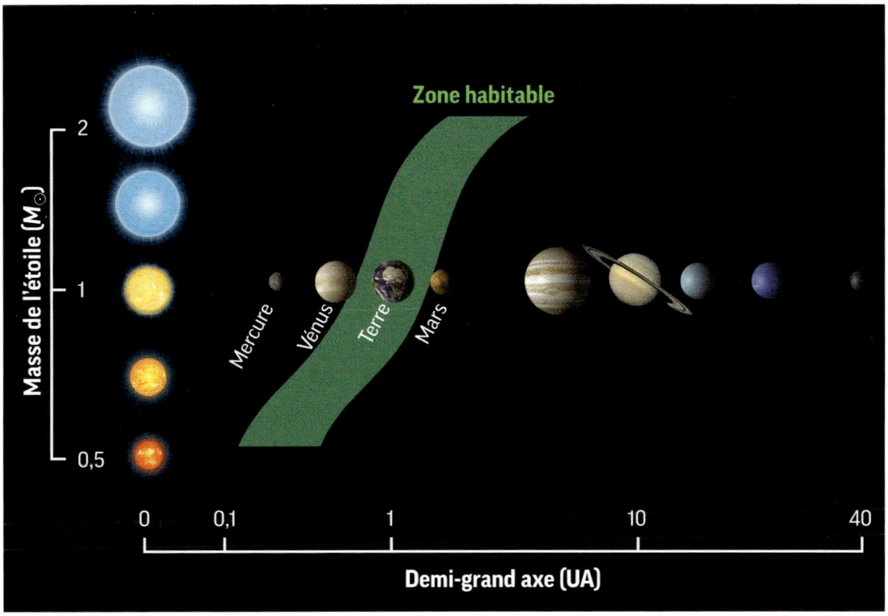

18 La zone d'habitabilité des étoiles (en vert) en fonction de leur masse. Les masses indiquées sont relatives à celle du Soleil $M_\odot$. Plus l'étoile est massive et brillante, plus la zone habitable est éloignée de l'étoile. Dans le cas des naines froides, de masse inférieure à 0,5 $M_\odot$, la zone habitable s'approche jusqu'à 0,1 UA de l'étoile, voire moins, ce qui est particulièrement favorable pour les observations de transits. La figure est adaptée de J. F. Kasting, D. P. Whitmire, et R. T. Reynolds, 1993, *Icarus* 101, 108.

la chimie du carbone, en présence d'eau liquide. C'est pourquoi les astronomes s'intéresseront tout particulièrement aux exoplanètes susceptibles d'abriter l'eau sous forme liquide, c'est-à-dire dotées d'une surface tempérée (selon les spécialistes, aux environs de 250 à 350 K). Pour chaque étoile dotée d'une exoplanète, il est possible de définir la distance à laquelle une telle plage de température est attendue ; c'est ce que l'on appelle la « zone d'habitabilité » (Figure 18).

Nous avons actuellement découvert quelques exoplanètes « habitables », c'est-à-dire dont la distance à l'étoile pourrait être compatible avec la présence d'eau liquide (Figure 19). Il est difficile d'en dire plus pour l'instant, car nous ignorons

19 Un échantillon d'exoplanètes qui pourraient se trouver dans la zone d'habitabilité de leur étoile-hôte. En l'absence d'information sur la nature de leur atmosphère, nous ne pouvons pas tirer davantage de conclusion aujourd'hui. Les structures dessinées sont imaginaires.

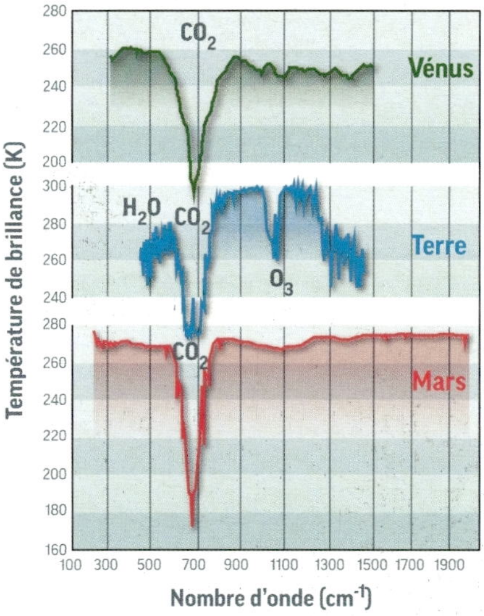

20 Les spectres de trois planètes telluriques (Vénus, la Terre et Mars) dans l'infrarouge moyen, pour des nombres d'onde σ compris entre 200 cm^{-1} et 2000 cm^{-1} (soit des longueurs d'onde λ entre 50 μm et 5 μm, avec λ = 1/σ). La température de brillance (en degrés Kelvin) à une longueur d'onde donnée est d'autant plus importante que l'intensité du rayonnement émis est grande. En dehors des bandes spectrales moléculaires, elle donne une estimation de la température de la couche sondée. Dans le cas de Mars, cette couche est la surface ; dans le cas de Vénus, il s'agit de la couche nuageuse. On repère nettement, sur les trois spectres, la forte signature du CO_2 à 660 cm^{-1} (15 μm). La signature de l'eau est aussi visible sur le spectre terrestre autour de 500 cm^{-1} et au-delà de 1400 cm^{-1}, et celle de l'ozone à 1040 cm^{-1} (9,6 μm). Si ces bandes d'absorption étaient observées sur une exoplanète, elles pourraient indiquer que la vie y est apparue. (D'après Hanel et *al.*, *Exploration of the solar system by infrared remote sensing*, CUP, 1992.)

encore la nature de leur atmosphère ; les Jupiters chauds les plus brillants sont les seules cibles dont on ait pu déterminer la composition atmosphérique. Mais de telles recherches vont devenir possibles dans la décennie à venir. Comment vérifier, alors, qu'une exoplanète candidate abrite la vie ? Les biologistes et les astronomes ont proposé des outils de diagnostic, en définissant ce que l'on appelle des « biomarqueurs », c'est-à-dire des molécules dont la présence est souvent en lien avec la vie. Sur la Terre, l'assimilation chlorophyllienne par les végétaux a produit le dioxygène, si caractéristique de notre atmosphère, et son dérivé, l'ozone, qui résulte de l'action des rayons ultraviolets du Soleil. L'absorption du dioxygène est détectable avec difficulté à 0,7 μm dans le domaine visible ; l'ozone présente une forte signature spectrale dans l'infrarouge aux environs de 9,6 μm. La présence simultanée de vapeur d'eau, de dioxyde de carbone et de méthane, toutes détectables dans l'infrarouge moyen, serait aussi un indice probant (Figure 20). En effet, les modèles actuels qui simulent les équilibres chimiques ne peuvent expliquer, sans faire appel à des sources biogéniques (c'est-à-dire liées au monde vivant), la présence de méthane dans une atmosphère contenant majoritairement du dioxyde de carbone. C'est pourquoi les astronomes s'intéressent particulièrement à cette partie du spectre des exoplanètes, et travaillent actuellement à définir les instruments spatiaux qui réaliseront ces mesures.

Les projets futurs

Quel avenir pour l'exploration des exoplanètes ? Le domaine de recherche est plus actif que jamais. Il regroupe astronomes observateurs, théoriciens spécialistes de structure interne ou de dynamique gravitationnelle, instrumentalistes en quête d'imagerie à très haute dynamique, planétologues, chimistes et biologistes... Il reste à l'organiser de manière plus systématique en définissant les moyens nécessaires à cette recherche, au sol et dans l'espace.

Le *James Webb Space Telescope* (*JWST*), télescope spatial de 6 mètres appelé à assurer la succession du télescope spatial *Hubble*, devrait être lancé à l'horizon 2018. Il sera équipé de spectrographes couvrant tout le domaine visible et infrarouge, pour des longueurs d'onde de 1 à 30 μm : il fournira donc de nouvelles caractérisations de l'atmosphère des exoplanètes grâce à la spectroscopie lors des transits. En parallèle, des projets spatiaux sont à l'étude pour obtenir le spectre infrarouge d'un grand nombre d'exoplanètes.

Encore faut-il que nous ayons repéré des exoplanètes suffisamment brillantes pour que l'observation spectroscopique soit possible. Les exoplanètes détectées

par *CoRoT* (Figure 8) et *Kepler* (Figure 9) seront en moyenne trop peu brillantes pour cette observation. C'est la raison de la mission *Plato*, proposée à l'Agence spatiale européenne et actuellement en phase d'étude préparatoire. Son objectif est la détection d'un grand nombre d'exoplanètes autour d'étoiles brillantes, réparties sur une large fraction du ciel. Ces cibles, une fois détectées, seront ensuite observables par spectroscopie au moyen du *JWST*, ou par observation depuis le sol dans les fenêtres du domaine infrarouge accessibles. La petite mission *CHEOPS*, sélectionnée par l'Esa pour un lancement en 2017, se présente comme un précurseur de *Plato* pour la recherche de cibles suffisamment brillantes. Un projet comparable (*TESS*) a aussi été sélectionné par la Nasa avec un calendrier comparable.

21 Le projet d'*Extremely Large Telescope européen* (E-ELT), télescope de 39,3 m de diamètre en construction à l'ESO, dont la mise en service pourrait avoir lieu à l'horizon 2018. La voiture, au premier plan, donne une idée des dimensions gigantesques de l'instrument.

Du côté de l'imagerie directe, d'autres projets sont à l'étude. L'instrument Sphere du VLT a pour objectif l'imagerie d'exoplanètes géantes, par optique adaptative extrême et coronographie ; il devrait être opérationnel en 2014. À plus long terme, une caméra planétaire à haute dynamique équipera l'*Extremely Large Telescope* européen (E-ELT), télescope de 39 m de diamètre en développement à l'Eso (Figure 21). Il devrait permettre, à l'horizon 2025-2030, la détection photométrique directe de super-Terres. L'instrument infrarouge Miri du *JWST*, équipé lui aussi d'un coronographe, affiche le même objectif pour l'horizon 2018. Enfin, des projets d'astrométrie sont à l'étude du côté de la Nasa. Les idées et les projets foisonnent, et de nouvelles découvertes nous attendent sans nul doute pour les décennies à venir…

CHAPITRE 10

Les enjeux de la planétologie d'aujourd'hui

Quels sont actuellement les grands défis qui se posent aux planétologues ? Ils concernent à la fois les planètes qui nous sont proches et notre environnement plus éloigné, jusqu'aux confins du Système solaire. L'objectif est double. Il s'agit tout d'abord de comprendre l'évolution de la Terre à la lumière de celle de ses voisines, voire de leurs satellites. D'autre part, les astronomes cherchent à élucider l'histoire du Système solaire extérieur, depuis les planètes géantes jusqu'aux petits corps. En considérant cette fois le Système solaire comme un système stellaire parmi d'autres, le but ultime est, à partir de l'étude *in situ* de notre propre système, de lever le voile sur la nature du millier d'exoplanètes aujourd'hui découvertes. Et, parmi elles, de dénicher celles qui abritent peut-être la vie...

Planètes telluriques : découvrir les raisons d'une évolution divergente

Quatre siècles après Galilée, les observations depuis le sol et l'espace nous ont renseignés sur les propriétés des planètes et de leurs principaux satellites, ainsi que de leur atmosphère et de leur surface. Ce qui saute aux yeux, c'est l'extrême diversité de leur aspect et de leur environnement physico-chimique. Comment une telle diversité a-t-elle pu apparaître entre des objets qui se sont tous formés à peu près au même moment, celui de la naissance du Soleil, il y a quelque 4,6 milliards d'années ? C'est toute la question de la planétologie d'aujourd'hui.

Prenons le cas des planètes telluriques. Mettons de côté Mercure, trop petite et trop proche du Soleil pour avoir pu conserver une atmosphère neutre stable. Les trois autres planètes telluriques – Vénus, la Terre et Mars – issues de conditions initiales relativement similaires, ont dû présenter au départ des atmosphères comparables (Figure 1). Or, qu'observons-nous à l'heure actuelle ? Certes, les atmosphères de Vénus et de Mars ont des compositions semblables, avec quelques 95 % de dioxyde de carbone et quelques pour cents d'azote. Mais la pression à la surface de Vénus est proche de 100 bars, alors qu'elle est inférieure au centième de bar sur Mars ; la température est de 460 °C à la surface de Vénus, alors qu'elle n'est que de –50 °C en moyenne sur Mars ! Entre ces deux extrêmes, la Terre, avec une pression de surface moyenne de 1 bar et une température

◄ La sonde *New Horizon* a été lancée par la Nasa le 19 janvier 2006. Elle rencontrera Pluton et son satellite Charon en juillet 2015. Elle a mis à profit l'assistance gravitationnelle de Jupiter en février 2007. Après le survol de Pluton, la sonde pourra être redirigée vers un autre objet transneptunien. L'exploration de la ceinture de Kuiper est l'un des grands enjeux de la planétologie d'aujourd'hui.

1 Vénus, la Terre et Mars : trois planètes formées dans des conditions relativement similaires et qui ont évolué vers des destins très différents... La planète Vénus est légèrement plus petite que la Terre, et le diamètre de Mars est deux fois plus petit que le diamètre terrestre.

moyenne d'environ 15 °C, présente des conditions intermédiaires idéales. Grâce à la présence d'eau liquide, elles y ont permis le développement de la vie, laquelle a par la suite profondément modifié la composition de l'atmosphère (voir p. 178). Les évolutions de ces trois planètes voisines ont donc été très divergentes.

Le problème de l'évolution des planètes telluriques ne relève pas seulement de l'astrophysique : toute l'humanité est concernée par l'évolution climatique de notre propre planète, la Terre. Alors qu'il devient urgent de tenter de contrôler le réchauffement climatique et l'augmentation du taux de dioxyde de carbone dans l'atmosphère, il est d'autant plus intéressant d'étudier l'histoire climatique de nos voisines, Vénus et Mars, pour comprendre les processus qui ont fait évoluer les atmosphères des trois planètes telluriques vers les conditions actuelles.

Considérons par exemple Vénus et la Terre, de volumes et de masses très voisines. Vénus est un peu plus proche du Soleil, et voilà toute la différence : aujourd'hui, sur Vénus, l'eau ne peut se trouver que sous forme de vapeur. Or la vapeur d'eau est très peu abondante dans son atmosphère. Cependant nous savons, par comparaison de l'abondance de l'eau ordinaire H_2O avec celle de l'eau semi-lourde HDO (un atome d'hydrogène ^1H y étant remplacé par un isotope, le deutérium ^2H ou D) dans cette atmosphère, qu'il y a eu beaucoup d'eau sur Vénus dans le passé (voir encadré ci-contre). Pourquoi l'eau s'est-elle massivement échappée au cours de l'histoire de Vénus ? La présence dans l'atmosphère de quantités abondantes de vapeur d'eau et de dioxyde de carbone – tous deux gaz à fort effet de serre – a été responsable de l'emballement de cet effet, qui a finalement mené aux températures torrides régnant aujourd'hui à sa surface. La situation a dû être très différente au début de l'histoire de Vénus. L'étude de la vie des étoiles nous apprend, en effet, que le jeune Soleil était sensiblement moins lumineux qu'aujourd'hui : l'intensité de son rayonnement visible n'était que de 70 % du rayonnement actuel (le rayonnement ultraviolet, en revanche, était beaucoup plus intense). Au niveau de l'orbite de Vénus, la température a alors pu être compatible avec la formation d'océans. Si ces océans ont existé (nous n'en serons probablement jamais sûrs), que s'est-il passé ensuite ? L'augmentation progressive du flux solaire aura inexorablement entraîné la vaporisation de l'eau, l'éventuelle restitution du dioxyde de carbone dans l'atmosphère (au cas où celui-ci aurait été piégé au fond des océans), et le démarrage d'un effet de serre. La vapeur d'eau aurait alors été photodissociée par le rayonnement ultraviolet solaire.

La mesure de l'abondance du deutérium : le cas de Vénus et Mars

Le deutérium, noté ^2H ou D, est un isotope de l'hydrogène ^1H : son noyau contient un neutron qui s'ajoute au proton. Il a donc une masse atomique double de celle de l'hydrogène, tout en ayant les mêmes propriétés chimiques que celui-ci. Comme l'hydrogène, le deutérium a été formé au moment du Big Bang, à une période dense et chaude de l'Univers, au cours de ce que l'on appelle la nucléosynthèse primordiale. Depuis le Big Bang, il y a quelque 13 milliards d'années, le deutérium est continuellement détruit au sein des étoiles, au cours d'un cycle de réactions nucléaires qui conduisent à la formation de l'hélium. Son abondance dans l'Univers ne peut donc que décroître. La valeur primordiale du rapport D/H est estimée à environ $4 \cdot 10^{-5}$. Sa valeur dans la nébuleuse solaire primitive, mesurée à partir d'échantillons du vent solaire, est estimée à $2{,}1 \cdot 10^{-5}$. Dans le milieu interstellaire local, sa valeur moyenne est estimée à $1{,}6 \cdot 10^{-5}$. La comparaison de ces valeurs du rapport D/H avec des valeurs mesurées sur des objets du Système solaire nous fournit des informations précieuses sur leur histoire.

Comparons par exemple le rapport D/H, mesuré à partir des abondances de l'eau HDO/H_2O, dans les trois planètes telluriques dotées d'une atmosphère : la Terre, Vénus et Mars. On s'attendrait alors à ce que les rapports D/H soient comparables dans les atmosphères de ces trois planètes : or il n'en est rien !

▸ La mission *Venus Express*, lancée par l'ESA en novembre 2005, tourne autour de Vénus depuis avril 2006. La sonde est munie d'une caméra, de spectromètres ultraviolet et infrarouge, d'un magnétomètre et d'instruments de physique des plasmas.

Précisons tout d'abord comment ces mesures ont été faites. Pour Vénus comme pour Mars, elles s'appuient sur la spectroscopie infrarouge à distance. Comme la vapeur d'eau est extrêmement rare dans l'atmosphère des deux planètes, il a fallu utiliser un spectromètre à très haute résolution, pour une analyse très fine des raies spectrales. De plus, dans le cas de Vénus, il a fallu observer la planète du côté nuit, à certaines longueurs d'onde privilégiées qui donnent accès à l'atmosphère profonde de la planète, là où la teneur en eau est maximale. Les mesures ont été faites en 1989 à l'Observatoire de Mauna Kea (ci-contre). Surprise : le rapport D/H sur Vénus a été évalué à 120 fois la valeur terrestre ! Des mesures *in situ* prises par la sonde spatiale ***Pioneer Venus*** (ci-dessus) ont confirmé ce résultat. Plus récemment, des mesures réalisées par la sonde ***Venus Express*** à plus haute altitude, au dessus des nuages d'acide sulfurique, ont indiqué un enrichissement encore plus élevé en deutérium. Quelle est la cause de cet enrichissement ? L'explication communément admise dans la communauté scientifique est que l'eau était très abondante dans l'atmosphère de Vénus au début de son histoire, puis s'en est peu à peu échappée. Comme la molécule HDO, plus lourde que H_2O, s'échappe moins facilement, cet effet s'est traduit par une hausse progressive du rapport D/H.

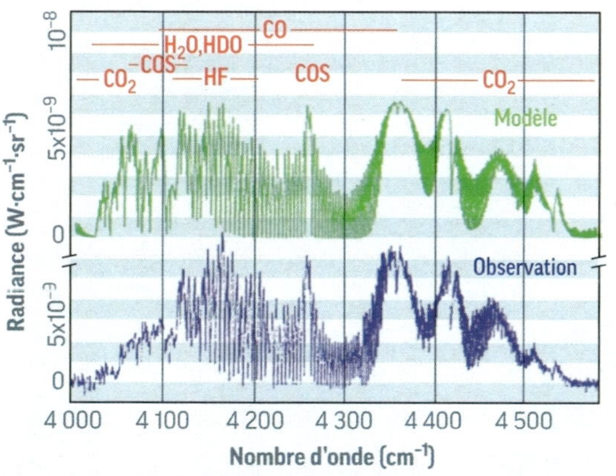

▸ **Spectre du rayonnement de Vénus dans l'infrarouge**, obtenu à l'observatoire de Mauna Kea. Il est comparé à un spectre obtenu à partir d'un modèle tenant compte des molécules dont les formules sont mentionnées sur la figure. En comparant le spectre calculé et le spectre observé, on estime les différentes abondances moléculaires comme celles qui produisent le meilleur accord entre les données et le modèle. Ce spectre a mis en évidence un très fort enrichissement en deutérium sur Vénus. (D'après B. Bézard et *al.* 1990, *Nature* 345, 508.)

Le même phénomène s'est produit sur Mars, dans des proportions moindres : l'enrichissement de D/H, comparé au rapport terrestre, est d'un facteur 5 à 6. C'est tout de même considérable, compte tenu de la très faible pression de l'atmosphère martienne aujourd'hui. Le rapport D/H sur Mars est l'un des indices témoignant de l'existence d'une atmosphère plus dense et plus humide au début de l'histoire de la planète.

La planète Mars, quant à elle, présente deux différences notables avec ses voisines. Tout d'abord, elle est plus éloignée du Soleil et son environnement est donc plus froid ; ensuite, elle est aussi beaucoup moins massive, environ dix fois moins que la Terre. En conséquence, la quantité d'éléments radioactifs contenus au cœur de la planète est environ dix fois moins importante. Or ce sont ces éléments qui sont à l'origine d'une grande partie de l'énergie interne, elle-même responsable de l'activité tectonique et volcanique. Il en résulte un dégazage du sol plus faible pour Mars que dans le cas de la Terre. En outre, l'intensité de son champ de gravité étant plus petite, la planète Mars est moins apte que ses voisines à capturer une atmosphère ; or ce mécanisme de capture est, selon les modèles actuels, le responsable principal de l'existence de l'atmosphère des planètes telluriques, suite à la vaporisation de météorites ou de poussières cométaires. Ces deux facteurs expliquent que l'atmosphère de Mars soit sensiblement plus ténue que celle de Vénus et de la Terre. Ils n'expliquent cependant pas que la pression à la surface soit aussi faible (6 millibars en moyenne). Il est possible qu'un dégazage massif soit intervenu au début de l'histoire de Mars, peut-être suite à un impact géant. C'est ce que suggère l'enrichissement en deutérium dans l'atmosphère martienne. L'atmosphère primitive de Mars devait être sensiblement plus chaude et plus humide qu'aujourd'hui ; cependant, faute d'une énergie interne suffisante, la planète s'est lentement refroidie et l'eau, passant de l'état liquide à l'état solide, a été piégée sous la surface sous forme de glace ou de pergélisol (sol gelé en permanence), en particulier aux hautes latitudes.

La Terre se trouve à une distance du Soleil favorable à la présence d'eau liquide à sa surface (voir p. 179). C'est le facteur providentiel qui a permis la dissolution du dioxyde de carbone au fond des océans, sous forme de carbonate de calcium. L'atmosphère terrestre, ainsi débarrassée de la quasi-totalité de ses deux principaux gaz à effet de serre (la vapeur d'eau s'étant condensée pour l'essentiel), a pu conserver une température relativement constante au cours de son histoire. En parallèle, il y a environ 3 milliards d'années, le développement de la vie sous-marine (dont les premiers signes sont les stromatolithes, concrétions calcaires construites par des algues monocellulaires) s'est accompagné de la libération de dioxygène dans l'atmosphère. L'atmosphère primitive de la Terre, qui était sans doute comparable à celle de ses voisines, a ainsi évolué progressivement. Il reste à expliquer comment la Terre a échappé à une glaciation totale. En effet le jeune Soleil était moins chaud qu'aujourd'hui : la température à la surface de la Terre était alors plus basse, inférieure à 0 °C. Un tel phénomène pourrait de plus être irréversible, car une surface entièrement recouverte de glace ou de neige réfléchirait la quasi totalité du rayonnement solaire, et entraînerait une chute de température encore plus considérable. La jeune Terre s'est probablement sortie de cette phase « boule de neige » grâce à son énergie interne qui s'est manifestée sous forme de volcanisme, dégazant suffisamment de dioxyde de carbone pour recréer un effet de serre suffisant. Voici donc, dans les très grandes lignes, le scénario qui explique le destin unique de la Terre. Cependant, bien des questions restent à élucider. Y a-t-il eu des océans à la surface de Vénus au début de son histoire ? Comment a disparu l'atmosphère primitive de Mars ? Quelle était la composition de l'atmosphère primitive de la Terre ? Enfin, et surtout : comment la vie est-elle apparue sur la Terre ? Quand nous serons en mesure d'apporter une réponse à ces questions fondamentales, une nouvelle dimension s'ouvrira pour l'exobiologie.

2 Représentation schématique des plus grands objets transneptuniens connus, avec leurs tailles, albédos et couleurs respectives, ainsi que leurs satellites connus (les détails dessinés sur ces vues d'artiste sont imaginaires). Le diamètre d'Eris a été récemment revu à la baisse : il est comparable à celui de Pluton. La taille allongée de Haumea est due à sa rotation rapide sur elle-même.

Le Système solaire extérieur : une nouvelle histoire à retracer

Diversité des planètes et des satellites : le même constat s'applique au Système solaire extérieur. À partir de leur masse et de leur densité, il est facile de classer les planètes géantes en deux catégories : les géantes gazeuses Jupiter et Saturne, essentiellement formées de gaz protosolaire, et les géantes glacées Uranus et Neptune, surtout constituées de leur noyau primordial (voir p. 90). Mais rien ne laissait présager les différences observées entre les deux planètes de chaque catégorie, ni la diversité de leurs satellites : chacun se présente comme un objet unique, que ce soit au sein des satellites galiléens de Jupiter ou au sein des familles orbitant autour de Saturne ou d'Uranus. Ce que nous apprend cette diversité, c'est que chaque objet a été façonné par des processus physiques et chimiques (température, pression, environnement radiatif ou magnétosphérique) qui ont imprimé à chacun leur marque. C'est une leçon que nous pouvons sans doute extrapoler aux exoplanètes : toute nouvelle exoplanète que nous découvrirons aura son histoire propre.

Le Système solaire extérieur ne s'arrête pas aux planètes géantes et à leurs satellites. Avec le découverte des objets transneptuniens (ou TNOs, pour l'anglais *TransNeptunian Objects*) autres que Pluton, notre compréhension de son histoire a encore évolué. Comment des objets si petits et distants ont-ils finalement fait leur apparition dans nos télescopes ? Depuis la découverte de la planète Neptune au XIXe siècle, les astronomes recherchaient une autre planète massive encore plus lointaine ; cette quête infructueuse de la fameuse « planète X » prédite par Lowell avait mené, en 1930, à la découverte du petit objet Pluton (voir chapitre 4 p. 77). Certains mécaniciens célestes avaient alors supposé qu'à défaut d'une planète massive isolée, la masse résiduelle du disque protosolaire, au-delà de 30 UA, s'était concentrée en une multitude d'objets de la taille de Pluton, voire plus petits. La présence de la ceinture de Kuiper avait ainsi été prédite dès le milieu du xxe siècle par les astronomes Kenneth Edgeworth (1880-1972) et Gerard Kuiper (1905-1973) sur la base de modèles dynamiques. Mais en dehors de Pluton, les objets transneptuniens, du fait de leur petite taille et de leur éloignement, sont longtemps restés inaccessibles à l'observation : la première découverte ne date ainsi que de l'année 1992 (voir p. 126).

En 2003, un nouveau TNO va semer l'agitation dans la communauté astronomique : il s'agit de 2003 QB (Eris) dont le diamètre a été estimé supérieur à celui de Pluton (Figure 2). Fallait-il le rajouter à la liste des planètes connues, en prenant le risque de rallonger ensuite cette liste indéfiniment à mesure que de nouveaux objets lointains et massifs seraient découverts ? Ne fallait-il pas plutôt retirer à Pluton son label de planète, et reconnaître l'existence de cette nouvelle classe d'objets qui peuplent la ceinture de Kuiper ? C'est la sage décision qu'a prise, en 2006, l'Union astronomique internationale, ramenant (sans doute définitivement) à huit la liste officielle des planètes du Système solaire (voir annexe 2 p. 210). Même si de nouvelles observations d'Eris semblent indiquer une révision à la baisse de son diamètre, le statut de TNO de Pluton ne devrait plus être remis en cause. Aujourd'hui, plus de 1600 objets transneptuniens ont déjà été détectés (voir p. 126). Nombre d'entre eux ont un demi grand axe orbital égal à celui de Pluton, tout en ayant une excentricité et une inclinaison différentes ; leurs orbites sont d'ailleurs, comme Pluton, en résonance avec celle de Neptune, ce qui confirme au passage que Pluton est bien un objet transneptunien parmi d'autres.

On connaît aujourd'hui plusieurs grandes classes de TNOs (voir encadré ci-contre). Au-delà de la ceinture de Kuiper, le disque des objets épars rassemble des objets dont l'orbite présente une grande excentricité, comme Sedna, qui s'éloignera jusqu'à près de 1 000 unités astronomiques du Soleil. Il est hautement vraisemblable que d'autres objets de masse comparable, situés à de plus grandes distances, restent à découvrir.

Une composante à explorer, la ceinture de Kuiper

Que savons-nous des objets de la ceinture de Kuiper ? Des mesures simultanées dans le visible et dans l'infrarouge, effectuées notamment par les satellites *Spitzer* et surtout, plus récemment, *Herschel*, ont fourni des estimations du diamètre et de l'albédo de plus d'une centaine d'objets transneptuniens. Le plus gros TNO connu à ce jour est Eris, d'environ 2 400 km de diamètre, suivi par Pluton, avec un diamètre entre 2300 et 2400 km. Les albédos des TNOs sont en moyenne peu élevés, environ 0,1, avec de fortes variations, et aussi de notables exceptions : ainsi l'albédo d'Eris pourrait approcher 0,8. Leur surface semble constituée de glaces, plus ou moins recouvertes de produits sombres.

Des mesures de masse et de densité ont été effectuées sur des TNOs dotés de satellites : les densités varient de 0,5 à 3 g/cm^3, ce qui semble impliquer, dans certains cas, l'existence d'un noyau silicaté, et pour les moins denses, une texture poreuse. Les mesures effectuées par le satellite *Herschel* à grande longueur d'onde confirment également la structure poreuse des TNOs les plus lointains.

Les familles d'objets transneptuniens

Il est possible de dégager plusieurs classes d'objets transneptuniens à partir de leurs orbites. On distingue deux grandes classes : la ceinture de Kuiper, entre environ 30 et 55 UA du Soleil, qui contient des TNOs de faible inclinaison par rapport à l'écliptique, et le disque des objets épars, plus éloignés du Soleil, dont les orbites peuvent être très excentriques.

La ceinture de Kuiper contient deux sous-catégories. Les objets « classiques » (repérés en bleu sur la figure), ou *cubewanos*, forment environ les deux tiers de la population totale ; leur orbite est de faible excentricité, et leur distance au Soleil varie entre 42 et 47 UA. Les « Plutinos » (environ 12 % du total, en rouge) tels Orcus sont, comme Pluton, en résonance 2:3 avec Neptune (ils effectuent 2 révolutions pendant que Neptune en fait trois) ; ils ont le même demi-grand axe que Pluton, mais des inclinaisons et des excentricités différentes.

D'autres objets (en rouge également) sont groupés à des résonances de 3:5, 4:7, 1:2, 3:7, etc. Les objets épars (en gris) ont un périhélie à l'extérieur de l'orbite de Neptune et une grande excentricité ; certains d'entre eux peuvent s'éloigner à plus de 1000 UA du Soleil. Les « Centaures » (en jaune) sont de petits objets, astéroïdes ou comètes, dont les orbites sont très instables car ils subissent de plein fouet l'attraction gravitationnelle des grosses planètes : par définition, ce ne sont pas des objets transneptuniens.

▸ **Distribution orbitale des objets transneptuniens.** Le demi-grand axe *a* de leur orbite est reporté en abscisses, en UA, et l'inclinaison de l'orbite *i* en ordonnées, en degrés. On a indiqué la période de révolution correspondante, en années. Les positions des résonances avec Neptune sont indiquées par des traits verticaux rouges. Le diamètre des plus gros objets connus est symbolisé par un cercle vide.

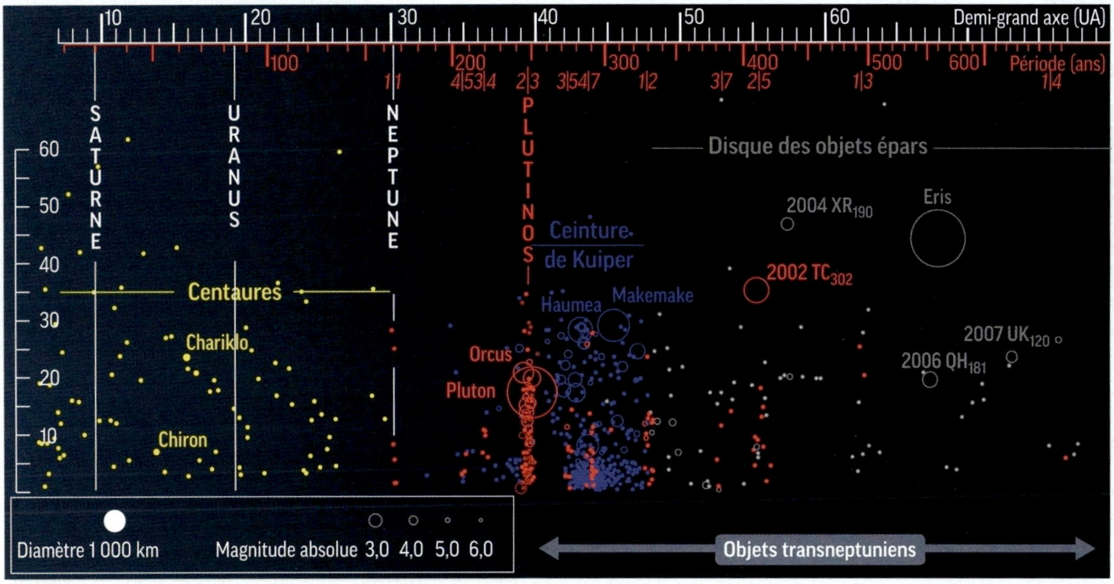

Des études spectrophotométriques, réalisées par de grands télescopes au sol, nous ont apporté plus d'informations sur les glaces recouvrant la surface des TNOs. Comme on pouvait s'y attendre, la glace d'eau est présente sur de nombreux objets ; sur d'autres, les spectres montrent la signature du méthane ou du méthanol. Les TNOs présentent une large dispersion de couleurs et de propriétés spectrales. Seuls les objets les plus brillants - quelques dizaines - se prêtent à cette étude, et il est encore difficile d'en déduire l'histoire de leur formation et de leur évolution.

Nous connaissons toutefois assez bien deux TNOs particuliers : Pluton et

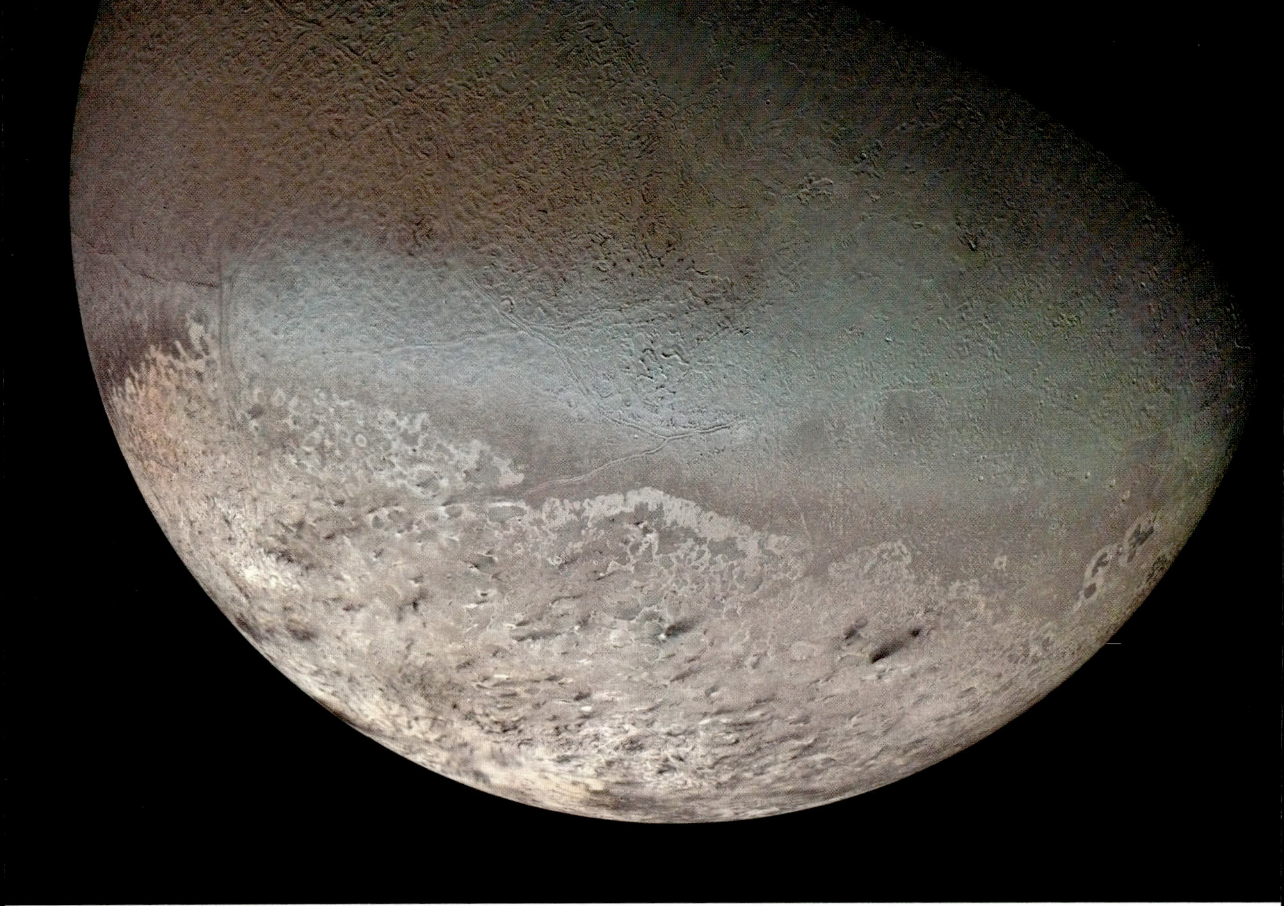

3 Triton, le plus gros satellite de Neptune, photographié par la sonde *Voyager 2* en août 1989. Les panaches de fumée noire sont des traces de cryo-volcanisme.

son satellite Charon. La différence entre les deux objets est d'ailleurs remarquable : alors que la surface de Charon est recouverte de glace d'eau, le spectre de Pluton, mesuré depuis la Terre dès les années 1990, est caractérisé par les glaces de diazote N_2, de méthane CH_4, d'eau H_2O et de dioxyde de carbone CO_2. À cette époque, Pluton était proche de son périhélie : l'échauffement de sa surface qui en a résulté a provoqué la sublimation de glaces, d'où la formation (temporaire) d'une atmosphère ténue à base d'azote et de méthane. Ces caractéristiques l'apparentent de façon frappante à Triton, le plus gros satellite de Neptune. La présence de ce dernier en orbite rétrograde (ce qui est exceptionnel et ne peut s'expliquer par le scénario classique de formation des satellites), semble indiquer que Triton est le résultat d'une capture, mais son scénario exact est encore mystérieux. Si c'est bien le cas, Triton revêt pour nous un intérêt particulier, car il pourrait lui aussi être représentatif de cette nouvelle classe d'objets. En 1989, Triton a été survolé par la sonde *Voyager 2* (Figure 3) qui y a détecté des traces de cryo-volcanisme, sans doute associé au dégazage d'azote. Les glaces de sa surface sont, elles aussi, très semblables à celles observées sur Pluton.

Une anomalie : la masse de la ceinture de Kuiper

Indépendamment de l'intérêt intrinsèque de sa découverte, la ceinture de Kuiper constitue pour les astronomes une véritable mine d'or, car elle nous renseigne sur l'histoire de tout le Système solaire extérieur. Que nous révèle-t-elle ? Nous avons vu qu'un phénomène catastrophique serait intervenu quelque 800 millions d'années après la formation du Système solaire, alors que les planètes géantes étaient encore en phase de migration (voir encadré p. 176). Les simulations numériques montrent en effet que le passage du système Jupiter-Saturne à la résonance 2:1 (Jupiter effectuant deux périodes de révolution tandis que Saturne en effectue une) a induit un bouleversement des propriétés dynamiques des petits corps du Système solaire, avec une forte augmentation de leur excentricité et de leur inclinaison ; les objets transneptuniens ont notamment été affectés. L'étude des propriétés dynamiques des différentes familles qui composent la ceinture de Kuiper semble accréditer ce scénario de migration.

Le scénario n'est cependant pas complet. L'exploration de la ceinture de Kuiper a soulevé un problème intéressant : celui de sa masse. En considérant la masse des planètes en fonction de leur distance au Soleil, et à partir de modèles de la densité de matière au sein du disque protosolaire, il est possible d'estimer la masse totale des objets qui se trouvent au-delà de l'orbite de Neptune, dans le plan de l'écliptique. Or la masse de la ceinture de Kuiper est beaucoup plus faible que prévu. Les TNOs sont aussi beaucoup plus rares qu'attendu au-delà de 55 UA (voir figure p. 189).

Comment expliquer cette anomalie ? Une partie de la réponse réside sans doute dans le scénario de migration en lui-même : la planète Neptune, éjectée vers l'extérieur du Système solaire, a probablement contribué à balayer et disperser les objets de la ceinture de Kuiper, réduisant ainsi considérablement la masse de celle-ci, peut-être par un facteur 100. Cependant, les modèles actuels ont encore du mal à rendre compte de la distribution actuelle des différentes familles de TNOs. Il est intéressant de noter que les disques de débris (voir p. 87) qui ont été observés autour d'étoiles voisines, et qui pourraient être l'équivalent de la ceinture de Kuiper, ont des masses près de cent fois supérieures à cette dernière, c'est-à-dire comparables à ce que les modèles estimaient dans le cas du Système solaire. Une explication plus claire de cette anomalie devrait émerger de recherches futures.

Ces recherches porteront sur la recherche d'objets toujours plus lointains, et viseront aussi à mieux caractériser leurs propriétés physiques et chimiques, de sorte à retracer l'histoire de chaque famille d'objets et à clarifier leurs liens avec les autres familles d'astéroïdes connues. Les calculs des spécialistes de dynamique gravitationnelle seront alimentés par les résultats issus de sondages profonds à venir, tels que les projets américains *Panoramic Survey Telescope and Rapid Response System* (Pan-STARRS) et *Large Synoptic Survey Telescope* (LSST). Le réseau d'antennes *Atacama Large Millimeter/Submillimeter Array* (ALMA) apportera en outre une moisson d'informations sur le rayonnement thermique des objets faibles (Figure 13 p. 137). Enfin la mission *New Horizons* de la NASA rencontrera Pluton et Charon en 2015, et sans doute ensuite d'autres TNOs, apportant ainsi les premières mesures *in situ* de cette classe d'objets.

Explorer les comètes, témoins des premiers âges

Les comètes restent pour les astronomes des objets d'étude privilégiés, susceptibles de nous éclairer sur la nature de la matière interstellaire, ainsi que sur les processus de création des planétésimaux qui plus tard formèrent les planètes.

Plusieurs grandes étapes ont jalonné leur exploration. Les deux dernières apparitions de la comète de Halley, en 1910 et en 1986, ont été spectaculaires (Figure 4). En 1910, la comète s'est présentée dans une configuration très favorable, à proximité du périhélie: les astronomes ont pu obtenir des photographies d'une qualité exceptionnelle, ainsi qu'enregistrer les spectres de produits de dissociation (atomes et radicaux) contenus dans la coma. En 1986, cinq sondes spatiales se sont lancées à la rencontre de la comète, et nous ont fait bénéficier des premières images d'un noyau cométaire et des premiers spectres de masse nous en dévoilant la composition (voir p. 106). En parallèle, les antennes au sol enregistraient la présence de nombreuses molécules directement éjectées du noyau, dites «molécules-mères», et qui reflètent sa composition interne (p. 136). Un nouveau jalon de l'exploration cométaire a été atteint en 1997, avec l'apparition inattendue de la comète Hale-Bopp, de dimension exceptionnelle (Figure 5). Alors que le diamètre des noyaux cométaires est généralement inférieur à la dizaine de kilomètres, celui de Hale-Bopp frisait sans doute les 40 km. Découverte trop tard pour être explorée par une mission spatiale dédiée, Hale-Bopp fit l'objet d'une intense campagne d'observations depuis le sol et l'orbite terrestre. Une vingtaine de molécules-mères ont ainsi été détectées, et la composition de la poussière cométaire, à base de silicates, a pu être identifiée avec précision.

Côté américain, plusieurs missions d'ampleur modeste mais bien ciblées se sont succédées. Lancée en février 1999, la mission *Stardust* a réalisé, pour la première fois, un retour d'échantillon cométaire sur notre sol (voir p. 154). En septembre 2001, la sonde *Deep Space 1* survolait la comète Borrelli; en 2005, la mission *Deep Impact* étudiait la composition interne de la comète Tempel 1, après la frappe d'un impacteur à sa surface. La comète a ensuite été observée à nouveau par la sonde *Stardust* lors de la dernière phase de cette mission, en février 2011.

4 La comète de Halley, photographiée le 8 Mars 1986 par W. Liller, sur l'île de Pâques.

Nous savons aujourd'hui que les comètes proviennent de deux grands réservoirs. Les comètes de courte période de révolution et de faible inclinaison proviennent de la ceinture de Kuiper. Du fait de leurs passages multiples au périhélie qui leur ont fait perdre une bonne partie de leur réserve de glace sous l'effet de l'augmentation de température, elles sont peu actives et donc peu brillantes. En revanche, d'autres comètes proviennent d'un réservoir très éloigné, à environ 50 000 UA du Soleil,

soupçonné dès 1950 par l'astronome hollandais Jan Hendrik Oort (1900-1992) : elles peuvent être très brillantes, comme la comète de Halley ou Hale-Bopp. Ces comètes du « nuage de Oort » sont aujourd'hui les mieux connues. Les recherches futures s'attacheront donc à caractériser les comètes de la ceinture de Kuiper avec la même précision. Les comètes observées par les sondes *Deep Space 1*, *Stardust* et *Deep Impact* appartenaient déjà à cette catégorie. La première raison de ce choix tient à sa faisabilité : il est beaucoup plus facile de planifier la rencontre d'une sonde spatiale avec une comète de la ceinture de Kuiper, de courte période et de faible inclinaison (la rencontre avec la comète de Halley par plusieurs sondes, en 1986, avait posé de gros problèmes de balistique : sa trajectoire étant très inclinée sur le plan de l'écliptique, toutes devaient l'intercepter lors de son passage dans ce plan, entre le 6 et le 15 mars).

5 La comète Hale-Bopp. Cette comète exceptionnellement volumineuse et brillante est apparue en 1997. Elle a pu être observée par le satellite *Infrared Space Observatory* (*ISO*), alors en opération en orbite terrestre. Remarquer les deux queues de la comète, également visibles figure 4 : une queue formée de gaz fine et rectiligne, dans la direction opposée à celle du Soleil, et une queue de poussières large et courbée.

Un paramètre qui retient tout particulièrement l'attention des astronomes est le rapport D/H dans les molécules-mères. Il est un indicateur de la température de formation des comètes : plus le rapport D/H est élevé, plus celle-ci a été basse. En effet, si l'on étudie au laboratoire la condensation d'une espèce chimique à basse température, on constate une propriété intéressante : lorsque la température diminue, la forme deutérée (c'est-à-dire dans laquelle un atome de deutérium remplace un atome d'hydrogène) se condense plus facilement que la forme non deutérée. Le rapport D/H augmente alors dans la glace, et diminue dans la phase gazeuse. Cette propriété est due à la capture plus facile d'un atome de deutérium D (deux fois plus lourd que l'atome H) à la surface des matériaux froids. Une question importante est liée à ce rapport D/H : quelle est l'origine de l'eau des océans terrestres ? Plusieurs sources sont possibles : l'eau peut ainsi provenir de l'intérieur de la Terre, par dégazage du manteau supérieur, ou encore avoir été apportée de l'extérieur par des fragments d'astéroïdes ou de comètes. La réponse pourrait nous être donnée, là aussi, par le rapport D/H (voir encadré p. 194), mais l'énigme n'est pas encore résolue…

L'origine de l'eau sur la Terre et le rapport D/H dans les comètes

La valeur du rapport D/H dans les océans terrestres (Standard Mean Ocean Water, ou SMOW) est de $1{,}56 \cdot 10^{-4}$, soit 7 fois la valeur au sein de la nébuleuse solaire primitive. Cette valeur démontre que l'eau terrestre ne peut être entièrement primordiale, c'est-à-dire dégazée du globe ; à une distance de 1 UA du Soleil, le rapport D/H devrait être bien plus proche de la valeur protosolaire. L'enrichissement en deutérium de l'eau des océans montre que l'eau de la Terre a probablement été apportée par des impacts météoritiques provenant d'objets issus du Système solaire extérieur.

Comment vérifier cette hypothèse ? Il nous faut, pour cela, évaluer le rapport D/H au sein des comètes, en étudiant les molécules-mères issues du noyau. Le rapport D/H a d'abord été mesuré *in situ* dans la comète de Halley, par spectroscopie de masse depuis la sonde *Giotto*. Le résultat - qui est de $3 \cdot 10^{-4}$, soit 15 fois la valeur protosolaire - traduit, comme on peut s'y attendre, un fort enrichissement dans les glaces cométaires en molécules deutérées, et donc une température de formation très basse (quelques dizaines de Kelvins). La même valeur a été mesurée ensuite par sondage à distance sur deux comètes brillantes, Hyakutake en 1996 et Hale-Bopp en 1997 ; toutes deux sont, comme la comète de Halley, des comètes du nuage de Oort. Ces premières mesures montrent que les comètes de Oort ne sont pas les seules responsables de l'apport de l'eau terrestre, car elles ont un rapport D/H deux fois supérieur à celui de la Terre. Une autre source a été proposée : les objets de la partie extérieure de la ceinture astéroïdale située entre Mars et Jupiter, qui présentent, selon les mesures réalisées dans les météorites dont ils sont les corps parents, le même rapport D/H que sur la Terre. Reste une troisième source possible : les comètes de la ceinture de Kuiper. Une seule mesure a été réalisée à ce jour sur une telle comète : il s'agit de la comète Hartley 2 observée dans le domaine submillimétrique (entre 100 µm et 1 mm de longueur d'onde) avec le satellite *Herschel*. Surprise : la valeur D/H mesurée sur Hartley 2 est exactement la valeur terrestre... Mais compte tenu de la grande diversité observée dans la composition chimique des comètes, il nous faudra disposer d'un échantillonnage plus complet de comètes de Kuiper avant de pouvoir conclure sur l'origine de l'eau terrestre.

Autre question-clé : les comètes sont-elles des réservoirs de molécules prébiotiques ? Nous avons vu qu'un acide aminé, la glycine, a déjà été identifié dans la poussière de la comète P/Wild 2 par la mission *Stardust* (voir p. 154). Pour répondre à cette question, les astronomes attendent beaucoup de la mission spatiale européenne *Rosetta*, qui rencontrera une petite comète provenant de la ceinture de Kuiper en novembre 2014. Une sonde y déposera un module de descente et accompagnera la comète dans sa trajectoire pendant qu'elle s'approche du périhélie, afin de surveiller le démarrage de son activité.

Planètes géantes : une origine non élucidée

Revenons aux quatre planètes géantes : les deux géantes gazeuses Jupiter et Saturne, et les deux géantes glacées Uranus et Neptune, qui nous fascinent par la complexité de leurs structures atmosphériques. Avons-nous élucidé leur origine ? Nous savons qu'elles se sont formées à partir d'un noyau initial d'une dizaine de masses terrestres, constitué principalement de glaces : l'étude de leur composition chimique l'a confirmé. Mais ce modèle soulève de nouvelles questions. Les mesures réalisées par le spectromètre de masse de la sonde *Galileo* ont montré que, sur Jupiter, les abondances de la plupart des éléments (C, N, S, Ar, Xe, Kr) sont supérieures d'un facteur 4 environ aux abondances solaires, supposées représentatives de celles du disque protosolaire (Figure 6). Ce résultat semble indiquer que tous les éléments, même les plus volatils, ont été piégés dans les glaces du noyau initial : sinon, les éléments les plus volatils présenteraient une abondance plus faible. Or, d'après les expériences menées en laboratoire, ce piégeage ne peut se faire qu'à très basse température, à moins de quelque 40 K... une température bien inférieure à ce que l'on attend au niveau de l'orbite de Jupiter, qui est plutôt de plus de 100 K. Comment expliquer cette contradiction ? Jupiter aurait pu se former à une plus grande distance du Soleil puis migrer vers l'intérieur, comme semblent le faire nombre d'exoplanètes ; encore faudrait-il que la densité de matière, à quelques dizaines d'unités astronomiques du Soleil, ait été suffisante pour permettre l'accrétion de l'énorme masse qui a formé Jupiter, ce qui est peu plausible... De plus, les simulations numériques actuelles favorisent une migration plutôt modérée des planètes géantes (voir encadré p. 176). Dans ces conditions, comment expliquer la composition, conforme aux abondances solaires, des planétésimaux qui ont formé Jupiter ? Le mystère reste entier.

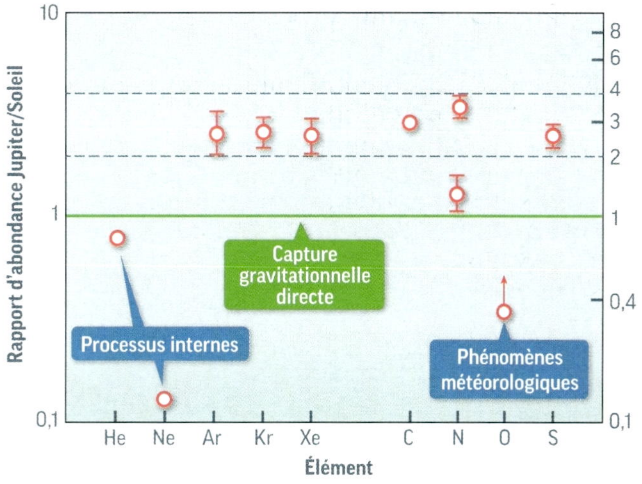

6 Abondance relative des éléments sur Jupiter (valeur rapportée à celle de l'hydrogène et ramenée à la valeur solaire, qui est aussi la valeur protosolaire) (d'après T. Owen et *al.*, *Nature* 402, 269, 1999). Le cas où le rapport est égal à 1 correspond à un scénario de formation planétaire par capture gravitationnelle directe du gaz protoplanétaire. La figure montre que les éléments Ar, Kr, Xe, C, N et S présentent un enrichissement par un facteur 3±1 (une réévaluation des abondances solaires a amené une modification de ce résultat, aujourd'hui 4±2). Cet enrichissement est en plein accord avec les prédictions du modèle de formation des planètes par accrétion autour d'un noyau de glace initial de 10 à 15 masses terrestres (voir chapitre 5 p. 88). Les appauvrissements constatés pour l'hélium He et le néon Ne s'expliquent par un processus de différenciation interne (condensation à l'intérieur de la planète). L'appauvrissement en oxygène O est sans doute le résultat de phénomènes météorologiques locaux.

D'autres problèmes sont en suspens au sujet d'Uranus et de Neptune. Pourquoi l'axe de rotation d'Uranus est-il très proche du plan de l'écliptique, et non perpendiculaire à celui-ci comme c'est à peu près le cas pour les autres planètes du Système solaire (Figure 7) ? Les astronomes ont d'abord pensé à une collision qui serait intervenue très tôt, avant la formation des satellites de la planète ; des simulations numériques plus récentes ont montré que la configuration actuelle pourrait aussi être le résultat de mouvements oscillatoires de l'axe de rotation. Autre anomalie, la différence d'aspect des atmosphères des deux planètes, Neptune étant beaucoup plus active d'un point de vue dynamique, tandis qu'Uranus est dénuée d'énergie interne. Pour élucider ces questions, la solution idéale consisterait à envoyer des sondes à l'intérieur des quatre planètes géantes, notamment pour en mesurer la composition élémentaire et isotopique. Malheureusement, il n'est pas facile d'envoyer une sonde aussi loin, et encore plus difficile de la faire pénétrer à une profondeur suffisante pour que les mesures soient représentatives de la composition globale de la planète...

À défaut d'explorer les géantes glacées, les planétologues se tournent vers des objectifs plus accessibles, et tout aussi passionnants : les deux géantes gazeuses

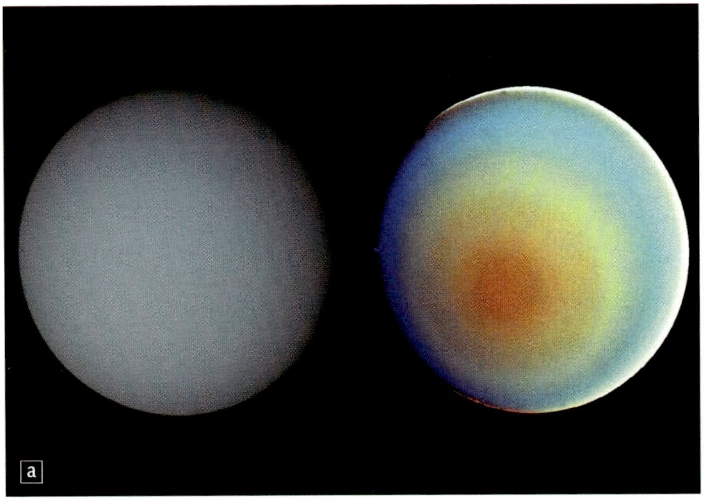

7 **a. Uranus observée par la sonde *Voyager 2* en 1986,** en vraies (à gauche) et en fausses couleurs (à droite). La couleur gris-bleu s'explique par la présence de méthane dans l'atmosphère, qui absorbe la lumière dans le rouge.
b. Uranus vue par le Télescope Spatial *Hubble* en 2005, en couleurs amplifiées. *Voyager 2* repéra quelques nuages discrets, dont une calotte polaire sur l'hémisphère Sud (le pôle Nord n'était alors pas visible), alors que les observations récentes montrent la présence de nuages dynamiques, dont des structures brillantes évoluant rapidement. Ces différences sont sans doute liées à un effet saisonnier : en 1986, l'axe de la planète était orienté dans la direction du Soleil, tandis que la planète était proche de l'équinoxe en 2004.

et leurs satellites. Les découvertes des missions *Galileo* et *Cassini* n'ont fait qu'aiguiser la curiosité des astronomes. Dans le cas des deux planètes, il s'agit de leur météorologie extrêmement complexe, riche en cyclones et en anti-cyclones ; par exemple, on s'interroge toujours sur la stabilité de la Grande Tache rouge de Jupiter (Figure 13 p. 109), ainsi que sur la nature des constituants responsables de sa couleur. Plusieurs hypothèses ont été émises – soufre, phosphore ou hydrocarbures irradiés –sans qu'aucune réponse définitive ne soit apportée. En ce qui concerne les satellites qui les entourent, ce sont autant de mondes différents dont les premières explorations ont dévoilé les propriétés surprenantes (voir chapitre 6 p. 110). La mission *JUICE (Jupiter and Icy Satellites Explorer)* (Figure 8) explorera le système de Jupiter à l'horizon 2030, avec un attention particulière pour les satellites Ganymède, Callisto et Europe. À un horizon encore plus lointain, une mission dédiée à l'exploration du système de Saturne est aussi à l'étude : elle explorera notamment Titan, qui présente des analogies frappantes avec la Terre et pourrait représenter un analogue de ce qu'a pu être la Terre primitive. Elle s'intéressera aussi à Encelade, qui est comme Titan le siège d'un cryo-volcanisme actif et qui abrite peut-être, lui aussi, un océan d'eau liquide.

Nous voyons que la recherche autour du Système solaire se poursuit, et qu'elle est toujours très riche. La découverte d'exoplanètes nous a révélé que le Système solaire n'est pas unique : il est environné de milliers, voire de millions de systèmes planétaires. Ceux que nous avons découverts jusqu'à présent ne lui ressemblent guère. Certes, les biais observationnels ne facilitent pas la découverte d'exoterres, ni celle d'équivalents de nos planètes géantes. Une évidence s'impose cependant : les systèmes que nous détectons contiennent des objets d'une immense variété, et l'existence de ces objets fait appel à des scénarios de formation bien différents de ceux que nous connaissons dans le Système solaire. Le Système solaire n'est donc pas une exception, mais il n'est pas non plus la règle...

⁂ Le rapport D/H dans les planètes géantes : un indice de leur mode de formation

La mesure du rapport D/H dans les planètes géantes est réalisé à partir des molécules HD/H_2 et CH_3D/CH_4. Dans les deux cas, on observe que le rapport D/H dans Jupiter et Saturne est proche de celui de la nébuleuse solaire primitive (environ $2 \cdot 10^{-5}$), tandis qu'il est sensiblement plus grand (de l'ordre de $5 \cdot 10^{-5}$) dans Uranus et Neptune (voir figure). Cette différence s'explique très simplement dans l'hypothèse de la formation des planètes géantes autour d'un noyau de glace qui acquiert la masse suffisante pour capturer le gaz environnant (voir chapitre 5 p. 89). Avec des masses respectives de 318 et 95 masses terrestres, Jupiter et Saturne sont très majoritairement constituées de gaz protosolaire. En revanche, Uranus et Neptune, avec des masses respectives de 15 et 17 masses terrestres, sont surtout constituées de leur noyau de glace, dans lequel le rapport D/H est plus grand. Cette mesure de D/H nous apporte donc un diagnostic précieux en soutien du modèle de formation des planètes géantes.

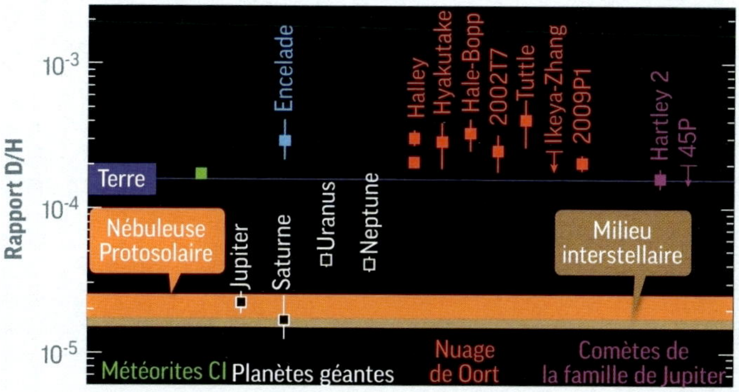

▸ **Le rapport D/H dans les objets du Système solaire.** Les mesures de HD/H_2 dans les planètes géantes ont été faites par le satellite *ISO*. L'estimation de D/H dans les glaces proto-neptuniennes est dérivée des valeurs de D/H sur Uranus et Neptune ; elle est plus grande que celle dans Jupiter, Saturne et le milieu interstellaire.
En haut de la figure, les mesures réalisées dans des comètes du nuage de Oort. Les météorites « CI » sont des chondrites primitives présentant un rapport D/H proche du rapport terrestre.
(D'après D. Lis et *al.*, *Astrophysical Journal* 774, L3, 2013, avec l'autorisation de l'*American Astronomical Society*.)

8 **Vue d'artiste de la mission *JUICE*,** sélectionnée par l'Esa pour un lancement en 2022. Elle explorera le système de Jupiter à l'horizon 2030. On voit au loin la planète Jupiter avec à sa gauche le satellite Io, en bas à gauche Europa, à droite Callisto, et au premier plan le satellite Ganymède avec une représentation en coupe de sa structure interne. Ganymède sera la cible privilégiée de la mission qui finira en orbite autour de ce satellite.

CHAPITRE 11

Le futur : voyages vers d'autres mondes ?

Après le long voyage que nous venons d'effectuer, il est temps de revenir sur nos pas et d'apprécier le chemin parcouru depuis le jour où Galilée a braqué sa lunette vers le ciel. Il y a quatre siècles, le modèle de Copernic peinait à s'imposer ; rien n'était connu des propriétés physiques des planètes, et seules les cinq planètes qui sont visibles à l'œil nu (en plus de la Terre) avaient été repérées. Les comètes, dont on ignorait aussi la nature physique, suscitaient la frayeur et la superstition. Si les interrogations étaient présentes quant à la pluralité des mondes, aucun argument « scientifique » à proprement parler ne venait les étayer.

Dans les années qui ont suivi, notre connaissance du Système solaire a progressé par bonds successifs, impulsés chaque fois par l'apparition d'un nouveau moyen instrumental ou par le développement d'un nouvel outil théorique. Ainsi, au début du XVIIe siècle, l'apparition de la lunette astronomique ouvre la voie aux premières observations détaillées des planètes (chapitre 1 p. 14). Au XVIIIe siècle, le passage à l'observation avec des télescopes de plus grand diamètre conduit à la découverte d'Uranus, puis un peu plus tard à celle des plus gros astéroïdes (chapitre 2 p. 32) ; la mécanique céleste triomphe avec la prédiction du retour de la comète de Halley – la vraie nature des comètes est enfin comprise. Une nouvelle preuve de son efficacité est donnée au XIXe siècle avec la découverte de Neptune (chapitre 3 p. 52). En parallèle, depuis plusieurs siècles, les scientifiques et les philosophes se passionnent pour le problème de la pluralité des mondes (chapitre 4 p. 66).

Une étape majeure est franchie, à partir des années 1960, avec l'exploration spatiale (chapitre 6 p. 94). Les observations *in situ* des planètes, des satellites extérieurs et de certaines comètes révèlent alors l'extraordinaire diversité de ces objets, qui tous ont gardé la marque des processus de leur formation et de leur évolution. Au cours des dernières décennies, l'étude approfondie des atmosphères planétaires en a permis une analyse comparative, alimentée notamment par le développement de modèles climatiques globaux, dérivés de ceux de la Terre. En 1986, l'apparition de la comète de Halley, cible d'une campagne d'observations au sol sans précédent et de cinq missions spatiales, a marqué une véritable renaissance pour la physique cométaire. Sa composition chimique, très proche de celle des gaz et des poussières du milieu interstellaire, suggère que les comètes pourraient s'être formées à partir de la matière interstellaire.

◄ Vue de l'océan Pacifique depuis l'espace. Notre « Terre » porte mal son nom : plus de 70 % de sa surface est recouverte par des océans, dont la présence a été indispensable à l'apparition de la vie. Découvrirons-nous, dans un futur proche, un autre monde ressemblant au nôtre ?

L'exploration planétaire a aussi bénéficié des développements de l'astronomie au sol (chapitre 7 p. 124). La découverte en 1992 du premier objet transneptunien (TNO) dessine de nouvelles frontières au Système solaire. C'est la mise en évidence de la ceinture de Kuiper, prédite depuis plusieurs décennies sur des bases théoriques, mais que l'on n'avait pas encore pu observer. Les télescopes géants, équipés d'instruments toujours plus performants, ont aujourd'hui ouvert l'accès à une meilleure connaissance des différentes classes d'objets présents dans la ceinture de Kuiper et au-delà (Figure 1). Au passage, l'ex-planète Pluton se voit reconnaître par l'Union astronomique internationale, en 2006, son statut d'objet transneptunien (voir annexe 2 p. 210). Les observations des TNOs, à leur tour, ont alimenté des travaux théoriques nouveaux qui retracent leur histoire dans le contexte d'une migration des planètes géantes aux premiers temps du Système solaire (chapitre 10 p. 182).

Parmi les domaines émergents de la planétologie, il faut aussi mentionner l'analyse de la matière extraterrestre (chapitre 8 p. 144). D'abord limitée à l'étude des météorites, elle s'est ouverte à l'analyse des échantillons lunaires dans les années 1970, puis plus récemment, avec les missions *Stardust* et *Hayabusa*, à celle des poussières provenant d'une comète et d'un astéroïde. L'étude des météorites les plus primitives, les chondrites, a permis de dater l'âge du Système solaire avec une grande précision : 4,56 milliards d'années. L'analyse des échantillons lunaires a fourni une datation de la formation du système Terre-Lune, quelques 100 millions d'années plus tard. Des analyses comparables seront sans doute bientôt réalisables sur des échantillons provenant de Mars et d'astéroïdes primitifs.

Toutes ces étapes dans la progression de nos connaissances illustrent le va-et-vient permanent qui existe entre l'observation et la théorie, chacune se nourrissant des progrès de l'autre. La même remarque s'applique à notre compréhension de la formation du Système solaire (chapitre 5 p. 80). Le concept initial de Kant et Laplace s'est fondé sur la simple observation des orbites planétaires, toutes quasi-coplanaires et concentriques. Les modèles théoriques développés dans la lignée de ce concept se sont enrichis des observations des étoiles jeunes voisines et des disques protoplanétaires, découverts en nombre à la fin du XXe siècle, et ils trouvent aujourd'hui de nouvelles applications avec la découverte de systèmes exoplanétaires (chapitre 9 p. 160).

Une nouvelle discipline, la planétologie comparée

De ce foisonnement de résultats est née une nouvelle science : la planétologie comparée, amenée à devenir demain l'exoplanétologie comparée. Il est désormais possible de comparer l'évolution des planètes telluriques et de les mettre en perspective avec le climat terrestre et son évolution. Titan, satellite de Saturne, présente des analogies avec la Terre primitive ; Triton, satellite de Neptune, s'affiche comme la copie conforme de Pluton, lui-même représentatif des objets transneptuniens... Quant à nos planètes géantes, il est tentant de rechercher des analogies avec ces exoplanètes géantes que nous découvrons aujourd'hui par centaines autour d'étoiles proches du Soleil.

Avec l'exploration des planètes telluriques, la mise en évidence de la ceinture de Kuiper et la détection des exoplanètes, notre vision du Système solaire

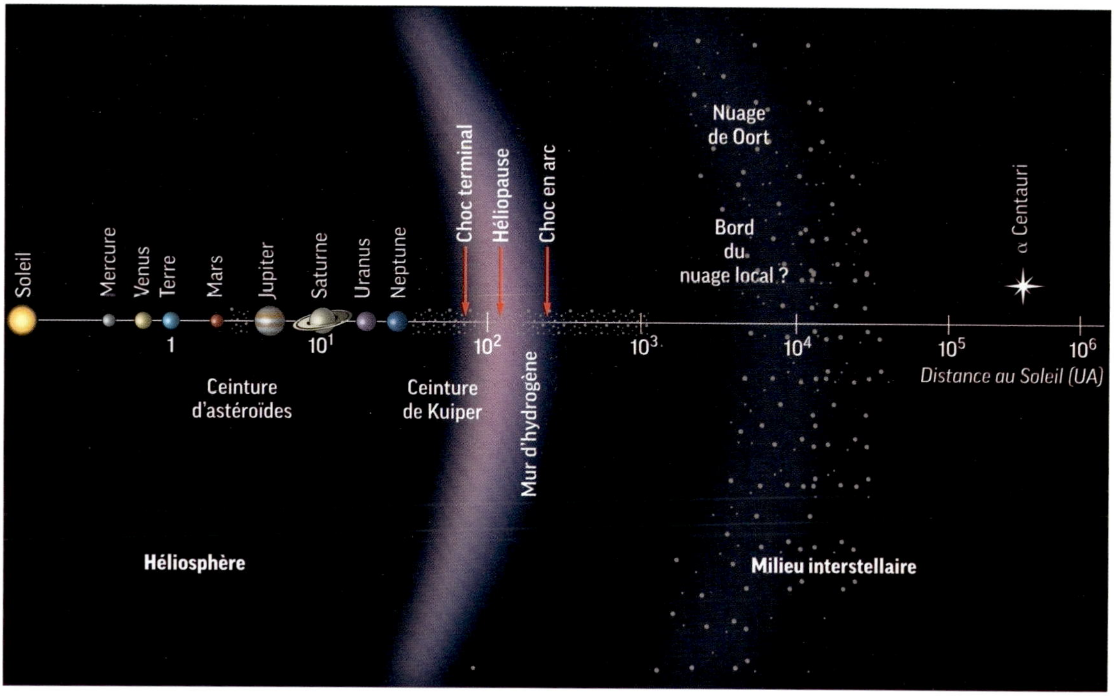

1 Une représentation schématique des frontières du Système solaire, jusqu'à l'étoile la plus proche, α Centauri. L'échelle de distances au Soleil est logarithmique, ce qui permet une représentation lisible. Les trois flèches indiquent les frontières de l'héliosphère qui marquent les limites d'extension du vent solaire, entre environ 70 UA et quelques centaines d'UA. C'est dans cette région que se trouvent actuellement (en 2014) les sondes *Pioneer 10* & *11* et, un peu plus près de nous, les sondes *Voyager*. La zone d'influence gravitationnelle du Soleil s'étend au sein du milieu interstellaire. Le bord du nuage interstellaire (le nuage local) qui entoure actuellement le Système solaire est situé bien au-delà de l'héliosphère, à plus de 100 000 unités astronomiques.

évolue. Parmi les multiples systèmes planétaires, le nôtre apparaît comme un élément particulier, membre singulier d'une famille infiniment diverse. Il n'en est que plus nécessaire d'étudier les processus physico-chimiques responsables de la formation et de l'évolution des différents objets du Système solaire. Ainsi pourrons-nous tenter d'extrapoler ces connaissances aux nouveaux objets encore très peu connus que sont les exoplanètes.

Cette approche révolutionne la planétologie. Alors que celle-ci reposait essentiellement sur l'observation astronomique, avec le support indispensable des théoriciens et des dynamiciens, l'exploration nouvelle du Système solaire et des systèmes planétaires requiert à présent le concours de chercheurs d'autres disciplines : astronomes spécialistes de physique stellaire, géophysiciens et océanographes, spécialistes de physique des plasmas, chimistes et biologistes. Une nouvelle spécialité est née : l'*astrobiologie*, dont l'objectif est d'évaluer les conditions d'émergence et de développement de la vie extraterrestre, dans le Système solaire et au-delà. Elle s'appuie sur l'étude de la chimie interstellaire, la recherche de molécules prébiotiques dans les zones favorables du Système solaire, et la recherche d'exoplanètes dans la zone habitable de leur étoile-hôte. Ce nouveau domaine de recherche, en plein essor, sera l'un des grands axes de la recherche astronomique des décennies à venir.

Et l'exploration habitée ?

Pour parvenir à ses fins, la planétologie d'aujourd'hui dispose d'une large gamme de moyens. Les sondes robotiques planétaires, qui ont fait leurs preuves depuis cinquante ans, continueront d'en être le fer de lance. Dans un proche avenir,

2 **Les sondes *Mercury Planetary Orbiter* (*MPO*, sur orbite basse) et *Mercury Magnetospheric Orbiter* (*MMO*) de la mission *Bepi Colombo*,** en développement à l'Agence spatiale européenne. Elle est dédiée à l'exploration de la planète Mercure et à l'étude de sa magnétosphère éventuelle. Son lancement est prévu en 2016.

nous attendons le survol d'une comète provenant de la ceinture de Kuiper par la sonde *Rosetta*, et le lancement de la mission *Bepi Colombo* avec deux orbiteurs (l'un européen, l'autre japonais) dédiés à l'exploration de la planète Mercure (Figure 2). À plus lointaine échéance, nous avons mentionné les projets d'exploration robotique vers Mars et Jupiter, avec en particulier l'objectif affiché d'un retour d'échantillons martiens.

Les observatoires spatiaux, en orbite terrestre ou au point L2 de Lagrange (situé au-delà de la Terre sur l'axe Soleil-Terre), apporteront un complément d'observations dans l'infrarouge, en particulier avec le successeur du télescope spatial *Hubble*, le *James Webb Space Telescope* (*JWST*) dont le lancement est prévu aux environs de 2018 (Figure 3). Ces informations seront précieuses pour l'étude du Système solaire extérieur, en particulier les comètes et les objets transneptuniens.

Une question se pose concernant l'exploration spatiale de Mars. Dans l'euphorie qui a suivi le succès du programme *Apollo*, au début des années 1970, l'idée de fouler le sol martien a séduit certains, y compris dans la communauté scientifique. Où en sont aujourd'hui les projets de programme habité ? Les perspectives sont faibles. Des sommes considérables ont été investies dans la *Station spatiale internationale* (*ISS*) ; l'enjeu politique était certes important, mais force est de constater que le retour scientifique a été et reste très limité. L'exploration humaine au-delà de l'orbite terrestre constitue un enjeu autrement difficile. Les lanceurs utilisés pour envoyer des charges utiles dans l'espace représentent déjà un coût considérable, et des solutions plus efficaces et moins onéreuses n'ont pas encore été trouvées. Ce coût explique les changements de politique affichés par les hommes d'État au cours des dix dernières années : en 2004, le président des États-Unis Georges W. Bush annonçait le retrait de la navette spatiale en 2010 et la fin de leur collaboration dans l'*ISS* en 2016, et proposait un retour vers l'exploration habitée de la Lune à brève échéance. En 2010, son successeur Barack Obama, en revanche, a annoncé le prolongement de l'*ISS* jusqu'en 2020, et semblait privilégier l'exploration habitée vers un astéroïde… On est encore

3 **Le télescope spatial *James Webb* (*JWST*), en développement à la Nasa avec une forte contribution de l'Esa.** Il fonctionnera principalement dans l'infrarouge et sera le successeur du télescope spatial *Hubble*. Son lancement est prévu à l'horizon 2018. Le miroir primaire (en jaune sur l'image), d'un diamètre équivalent de 6 mètres, est constitué de sous-miroirs hexagonaux. En bas, les feuilles multiples protégeant le télescope des rayonnements solaires.

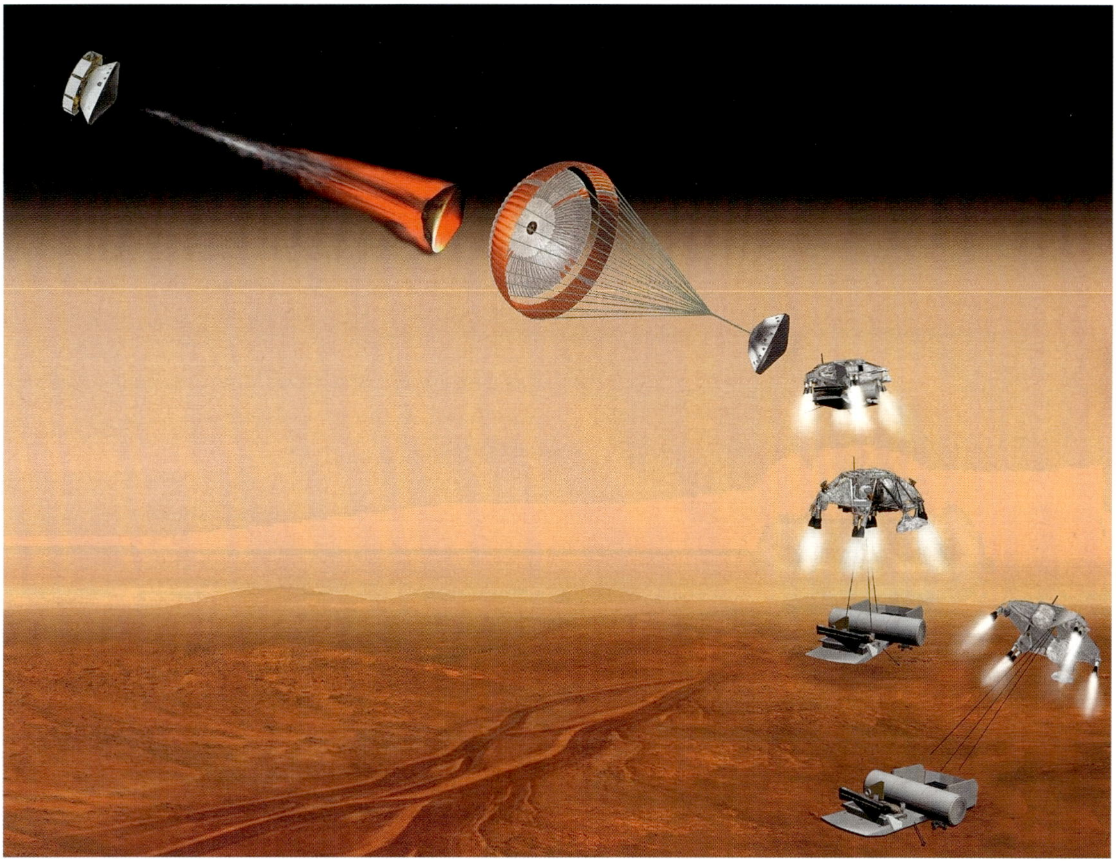

loin de l'Homme sur Mars ! L'accès à l'espace est cependant auréolé d'un prestige considérable, et certains pays émergents affichent ouvertement cet objectif pour des raisons politiques, économiques et technologiques.

D'un point de vue strictement scientifique, l'exploration habitée n'est pas nécessaire : l'exploration du Système solaire par des sondes robotiques est parfaitement à même de répondre aux enjeux actuels. Des échantillons lunaires ont été rapportés par les sondes robotiques soviétiques avec un coût bien moindre que le programme *Apollo*, et des échantillons martiens seront rapportés sur Terre par la mission *Mars Sample Return* (Figure 4). La présence de l'Homme sur Mars a beaucoup fait rêver, mais elle n'est nullement indispensable. Les ingénieurs sont aujourd'hui capables de robotiser tous les appareils de mesure dont ils ont besoin pour l'exploration planétaire. En revanche, le corps humain, lui, ne pourra jamais être miniaturisé…

Les campagnes d'observation depuis le sol continueront d'être un élément incontournable du dispositif, comme l'ont illustré la découverte des objets transneptuniens et celle des exoplanètes. De telles recherches n'exigent pas la mise à contribution des plus grandes télescopes, mais plutôt la mise en place de campagnes coordonnées utilisant des télescopes dont le diamètre est de de 2 à 4 mètres, voire des réseaux de télescopes plus petits comme le *Next Generation Transit Survey* (*NGTS*) . Les plus grands télescopes (VLT, ELT), en revanche, seront requis pour des programmes nécessitant une haute résolution angulaire

4 Cette vue d'artiste représente un scénario possible pour une mission de collecte d'échantillons à la surface de Mars. En haut à gauche, le module de descente est largué puis freiné par un parachute ; des rétrofusées contrôlent ensuite la descente du module jusqu'au sol de Mars. Le module dépose ensuite un rover (qui va collecter une capsule d'échantillons), ainsi qu'un véhicule destiné à la remontée de ces échantillons après collecte.

ou une haute sensibilité, comme la spectro-imagerie des planètes et des satellites, et plus tard des exoplanètes.

La création d'un laboratoire européen spécialisé dans les délicates techniques d'analyse des échantillons extraterrestres est aussi à l'étude. D'autres travaux de laboratoire seront utiles, et même indispensables, pour l'interprétation des observations en termes physiques. Par exemple, des expériences en conditions contrôlées nous aideront à comprendre comment des molécules prébiotiques se forment naturellement à partir de molécules plus simples. De même, si l'on veut rendre compte de la formation de gros grains puis de planétésimaux par coagulation de particules solides, il faudra mieux connaître les propriétés de la surface de ces particules, ce qui n'est pas une mince affaire.

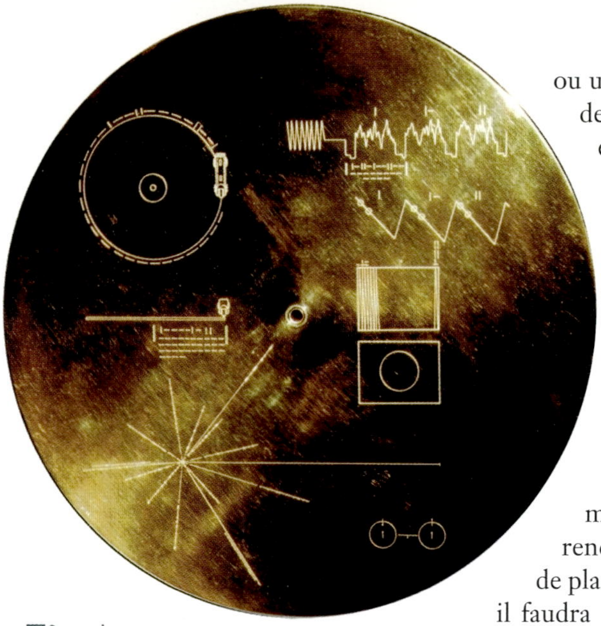

5 **Couvercle recouvrant le disque de cuivre, plaqué or, embarqué par les sondes *Voyager 1* et *2*,** et destiné à communiquer une certaine représentation de la Terre à d'éventuels extraterrestres. Les diagrammes sur le couvercle expliquent comment lire les informations enregistrées sur le disque, et repèrent la position du Soleil par rapport à celle de 14 pulsars. Le disque lui-même comporte une sélection de sons et images, sélectionnés par un comité réuni autour de Carl Sagan, le célèbre physicien et vulgarisateur décédé en 1996.

Forte des succès accumulés au cours des vingt dernières années, la simulation numérique apparaît désormais comme un outil indispensable de la planétologie des prochaines décennies. Les grands calculateurs apportent des pistes de résolution pour les problèmes de dynamique gravitationnelle, et sont aussi le support de modèles de structure interne des planètes et des exoplanètes, de modèles d'évolution climatique, ou encore de modèles de magnétohydrodynamique simulant l'éjection du vent solaire depuis la couronne solaire ou l'interaction entre le vent solaire et les magnétosphères planétaires.

Afin de coordonner les travaux de laboratoire et les simulations numériques en évitant la duplication inutile des efforts, et afin de pouvoir accéder plus aisément aux gigantesques quantités de données qui sont obtenues par les observatoires au sol et en orbite, la communauté des astronomes (et pas seulement de ceux qui s'occupent du Système solaire) développe depuis une dizaine d'années des *Observatoires virtuels*. De quoi s'agit-il ? Un observatoire virtuel est une collection d'archives de données d'observation qui sont mises à la disposition de tout un chacun via Internet. S'y ajoutent des logiciels spécialisés pour le traitement de ces données, des simulateurs de phénomènes astronomiques, et aussi des collections de résultats obtenus au laboratoire. La plupart des pays où se pratique l'astronomie ont maintenant leur propre projet d'observatoire virtuel. Ces projets sont partiellement fédérés en un grand observatoire virtuel européen et en son analogue aux États-Unis ; tous les observatoires virtuels coordonnent en outre leurs efforts au sein de l'alliance mondiale IVOA (*International Virtual Observatory Alliance*). On assiste ainsi à une internationalisation complète des moyens de l'astronomie, ce qui implique un effort considérable en termes de standardisation, de documentation des données et de procédures d'accès, et aussi de mise en commun de la capacité de calcul qui est répartie dans les différents centres à travers le monde. Dans le futur, on pourra ainsi faire de l'astronomie « en chambre », en profitant gratuitement d'observations, de données de laboratoire, de logiciels et de calculateurs provenant du monde entier : c'est un changement complet des habitudes qui ne peut qu'être profitable à la science.

À la recherche d'un nouveau monde

L'exploration des systèmes planétaires autour d'autres étoiles ne fait que commencer. La phase de détection systématique va se poursuivre, en s'appuyant d'une part sur les progrès des programmes de vélocimétrie et de transit, et d'autre part sur la montée en puissance des techniques d'imagerie et d'astrométrie. Dans les décennies à venir, nous devrions ainsi acquérir une meilleure compréhension du mode de formation des systèmes planétaires.

La recherche de vie extraterrestre reste le Graal des astronomes. Dans les prochaines années, nous pouvons espérer la confirmation de l'existence d'exoplanètes habitables parmi les candidates déjà identifiées ; il nous manque encore la connaissance de la nature de leur atmosphère. La méthode la plus prometteuse semble être l'étude spectroscopique au moment de passages de l'exoplanète devant ou derrière son étoile-hôte, au moyen de télescopes au sol, ou encore depuis l'espace avec le futur *JSWT*, ou enfin par des missions dédiées. Essayons maintenant de voir au-delà : supposons que nous ayons identifié une exoplanète tempérée, de type terrestre ou superterre (ou, pourquoi pas, le satellite d'une exoplanète géante), située dans la zone d'habitabilité de son étoile-hôte. Supposons que nous ayons détecté par spectroscopie, dans son atmosphère, les fameux bio-marqueurs si recherchés. Nul doute que le jour de cette découverte fera date dans les annales de l'humanité… Mais comment communiquerons-nous avec ce nouveau monde ? Même les tenants de l'exploration spatiale habitée renonceront à envoyer un vaisseau spatial hors du Système solaire… Rappelons que les sondes *Voyager*, lancées en 1977 et actuellement parvenues à la frontière de l'héliosphère (à environ 100 UA du Soleil), sont encore très loin de sortir de la zone d'influence gravitationnelle du Soleil (voir Figure 1) : pour cela, elles devront franchir une distance mille fois supérieure. Elles emportent néanmoins un message à l'intention d'éventuelles civilisations extraterrestres, pour le cas – improbable – où elles entreraient en contact avec un autre monde (Figure 5).

6 **Le radiotélescope d'Arecibo, sur l'île de Porto Rico.** Avec une antenne de plus de 300 mètres de diamètre, il est le plus grand radiotélescope existant sur Terre.

S'il est inenvisageable d'envoyer un vaisseau spatial habité pour communiquer avec ces civilisations, il reste une solution : la transmission de messages par ondes radio. Cela fait plusieurs décennies que les astronomes ont étudié cette possibilité. Ils ont sélectionné la fréquence de 1420 MHz, à une longueur d'onde de 21 cm, car cette

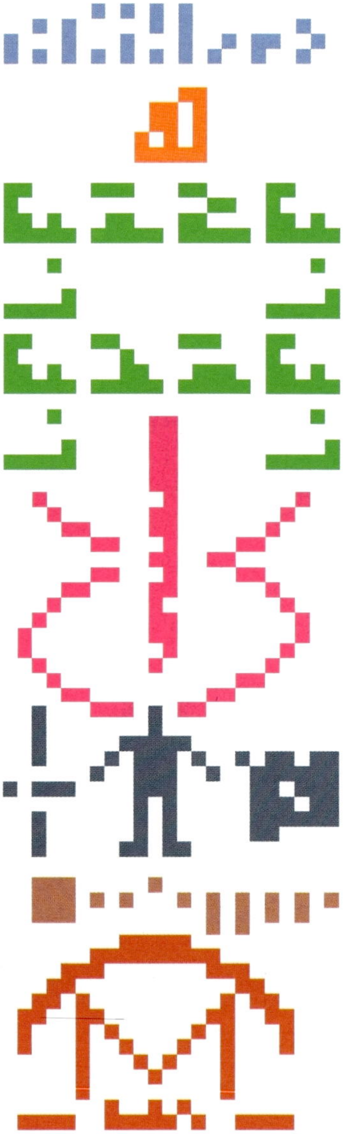

7 Le message d'Arecibo, « décodé ». Sont représentés, de bas en haut, le télescope d'Arecibo, le Système solaire (avec la Terre légèrement décalée), la silhouette d'un humain, la structure en double hélice de l'ADN, les formules des sucres et des bases dans les nucléotides de l'ADN, les numéros atomiques des atomes H, C, N, O et P, et les nombres de 1 à 10.

longueur d'onde, correspondant à une transition bien connue de l'atome d'hydrogène, est très utilisée par les radioastronomes. Des programmes d'émission et d'écoute systématiques de signaux radio ont été menés depuis plusieurs radiotélescopes, en particulier celui d'Arecibo (Figure 6) et depuis le réseau d'antennes de l'institut SETI (*Search for Extra-Terrestrial Intelligence*).

Il ne resterait plus aux astronomes qu'à pointer leurs radiotélescopes vers la nouvelle exoplanète, à bien choisir le message à envoyer... et à être patients : si les extraterrestres habitent une planète gravitant autour de l'étoile Proxima du Centaure, qui est notre plus proche voisine et qui est située à une distance de 4,2 années-lumière, il faudra compter plus de 8 ans avant d'espérer une réponse. En 1974, un tel message a été envoyé par le radiotélescope d'Arecibo (Figure 7). Le message consiste en 1679 nombres binaires, constituant un rectangle de 73 lignes et 23 colonnes. Le déchiffrage du message est loin d'être trivial, mais on peut toujours espérer que les extraterrestres seront plus intelligents que nous... Jusqu'à présent nous ignorions dans quelle direction envoyer les signaux : la direction choisie par les astronomes d'Arecibo, de façon purement arbitraire, était l'amas globulaire M13. Si nous identifions un jour une exoplanète susceptible d'abriter la vie, les perspectives d'une telle recherche en seraient bouleversées. Une nouvelle ère s'ouvrirait pour l'astrobiologie...

Ouvrages

- Bendjoya P., *Collisions dans le Système solaire*, Belin, 1998.
- Bibring J.-P., *Mars, Planète Bleue ?* Préface de H. Reeves, Odile Jacob, 2009.
- Bobis L. et Lequeux J., *L'Observatoire de Paris, 350 ans de science*, Gallimard/Observatoire de Paris, 2012.
- Bonnet R. M., *Les horizons chimériques*, Dunod, 1992.
- Cordier P. et Leroux H., *Ce que disent les minéraux*, Belin, 2008.
- Crovisier J. et Encrenaz T. *Les comètes, témoins de la naissance du Système solaire*, Belin et CNRS Éditions, 1996.
- De Pater I. et Lissauer J. J., *Planetary Sciences*, 2e édition, Cambridge University Press, 2010.
- Dewaele A. et Sanloup C., *L'intérieur de la Terre et des planètes*, Belin, 2005.
- Encrenaz T., *Les planètes : les nôtres et les autres*, EDP-Sciences, 2010.
- Encrenaz T., Bibring J-P., Blanc M., Barucci M.-A., Roques F., Zarka P., *Le Système solaire*, CNRS Éditions et EDP Sciences, 2003.
- Fehrenbach M., Dawidowicz G., et Marion R., *Aurores boréales et australes*, GNGL Production/Pôles d'Images, 2001.
- Lequeux J., *L'Univers dévoilé, une histoire de l'astronomie de 1910 à aujourd'hui*, EDP Sciences, 2005.
- Lequeux J., *Le Verrier, savant magnifique et détesté*, EDP Sciences et Observatoire de Paris, 2009.
- Levasseur-Regourd A.-C., Brahic A., Encrenaz T., Forget F., Ollivier M., Vauclair S., *Système solaire et planètes*, Ellipses, 2009.
- Lewis J. S., *Physics and Chemistry of the Solar System*, Academic Press, 1997.
- Lodders K. et B. Fegley Jr., *The Planetary Scientist's Companion*, Oxford University Press, 1998.
- Maeder A., *L'unique terre habitée ? Les conditions pour la vie sur les planètes*, Favre, 2012.
- Mayor M. et Frei P.-Y., *Les nouveaux mondes du cosmos : À la découverte des exoplanètes*, Seuil, 2001.
- Ollivier M., Encrenaz T., Roques F., Selsis F., Casoli F., *Planetary Systems : Detection, Formation and Habitability of Extrasolar Planets*, Springer, 2009.
- Pannekoek A., *A History of Astronomy*, New York, Dover, 1989 (en anglais, la meilleure histoire de l'astronomie avant 1940 environ).
- Raulin F., *À la recherche d'une vie extraterrestre*, Éditions du Pommier, 2006.
- Rocard F., McEwen A.S. et Barral X., *Mars, une exploration photographique*, Éd. Xavier Barral, 2013 (superbes photographies très détaillées obtenues par la sonde *Mars Reconnaissance Orbiter*).
- Sotin C., Grasset O. et Tobie G., *Planétologie : Géologie des planètes et des satellites*, Dunod, 2009.
- Taylor S. T., *Solar System Evolution*, 2e édition, Cambridge University Press, 2001.
- Trompette R., *La Terre, une planète singulière*, Belin, 2003.

Sites Internet

– Certains textes historiques fondamentaux sont accessibles gratuitement sur http://gallica.bnf.fr, par exemple : Huygens C., *Œuvres complètes*, Nijhoff, La Haye (1888-1950).

– Les lecteurs intéressés par la prospective en astronomie, notamment en ce qui concerne les planètes, pourront consulter les sites de l'Agence spatiale européenne et de la Nasa ; et en ce qui concerne l'astronomie européenne au sol et dans l'espace, *The Astronet Infrastructure Road Map* : www.astronet.org/IMG/pdf/Astronet_Infrastructure_Roadmap.pdf.
Voir aussi le site (en anglais) de l'Observatoire virtuel européen : www.euro-vo.org/pub/.

– Les lecteurs intéressés par l'exploration des exoplanètes visiteront le site http://exoplanet.eu. Mis à jour en temps quasi réel, il présente un catalogue complet des exoplanètes détectées par les différentes méthodes, ainsi qu'une bibliographie complète.

– La liste complète des missions spatiales d'exploration du Système solaire peut être consultée sur le site http://fr.wikipedia.org/wiki/Liste_des_sondes_spatiales.

Données sur le Système solaire

Les planètes (propriétés orbitales)

Nom	Demi grand-axe (unité astronomique	Excentricité	Inclinaison sur l'écliptique (°)	Période de révolution sidérale (an)	Période de rotation sidérale (jour sidéral)	Inclinaison de l'équateur sur l'orbite (°)
Mercure	0,38710	0,20563	7,0048	0,2408	58,646	0,035
Vénus	0,72333	0,00677	3,3947	0,6152	243,019	177,36
Terre	1 (1,496 10^6 km)	0,01671	0	1	0,99727	23,45
Mars	1,52366	0,09341	1,8506	1,8808	1,0260	25,19
Jupiter	5,20336	0,04839	1,3053	11,862	0,4135	3,12
Saturne	9,53707	0,05415	2,4845	29,424	0,449	26,73
Uranus	19,2185	0,04638	0,7726	84,020	0,71833	97,77
Neptune	30,1104	0,00859	1,7692	164,887	0,67125	29,58

Les planètes (propriétés physiques)

Nom	Masse (masse terrestre)	Rayon équatorial (km)	Densité (g/cm³)	Température de surface (K)	Pression à la surface (atm)	Composition atmosphérique
Mercure	0,0553	2 439	5,43	100/ 700	-	-
Vénus	0,8149	6 052	5,20	730	94	96% CO_2, 3% N_2 + CO, SO_2, Ar, H_2O...
Terre	1 (5,97 10^{24} kg)	6 378	5,52	288	1	78% N_2, 21% O_2 + Ar,CO_2, H_2O...
Mars	0,1074	3 396	3,93	150/ 300	0,006	95% CO_2, 3% N_2 + Ar, O_2, CO, H_2O...
Jupiter	317,833	71 492	1,33	110 @0,1bar		86% H_2, 13% He + CH_4,...
Saturne	95,152	60 268	0,69	90 @0,1bar		88% H_2, 11% He + CH_4,...
Uranus	14,536	25 559	1,32	55 @0,1bar		84% H_2, 15% He + CH_4...
Neptune	17,147	24 764	1,64	55 @0,1bar		81% H_2 18% He + CH_4...

Les principaux satellites (satellites réguliers)

Planète	Satellite	Demi grand-axe de l'orbite (km)	Période de révolution (jours)	Rayon équatorial (km)
TERRE	Lune	383 398	27,3217	1 737,4
MARS	Phobos	9 380	0,319	11
	Deimos	23 460	1,262	6
JUPITER	Io	421 800	1,769	1 822
	Europe	671 100	3,551	1 561
	Ganymède	1 070 400	7,155	2 631
	Callisto	1 882 700	16,689	2 410
SATURNE	Mimas	185 540	0,942	209
	Encelade	238 200	1,370	256
	Téthys	294 992	1,888	535
	Dioné	377 654	2,737	560
	Rhéa	527 367	4,517	764
	Titan	1 221 803	15,945	2 575
	Japet	3 561 850	79,331	718
URANUS	Miranda	129 872	1,413	280
	Ariel	190 945	2,520	581
	Umbriel	265 998	4,144	585
	Titania	436 298	8,706	789
	Oberon	583 519	13,463	761
NEPTUNE	Triton	354 759	5,877	1 353

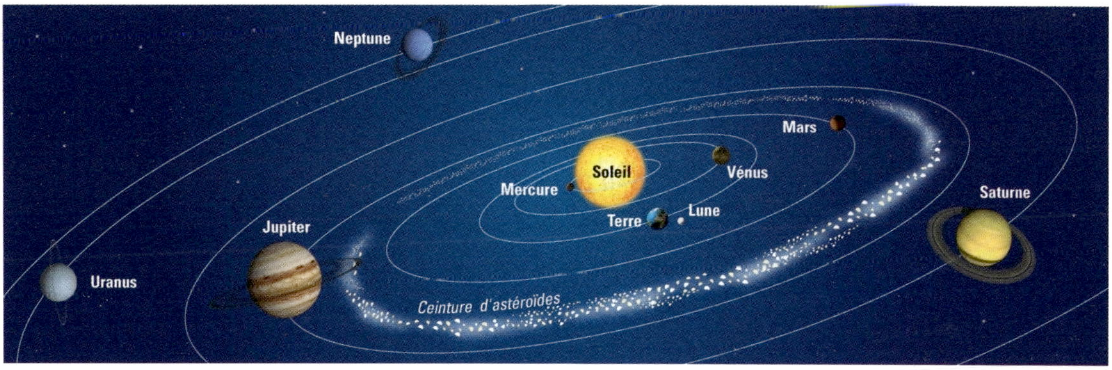

Schéma du Système solaire (les distances ne sont pas à l'échelle).

Définition et nomenclature des planètes

De l'Antiquité à nos jours

Ce sont les Grecs qui ont défini les planètes comme « astres errants » (πλανήτης αστήρης), en raison de leur mouvement dans le ciel par rapport aux étoiles dites « fixes ». Leur nombre a alors été fixé logiquement à cinq, celui des planètes visibles à l'œil nu. À l'époque romaine, le Soleil et la Lune sont ajoutés au cortège planétaire dans les écrits de Cicéron et de Pline l'Ancien. On retrouve ce décompte de sept « planètes » du Moyen Âge jusqu'à la révolution copernicienne, au début du XVIIe siècle. L'héliocentrisme classe alors la Terre parmi les planètes, et en exclut le Soleil et les satellites. Avec la découverte d'Uranus par Herschel en 1781, la liste des planètes passe donc de 6 à 7. En 1801, la découverte du plus gros astéroïde, Cérès, sème un temps la confusion, et la liste des planètes s'allonge d'une unité. Quelques années plus tard, suite à la découverte de Pallas, Junon et Vesta, les astronomes comprennent qu'ils sont en présence d'une nouvelle classe d'objets : on les appelle « Planètes mineures » ou astéroïdes. La classification des astéroïdes obéit à une règle simple : on leur affecte, par ordre chronologique des découvertes, un numéro qui précède le nom attribué par une commission de l'Union Astronomique Internationale : (1) Cérès, (2) Pallas, (3) Juno, (4) Vesta, etc.

Avec la découverte de Neptune par Le Verrier en 1846, le nombre de planètes passe à 8, puis à 9 en 1930 lorsque l'astronome américain Clyde Tombaugh découvre Pluton. Enfin, la découverte des objets transneptuniens (TNOs), à partir de 1992, bouleverse à nouveau le paysage. Il apparaît que Pluton est le plus gros représentant alors connu de cette nouvelle famille. Avec la détection, en 2003, d'un nouveau TNO de taille comparable à celle de Pluton, Eris, il devient urgent de clarifier la définition d'une planète. C'est ce qu'a fait l'Union Astronomique Internationale (UAI) en 2006, en adoptant la résolution ci-dessous :

« L'UAI décide que les planètes et les autres corps du Système Solaire, à l'exception des satellites naturels, seront définis selon trois catégories de la façon suivante :

***1** - Une « planète » est un corps céleste qui : (a) est en orbite autour du Soleil, (b) a une masse suffisante pour que sa gravité dépasse les forces du corps solide et qu'il se maintienne par équilibre hydrostatique sous une forme quasi-sphérique, et (c) a nettoyé tout voisinage autour de son orbite.*

***2** - Une « planète naine » est un corps céleste qui : (a) est en orbite autour du Soleil, (b) a une masse suffisante pour que sa gravité dépasse les forces du corps solide et qu'il se maintienne par équilibre hydrostatique sous une forme quasi-sphérique, (c) n'a pas nettoyé tout voisinage autour de son orbite, et (d) n'est pas un satellite.*

***3** - Tous les autres objets, à l'exception des satellites naturels, orbitant autour du Soleil seront collectivement considérés comme des petits corps du Systèmes Solaire.*

L'UAI décide aussi : Pluton est une « planète naine », selon la définition ci-dessus et est désignée comme le prototype de la nouvelle catégorie des objets transneptuniens. »

Selon cette définition, et sans doute de manière définitive, le nombre de planètes du Système solaire est fixé à huit.

Exoplanète ou naine brune ?

La définition ci-dessus est sans ambiguïté pour les planètes du Système solaire, dont la masse est plus de mille fois inférieure à celle du Soleil. Mais qu'en est-il des systèmes stellaires ? De nombreuses étoiles sont entourées de compagnons de faible masse ; comment faire la distinction entre ceux-ci et les exoplanètes que l'on découvre maintenant par centaines en orbite autour d'autres étoiles ? Là aussi, une clarification s'impose. Les spécialistes de physique stellaire ont défini les étoiles par leur capacité à déclencher des réactions nucléaires en leur intérieur, à commencer par la fusion de l'hydrogène en hélium. Les étoiles sont donc, par définition, le siège d'une nucléosynthèse qui est à l'origine de leur rayonnement dans les domaines visible, ultraviolet ou infrarouge proche ; les planètes, en revanche, ne font que réfléchir la lumière visible de leur étoile-hôte.

Il existe cependant une classe intermédiaire entre étoiles et planètes : les naines brunes. De quoi s'agit-il ? Au sein d'une proto-étoile, la fusion de l'hélium commence par une réaction de moindre énergie qui provoque la fusion du deutérium. Certains objets sont suffisamment massifs pour être le siège de ce premier cycle, mais n'ont pas la masse (donc la température interne, qui en dépend) nécessaire pour réaliser la fusion de l'hélium ; on parle alors de « naines brunes ». Une fois le cycle thermonucléaire interrompu, l'objet se refroidit et ne rayonne plus que par l'énergie gravitationnelle provenant de son effondrement sur lui-même. La masse des naines brunes est comprise entre 13 fois la masse de Jupiter (c'est, selon les modèles théoriques, la masse nécessaire pour enclencher la fusion du deutérium) et 0,07 masse solaire, soit 75 masses de Jupiter (c'est la masse nécessaire pour permettre la fusion de l'hélium).

Cette définition ne règle cependant pas tous les problèmes... En effet, des objets de masse inférieure au seuil de 13 masses joviennes ont été découverts dans des amas stellaires, sans lien gravitationnel avec une étoile. On parle alors de « planète flottante libre »... Elles pourraient être d'anciennes exoplanètes qui auraient été éjectées de leur système par interaction avec le disque ou avec d'autres planètes du système. Comment classer de tels objets ? En 2003, l'Union Astronomique Internationale a émis la résolution suivante :

« ***1*** *- Les objets avec des masses vraies inférieures à la masse limite inférieure permettant la fusion du deutérium (actuellement déterminée par le calcul comme étant 13 fois la masse de Jupiter pour les objets de métallicité solaire) qui orbitent autour d'étoiles ou de restes d'étoiles sont des « planètes » (quelle que soit la façon dont elles se sont formées). La masse minimum requise pour qu'un objet extra-solaire soit considéré comme une planète devrait être celle qui est utilisée dans le Système solaire ;*

2- Les objets « sub-stellaires » avec des masses vraies supérieures à la limite pour la fusion thermonucléaire du deutérium sont des « naines brunes », quel que soit leur mode de formation ou leur localisation ;

3 - Les objets flottants libres dans les jeunes amas d'étoiles avec des masses inférieures à la limite pour la fusion thermonucléaire du deutérium ne sont pas des « planètes » mais sont des « sous-naines brunes » (ou n'importe quel nom plus appropriée). »

Cette définition n'est pas pleinement satisfaisante, en ce sens qu'elle privilégie la location de l'objet plutôt que sa nature physique. Cependant, devant la complexité du problème et le caractère extrêmement évolutif de l'exploration des exoplanètes, le comité de l'UAI de 2006 a préféré ne pas modifier cette définition pour l'instant.

Accrétion : capture de matière avoisinante par l'attraction gravitationnelle d'un objet, par exemple une étoile en formation.

Albédo : fraction de la lumière incidente réfléchie par un corps à une longueur d'onde donnée. Il varie donc de 0 (corps totalement absorbant) à 1 (corps parfaitement réfléchissant).

Astéroïde : petit corps solide appartenant au Système solaire. La plupart des astéroïdes gravitent sur des orbites situées entre celle de Mars et celle de Jupiter.

Astrométrie : mesure de la position, des mouvements apparents et de la distance des astres (planètes, satellites, étoiles).

Ceinture de Kuiper : région située à une distance de 30 à 55 unités astronomiques du Soleil, où l'on trouve les astres glacés comme Pluton.

Coma : nébulosité entourant le noyau d'une comète.

Comète : astre appartenant au Système solaire, dont l'orbite est très excentrique et très perturbée par la présence des planètes les plus massives. Les comètes sont initialement des blocs solides (surtout de glace) ; quand elles se rapprochent du Soleil, elles s'évaporent superficiellement, libérant alors gaz et poussières responsables de leur aspect nébuleux (ou *coma*) et de leurs queues.

Continu (spectre) : spectre d'un corps dont l'émission couvre de façon continue un large domaine de longueurs d'onde.

Coordonnées horizontales, équatoriales et écliptiques : elles sont utilisées pour repérer la position d'un astre. Voir leur définition sur les figures 1 et 2 ci-dessous.

Coordonnées terrestres (longitude et latitude) : elles sont utilisées pour repérer la position d'un point sur la Terre. Un système analogue s'applique au repérage sur les planètes et satellites. Voir leur définition sur la figure 3 page suivante.

Cosmogonie : au sens général, étude de la formation et de l'évolution des corps célestes. Ce mot est le plus souvent pris dans un sens restrictif, et ne s'applique alors qu'au Système solaire.

Cryo-volcanisme : processus semblable au volcanisme se produisant sur certains satellites glacés (Triton, Titan,

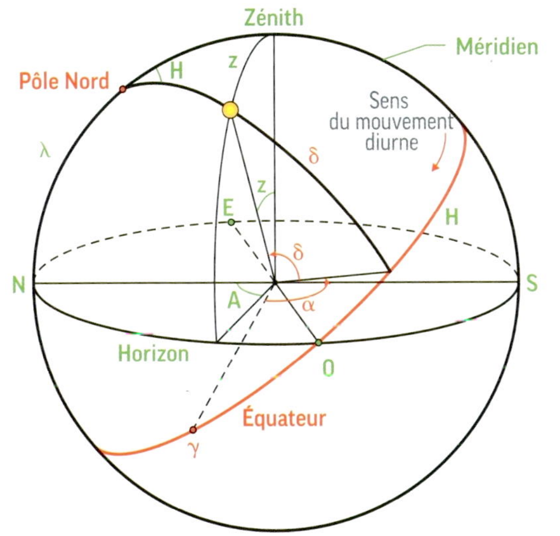

Figure 1. Sphère céleste, coordonnées horizontales et coordonnées équatoriales. Le Ciel est supposé vu de l'extérieur, l'observateur étant au centre, et tourne en un jour autour de l'axe des pôles terrestres. Les quantités locales sont en vert : latitude λ, azimut A, distance zénithale z, angle horaire H (exprimé en heures, minutes et secondes). Les coordonnées équatoriales, qui sont liées au Ciel, sont en rouge : ascension droite a (exprimée en heures, minutes et secondes), déclinaison d. Le temps sidéral est l'angle horaire du point γ.

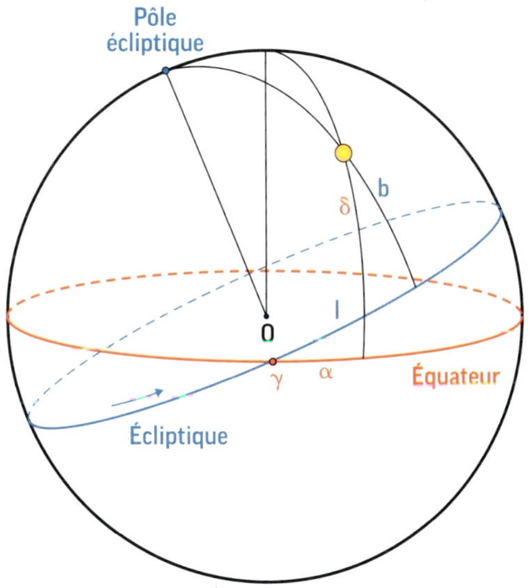

Figure 2. Coordonnées équatoriales et coordonnées écliptiques. Comme sur la figure 1, la sphère céleste est supposée vue de l'extérieur, l'observateur étant au centre. La trajectoire annuelle du Soleil est l'écliptique, sur lequel sont alignées les constellations du zodiaque (non représentées). Les coordonnées équatoriales sont en rouge : ascension droite α et déclinaison δ (voir aussi la figure 1). Les coordonnées écliptiques sont en bleu : longitude l comptée à partir du point γ, et latitude b.

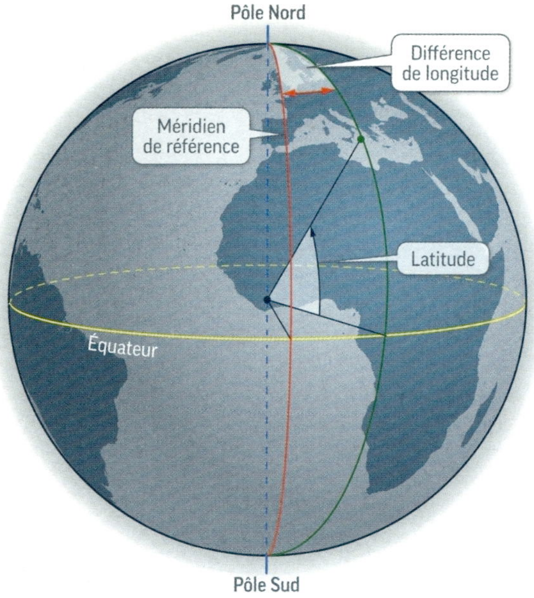

Figure 3. Définition de la latitude et de la longitude sur la Terre (ou sur une autre planète).

etc.), mais où la matière éjectée est de l'eau, de l'ammoniac ou du méthane liquides sous pression, emmagasinés sous la surface. L'énergie requise provient des forces de marée exercées par la planète sur son satellite.

Doppler-Fizeau (effet): variation $\Delta\lambda$ de la longueur d'onde reçue d'une source en mouvement par rapport à la longueur d'onde émise λ_0. On a $\Delta\lambda/\lambda_0 = v/c$, où c est la vitesse de la lumière.

Écliptique: trajectoire apparente du Soleil parmi les étoiles au cours de l'année.

Effet de marée: voir *marée.*

Équateur: pour une planète ou un satellite, grand cercle perpendiculaire à son axe de rotation, à partir duquel on compte la latitude; pour le ciel, l'équateur (céleste) est la projection sur la voûte céleste de l'équateur de la Terre (voir Figure 1 p. 213).

Équinoxe: moment de l'année où la longueur de la nuit est égale à celle du jour. On distingue l'équinoxe de printemps et l'équinoxe d'automne. Le Soleil se trouve alors à l'une des intersections de l'équateur céleste et de l'écliptique. Celle qui correspond à l'équinoxe de printemps est le point γ, origine de l'ascension droite et de la longitude écliptique (voir Figures 1 et 2 p. 213).

Étoile à neutrons: étoile dont la densité est tellement élevée que les atomes et même les noyaux atomiques individuels disparaissent, la matière étant composée uniquement de neutrons. Le rayon d'une étoile à neutrons de même masse que le Soleil est d'environ 10 kilomètres. Ces étoiles sont les résidus de l'explosion de certaines supernovae.

Étoile filante: météorite de petites dimensions pénétrant dans l'atmosphère terrestre; l'échauffement de l'air traversé la rend lumineuse, traçant la trajectoire du solide.

Excentricité: pour une orbite elliptique, écart à la circularité. L'excentricité est nulle pour une orbite circulaire, et tend vers 1 pour une orbite très allongée.

Inclinaison: angle entre le plan d'une orbite planétaire et le plan de l'écliptique.

Ionosphère: partie très élevée de l'atmosphère d'une planète, où le gaz est ionisé par le rayonnement ultraviolet du Soleil.

Interféromètre: instrument constitué de plusieurs télescopes ou radiotélescopes (voir ces mots) interconnectés, permettant d'obtenir une résolution angulaire élevée, et de cartographier des objets célestes.

Lentille gravitationnelle: phénomène expliqué dans le cadre de la théorie de la relativité générale. Il se produit lorsqu'un objet massif est situé dans l'alignement entre un objet émissif lointain et l'observateur. La déviation des rayons lumineux par l'objet massif les concentre vers l'observateur, ce qui produit une amplification semblable à celle d'une lentille convergente. Le cas où l'objet lointain est une étoile et l'objet massif intermédiaire est une étoile ou une planète est désigné par le terme de *microlentille gravitationnelle.*

Lois de Kepler: elles s'appliquent à des planètes dont on néglige la masse par rapport à celle du Soleil (et aussi aux satellites gravitant autour d'une planète, celle-ci jouant alors le rôle du Soleil).

1. Les orbites des planètes sont des ellipses dont le Soleil occupe un des foyers.

2. Le segment de droite qui réunit la planète au Soleil balaye des aires égales en des temps égaux.

3. Le carré de la période de révolution d'une planète est proportionnel au cube du rayon moyen de son orbite.

Lunette astronomique: instrument d'observation dont l'objectif est une lentille simple ou double, qui fait converger la lumière en un foyer et forme une image que l'on observe avec un oculaire. En anglais: *refracting telescope*, ou *refractor*.

Magnétosphère: région supérieure de la haute atmosphère d'une planète, caractérisée par des particules chargées d'énergie assez élevée, emprisonnées dans son champ magnétique. La Terre possède une magnétosphère, ainsi que les planètes géantes.

Magnitude : échelle logarithmique permettant de mesurer l'éclat d'un astre. La magnitude est d'autant plus élevée que l'éclat de l'objet est faible. On distingue :
– la magnitude *apparente* : elle mesure l'éclat observé ; $m = -2{,}5 \log F +$ constante, si F est le flux lumineux reçu ;
– la magnitude *absolue* : elle mesure l'éclat intrinsèque de l'objet ; par convention, la magnitude absolue M et la magnitude apparente m d'un astre hors du Système solaire seraient identiques s'il était à une distance de 10 parsecs (32,6 années-lumière) : $M = 5 + m - 5 \log D$, D étant la distance de l'objet en parsecs.

Marée (effet de) : déformation d'un astre soumis aux forces gravitationnelles d'un astre massif voisin. Les marées océaniques sont dues aux effets combinés de la Lune et du Soleil. Il existe aussi des marées terrestres semblables, mais de faible amplitude.

Méridien : pour une planète ou un satellite, grand cercle passant par ses pôles, lesquels sont les intersections de l'axe de rotation avec la surface. La longitude est l'angle entre le plan du méridien du lieu et celui d'un méridien de référence, celui de Greenwich pour la Terre ; pour le ciel, le méridien d'un lieu est le grand cercle passant par les pôles et le zénith (voir ce mot) de ce lieu. Voir les Figures 1 et 3 p. 213 et 214.

Météorite : corps solide appartenant au Système solaire, dont on peut quelquefois observer la chute sur la Terre.

Microlentille gravitationnelle : voir lentille gravitationnelle.

Monture : équatoriale : dispositif de soutien et d'entraînement d'une lunette ou d'un télescope, et dont l'un des axes est parallèle à l'axe de rotation de la Terre ; il suffit d'un mouvement autour de cet axe pour suivre une étoile.
alt-azimutale : monture dont l'un des axes est horizontal et l'autre vertical. Cette monture est de réalisation plus simple et moins coûteuse que la précédente, mais nécessite un contrôle par ordinateur.

Naine blanche : étoile très dense et peu lumineuse, dont le diamètre est de l'ordre de celui de la Terre. Elle représente l'étape ultime de l'évolution des étoiles dont la masse initiale est inférieure à environ 8 fois celle du Soleil.

Naine rouge : étoile de faible masse (entre 0,08 et 0,4 masse solaire) et peu lumineuse. Les naines rouges seraient les étoiles les plus nombreuses dans l'Univers.

Naine brune : « étoile avortée », très peu brillante, qui n'est pas suffisamment massive (entre 0,01 et 0,08 masse solaire) pour que la fusion de l'hydrogène en hélium se déclenche en son cœur.

Nébuleuse : terme général désignant un objet céleste diffus. Il en existe de natures différentes.

Nébuleuse protosolaire : masse de gaz et de poussières interstellaires à partir de laquelle s'est formé le Système solaire.

Nuage de Oort : région située aux confins du Système solaire, à environ 1 année-lumière du Soleil, où résident certaines comètes jusqu'à ce qu'une perturbation gravitationnelle les envoie éventuellement près du Soleil.

Nucléosynthèse : formation de noyaux de différents éléments chimiques par réactions nucléaires. Lors de la nucléosynthèse primordiale, qui a pris fin quelques minutes après le Big Bang, se sont formés les éléments les plus légers (H, He, Li). Les éléments les plus lourds sont synthétisés par les étoiles.

Nutation : petite oscillation périodique de l'axe de rotation de la Terre autour de sa direction moyenne, de période 18,6 ans et d'amplitude de l'ordre de 17 secondes de degré. Voir figure 4 ci-dessous.

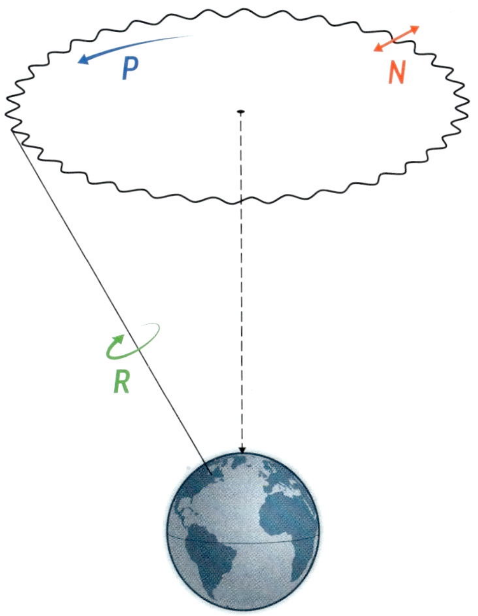

Figure 4. Les trois mouvements de la Terre, en dehors de sa révolution autour du Soleil. La Terre tourne en un jour autour de son axe (rotation, *R*) ; cet axe décrit un cône d'angle 22,5° en 25 800 ans (précession, *P*) ; en plus, l'axe oscille autour de sa position moyenne avec une période de 18,6 ans et une amplitude de 17 secondes de degré (nutation, *N*).

Observatoire virtuel: ensemble de données observationnelles accompagnées de programmes d'exploitation, accessible à tout chercheur par Internet.

Parallaxe: pour un objet du Système solaire, la parallaxe est l'angle sous-tendu par le rayon de la Terre, vu de cet objet. On peut la mesurer, par exemple, en photographiant simultanément l'objet par rapport au fond d'étoiles à partir de plusieurs points de la Terre. Connaissant le rayon de la Terre, on peut alors calculer la distance de l'objet.

Périastre: point de l'orbite d'un satellite où il est le plus près de la planète, ou pour une étoile double point où les deux composantes sont les plus proches l'une de l'autre.

Périhélie: point de l'orbite d'une planète où elle est le plus proche du Soleil.

Petite planète: synonyme d'*astéroïde.*

Photomètre: instrument servant à mesurer l'éclat des astres, soit par comparaison à une lampe standard, soit par comparaison à un astre de référence.

Planétésimal: petit corps dont la taille est de quelques kilomètres, formé par agglomération de poussières dans le disque protoplanétaire.

Planétoïde: corps plus important formé par fusion de planétésimaux (voir ce mot) suite à leurs collisions mutuelles; les plus gros accrètent du gaz et deviennent des planètes dans le modèle de Safronov.

Polarisation: propriété de la lumière. La lumière est une vibration transversale d'un champ électrique et d'un champ magnétique perpendiculaires l'un à l'autre. Dans la lumière naturelle, l'orientation de ces vibrations est aléatoire. Dans la lumière polarisée linéairement, elle est fixée. La réflexion ou la diffusion d'une lumière naturelle par une surface solide produit une polarisation linéaire plus ou moins importante selon la nature de la surface et sa granularité.

Précession: mouvement de l'axe d'un corps en rotation, qui décrit un cône sous l'influence des forces extérieures. Dans le cas de la Terre, son axe se meut sur un cône de demi-angle au sommet égal à 23,5°, avec une période d'environ 25 800 ans. Ce terme peut aussi désigner la rotation de l'orbite d'un astre. Voir Figure 4 p. 215.

Pulsar: étoile à neutrons en rotation très rapide, qui émet de façon directive des ondes radio à la manière d'un phare, et quelquefois aussi de la lumière et des rayons X ou γ. On reçoit ces ondes comme une série d'impulsions régulières.

Radioastronomie: branche de l'astronomie qui consiste à étudier l'émission des astres pour des longueurs d'onde supérieures à environ 150 µm.

Radiotélescope: antenne ou ensemble d'antennes servant à la radioastronomie.

Raie spectrale: renforcement ou diminution de l'intensité dans le spectre d'un objet, survenant à une longueur d'onde déterminée. La raie est dite d'émission s'il y a renforcement, et d'absorption s'il y a diminution. La longueur d'onde à laquelle se produit l'émission ou l'absorption est caractéristique de l'atome, ion ou molécule qui la produit.

Révolution: mouvement d'une planète autour du Soleil, ou d'un satellite autour de sa planète.

Rotation: mouvement d'une planète ou d'un satellite autour de son axe.

Solstice: moment de l'année où le jour est le plus long (solstice d'été) ou le plus court (solstice d'hiver). Le Soleil se trouve alors à la plus grande distance angulaire possible de l'équateur céleste.

Spectroscopie: en optique, des rayons X à l'infrarouge lointain, technique consistant à analyser les ondes électromagnétiques provenant d'un astre, dispersées en longueur d'onde par un prisme ou plus fréquemment par un réseau de diffraction. En radioastronomie, on fait battre les ondes reçues avec l'onde de fréquence fixe d'un oscillateur local (principe de l'*hétérodyne*), puis on analyse le signal de basse fréquence résultant par une succession de filtres ou plus fréquemment par un autocorrélateur.

Stratosphère: partie de l'atmosphère d'une planète située au dessus de la troposphère (voir ce mot). La surface de séparation entre ces deux zones est la *tropopause.*

Supernova: stade d'évolution tardive des étoiles massives, au cours duquel tous les éléments lourds, jusqu'au fer, peuvent être synthétisés. Lorsque l'étoile ne contient plus que du fer, elle implose sous l'effet de la gravité et les couches externes sont projetées vers l'extérieur: on assiste alors à l'explosion d'une supernova. Un autre type de supernova résulte de l'explosion d'une naine blanche, composante d'une étoile binaire serrée, à la suite d'un transfert de masse depuis l'autre composante.

Système de référence: système de coordonnées célestes matérialisées par la position d'objets célestes. Ces objets peuvent être des étoiles, ou des quasars et noyaux de galaxies observés par interférométrie (voir ce mot). Dans ce dernier cas, les objets sont fixes à la précision des mesures actuelles, et le système de référence peut être considérés comme *galiléen*, ou *inertiel*.

Télescope: instrument d'observation qui comprend un miroir concave, qui réfléchit la lumière et la fait converger en un foyer pour former une image, laquelle est ensuite déviée par un petit miroir pour l'observer à travers un oculaire. En anglais: *reflecting telescope*, ou *reflector*, ou, plus récemment, *telescope* tout court.

Temps sidéral: de même que le temps ordinaire est lié à la rotation de la Terre sur elle-même par rapport au Soleil, le temps sidéral est lié à la rotation de la Terre par rapport aux étoiles. Il y a 366,24 jours sidéraux dans une année, contre 365,34 jours solaires. Le jour sidéral est donc plus court de 3 minutes 56 secondes que le jour solaire. Le temps sidéral est l'angle horaire du point gamma, qui est l'endroit où se trouve le Soleil à l'équinoxe de printemps. Voir Figure 1 p. 213.

Troposphère: partie basse de l'atmosphère d'une planète, où les mouvements verticaux sont dus à la convection.

Trou noir: objet dont le champ de gravitation est si élevé qu'aucun rayonnement ne peut en sortir. Ces objets sont prévus par la Relativité générale. Certains sont stellaires, résidus de l'explosion de certaines supernovae; d'autres, de beaucoup plus grande masse, se trouvent au centre des galaxies.

Unité astronomique: unité de longueur égale au demi grand axe de l'orbite terrestre (soit 150 millions de kilomètres).

Vent solaire: gaz éjecté continuellement par la couronne du Soleil.

Zénith: direction de la verticale au dessus d'un lieu; la direction opposée est le *nadir*.

Index thématique

N

O

P

Q-R

S

T-U

V-Z

Index des noms propres

M

N-O

P-Q

R-S

T-U

V-W-Z

Crédits photographiques

Nous remercions la Bibliothèque de l'Observatoire de Paris pour ses précieuses archives (p. 15-19, p. 21-28, p. 31, p. 34-35, p. 37-40, p. 42-46, p. 48-51, p. 56h-60, p. 70, p. 72-78, p. 82 et p. 83).

Couverture : Nasa
p. 8 : North Wind Pictures/Leemage
p. 9 : RMN-Grand Palais (musée du Louvre) / René-Gabriel Ojéda
p. 10h : Luisa Ricciarini/Leemage
p. 10b : Sebastian Voltmer/Novapix
p. 13 et 32 : collection des auteurs
p. 21 Bibliothèque de l'Observatoire de Paris / D. Monseigny
p. 22 Bibliothèque de l'Observatoire de Paris /A.Geoffroy
p. 24 Bibliothèque de l'Observatoire de Paris /J.-M. Kollar
p. 26 Bibliothèque de l'Observatoire de Paris /J. Counil
p. 28h Bibliothèque de l'Observatoire de Paris /J.-M. Kollar
p. 28b Bibliothèque de l'Observatoire de Paris / D. Monseigny
p. 34 Bibliothèque de l'Observatoire de Paris /J. Counil
p. 35 Bibliothèque de l'Observatoire de Paris /A.Geoffroy
p. 36 : Klaus-Dieter Keller
p. 37 Bibliothèque de l'Observatoire de Paris / D. Monseigny
p. 38h et 39b Bibliothèque de l'Observatoire de Paris /J. Counil
p. 42h Bibliothèque de l'Observatoire de Paris /J.-M. Kollar
p. 42b Bibliothèque de l'Observatoire de Paris / D. Monseigny
p. 48h Bibliothèque de l'Observatoire de Paris /J.-M. Kollar
p. 48m : Olga Radomsky/Leibniz Institute for Astrophysics Potsdam
p. 52 : Nasa
p. 56b : Archives Belin
p. 61 : © 2013 Deutsche Post AG / Ernst Kößlinger
p. 64 : NRAO/AUI
p. 56 : Beinecke Rare Book and Manuscript Library, Yale University
p. 58 : Marie-Lan Nguyen
p. 71g : collection des auteurs
p. 71d : T. Rimmele (NSO), M.Hanna (NOAO)/AURA/NSF
p. 76bg : E. M. Antoniadi, «Note on some photographic images of Mars taken in 1907 by Professor Lowell», *Monthly Notices of the Royal Astronomical Society*, 69:2 (1908):110-14
p. 77b : collection des auteurs et carte Nasa/JPL/USGS
p. 79 : collection Audouin Dollfus
p. 80 : Nasa /JPL-Caltech
p. 83b Bibliothèque de l'Observatoire de Paris / D. Monseigny
p. 85 : collection des auteurs
p. 86 : ESO/M.McCaughrean et al. (AIP)
p. 87 : Chris Burrows (STScI), the WFPC2 Science Team and Nasa/ESA
p. 88 : Frédéric Gueth/IRAM
p. 91 : Nasa /JPL-Caltech
p. 91m et 92 : Nasa/Lunar and Planetary Institute
p. 93 : Nasa /JPL-Caltech/UMD/Brown Univ.
p. 94 : Nasa
p. 96h : RIA Novosti/ akg-images
p. 96b : Nasa/NSSDC-GSFC
p. 97 : Yurii Naumovich Lipsky based on Luna-3 photographs
p. 98 : RIA Novosti/ akg-images
p. 99 : Nasa/ NSSDC photo gallery
p. 100 : Nasa/ NSSDC and WDC-A/R&S - Processed by Piotr A. Masek
p. 101h : Nasa/ JPL
p. 101b : Nasa
p. 102 : Bettman/corbis
p. 105h : Académie des sciences de la Russie
p. 105b : Nasa/JPL
p. 106 : ESA/ Max-Planck-Institut (MPS)
p. 107 : Nasa
p. 108b : Nasa/JPL
p. 109b : Nasa
p. 110 : Nasa/JPL
p. 111h et b : Nasa/JPL/ University of Arizona
p. 112 : ESA/ Nasa / University of Arizona
p. 113h : Nasa/JPL
p. 113m : Nasa/JPL-Caltech/ASI/Cornell
p. 113b : Jeff Schmaltz, Modis Land Rapid Response Team, Nasa-GSFC
p. 114 : Nasa/JPL-Caltech
p. 115 : Nasa /JPL-Caltech/MSSS
p. 117 : ESA - D. Ducros
p. 118-119 : ESA/DLR/FU Berlin (G. Neukum)
p. 120 : ESA - D. Ducros
p. 121 : ESA - P. Carril
p. 122 : Nasa /GSFC
p. 123 : ESA/AOES
p. 125 : ESO/Y. Beletsky
p. 126 : d'après M. Brown/Keck Observatory
p. 128 : Nasa, ESA & John T. Clarke (Univ. of Michigan)
p. 129h : copyright 1998 by Richard Wainscoat, All Rights Reserved
p. 129b : ESO/Y. Beletsky
p. 130g : CFHT/PUEO, B. Mosser
p. 130d : ESO
p. 131 : ESO/S. Brunier
p. 132h : Pierre-Paul Feyte /Biosphoto
p. 132b : ESO
p. 133 : avec l'aimable autorisation de l'ESO
p. 134 : ESO/University of Oxford/L. N. Fletcher/T. Barry
p. 136h : IRAM / Alexandre Beelen
p. 136b : IRAM / Rebus
p. 137 : ESO
p. 138 : ESO / P. Kervella – Haubois et al. 2009, Observatoire de Paris, IOTA, avec l'autorisation de l'ESO
p. 139 : Nasa
p. 140 : Nasa, ESA and the Hubble Heritage Team (STScI/AURA)
p. 141 : R. Evans, J. Trauger, H. Hammel and the HST Comet Science Team and Nasa
p. 142 : ESA/AOES Medialab/, 2008
p. 144 : Johan Swanepoel/iStock/Thinkstock
p. 146h : D. Roddy, US Geological Survey
p. 147h et b : Alain Bénéteau 2014 / paleospot.com
p. 148 : collection A. Doressoundiram et E. Lelouch
p. 149h : B. Fectay et C. Bidaut (La mémoire de la Terre SARL)
p. 149b : Nasa /JPL-Caltech/UCAL/MPS/DLR/IDA
p. 150 : Natural History Museum of London/Biosphoto
p. 152 : Nasa /JPL-Caltech
p. 153 : ESA / C. Carreau/ATG medialab
p. 154h : Nasa Jet Propulsion Laboratory / Dr. Peter Tsou, Stardust Mission
p. 154b : JAXA
p. 155 : Avec l'aimable permission de Tyrone Daulton (diamant), Sachiko Amari (graphite) et Larry Nittler (SiC) / Washington University
p. 156 : Michael E. Zolensky/Nasa
p. 157 : ESO/Y. Beletsky
p. 159 : US Department of Energy
p. 160 : ESA, Nasa, G. Tinetti (University College London, UK & ESA) and M. Kornmesser (ESA/Hubble)
p. 162 : ESO ou ESO/A.-M. Lagrange et al.
p. 163 : Leander Mc Cornick Observatory, courtesy of Ricky Patterson
p. 166b : d'après Brown, T.M. et al. (2001) *Astrophysical Journal* 552, 699-709, avec l'autorisation de l'AAS. Image ESA, Alfred Vidal-Madjar (Institut d'astrophysique de Paris, CNRS, France) and Nasa
p. 167 : ESO
p. 168h : CNES/Ducros David, 2006
p. 168b : Nasa/Ames/JPL-Caltech
p. 170b et 171 : Avec l'aimable autorisation de l'ESO
p. 174 : ESO/L. Calcada
p. 177 : © J. Laskar (Laskar & Gastineau, *Nature*, vol. 459, 817-819, 2009)
p. 179b : PHL@UPR Arecibo
p. 181 : Swinburne Astronomy Productions/ESO
p. 182 : Johns Hopkins University Applied Physics Laboratory/Southwest Research Institute (JHUAPL/SwRI)
p. 184 : Nasa/Lunar and Planetary Institute
p. 185 : ESA/AOES Medialab
p. 189 : d'après base de données MPCORB au 1er décembre 2007, sauf pour la classification des orbites résonantes où le Minor Planet Circular 2007-W54 a été utilisé
p. 190 : Nasa /JPL/USGS
p. 192 : Nasa/NSSDC/ W. Liller, IHW Large Scale International Network
p. 193 : Nicolas Biver
p. 195g : Nasa /JPL
p. 195d : Nasa, ESA, and M. Showalter (SETI Institute)
p. 197b : ESA/ M. Carroll
p. 198 : Nasa/ISS
p. 201 : d'après Nasa / California Institute of Technology & Jet Propulsion Laboratory
p. 202h : ESA - C.Carreau
p. 202b : Nasa/JWST
p. 203 et 204 : Nasa/JPL-Caltech
p. 205 : T. Encrenaz
p. 206 : F. Drake (UCSC) et al., Arecibo Observatory (Cornell, NAIC)

Schémas réalisés par Thomas Haessig (http://tessig.ultra-book.com)

Imprimé en France par Clerc à Saint-Amand-Montrond
N° d'imprimeur : 13945 - Dépôt légal : mars 2014
N° d'édition : 70116195-01